国家级职业教育规划教材

全国职业院校艺术设计类专业教材

装饰材料与施工工艺

（第二版）

陈亮奎　主编

中国劳动社会保障出版社

简介

本教材为全国职业院校艺术设计类专业教材，由人力资源社会保障部教材办公室组织编写。

本教材共分十章。第一章介绍了装饰材料的基本性质及常用装饰施工机具。第二章至第十章分别讲解了隐蔽工程装饰、顶棚装饰、墙柱面装饰、轻质隔墙装饰、地面装饰、门窗装饰、细部装饰、卫浴装饰等工程的装饰材料知识，以及各装饰工程的施工工艺，包括施工前准备、施工操作流程、施工方法、质量标准、注意事项、成品保护及安全措施等。教材在每章后安排了“思考与练习”，帮助学生巩固所学内容。

本教材由陈亮奎任主编，陈志成审稿。

图书在版编目（CIP）数据

装饰材料与施工工艺 / 陈亮奎主编 . -- 2 版 . -- 北京：中国劳动社会保障出版社，2022
全国职业院校艺术设计类专业教材
ISBN 978-7-5167-5548-8

Ⅰ. ①装… Ⅱ. ①陈… Ⅲ. ①建筑材料 – 装饰材料 – 高等学校 – 教材②建筑装饰 – 工程施工 – 高等学校 – 教材 Ⅳ. ①TU56②TU767

中国版本图书馆 CIP 数据核字（2022）第 152122 号

中国劳动社会保障出版社出版发行
（北京市惠新东街 1 号 邮政编码：100029）
*
北京市艺辉印刷有限公司印刷装订 新华书店经销
880 毫米 × 1230 毫米 16 开本 24.25 印张 535 千字
2022 年 10 月第 2 版 2025 年 12 月第 4 次印刷
定价：73.00 元

营销中心电话：400-606-6496
出版社网址：http://www.class.com.cn
http://jg.class.com.cn

前言

艺术设计类专业的研究内容和服务对象有别于传统的艺术门类，它涉及社会、文化、经济、市场、科技等诸多领域，其审美标准也随着时代的变化而改变。2022 年，我们对全国职业院校艺术设计类专业教材进行了修订，重点做了以下几方面的工作。

第一，更新了教材内容。对上版教材中的部分内容进行了调整、补充和更新，使教材更加符合当前职业院校艺术设计类专业的教学理念和实践方法。进一步增加了实践性教学内容的比重，强调运用案例引导教学。这些案例一部分来自企业的真实设计，缩短了课堂教学与实际应用的距离；还有一部分来自优秀学生作品，它们更加贴近学生的思维，容易得到学生的共鸣，增强学生学习的自信心。

第二，提升了教材表现形式。通过选用更优质的纸张材料、更舒适的图书开本及更灵活的版式设计，增加了教材的时代感和亲和力，激发了学生的学习兴趣。同时，加强了图片、表格及色彩的运用，营造出更加直观的认知环境，提高了教材的趣味性和可读性。

第三，加强了教材立体化资源建设。在教材修订的同时，开发了与教材配套的电子课件，包含上机操作内容的教材还提供了相关素材，可登录技工教育网（http://jg.class.com.cn），搜索相应的书目，在相关资源中下载。

本套教材的编写得到了有关学校的大力支持，教材编审人员做了大量工作，在此我们表示衷心的感谢！同时，恳切希望广大读者对教材提出宝贵的意见和建议。

人力资源社会保障部教材办公室

目录

Contents

第八章 细部装饰工程材料与施工工艺 307

第九章 卫浴装饰工程装饰材料与施工工艺 341

第十章 其他装饰材料 353

第六章

213 地面装饰材料与施工工艺

第七章

267 门窗装饰材料与施工工艺

第一章

概述

学习目标

◆掌握装饰材料的地位、分类，装饰材料的物理性质、力学性质，以及装饰材料的耐久性和与水有关的性质等知识

◆掌握装饰施工的基本知识和施工验收规范

◆在掌握常用装饰施工机具基本知识的基础上，学习木结构施工机具、金属结构施工机具、安装施工机具、涂装施工机具的使用方法

装饰材料是室内装饰工程的重要组成部分，同时也是体现装饰设计意图的物质基础。室内装饰材料是指用于建筑物内部墙面、天棚、柱面、地面等的罩面材料。室内装饰材料不仅能改善室内的艺术环境，使人们获得美的享受，同时还兼有绝热、防潮、防火、吸声、隔声等多种功能，起着保护建筑物主体结构，延长其使用寿命，以及满足某些特殊要求的作用，是现代建筑装饰不可缺少的一类材料。

第一节 SECTION 1 装饰材料概述

装饰材料是室内设计方案得以实现的物质基础，只有充分了解和掌握装饰材料的性能，按照使用环境条件合理地选择所需的材料，充分发挥每一种材料的特性，做到材尽其能、物尽其用，才能满足现代室内设计的各项要求。在室内设计中，装饰材料的选择直接影响着室内装饰的效果。

一、装饰材料的功能

装饰材料是构成装饰工程的物质基础和保证装饰工程质量的重要前提，装饰材料的质感、色彩、图案等因素决定了装饰工程的效果和功能。装饰材料在装饰工程中的用量大，材料费用占装饰工程造价的比重高，装饰材料的选用、使用和管理，对工程的成本影响很大，其成本占到总成本的60% ~ 70%。建筑装饰材料大多用于各种基体的表面，形成将空气中的水分、酸碱性物质、灰尘和阳光等侵蚀性因素隔断的保护层，保护建筑基体，延长建筑物的使用寿命。

装饰材料大都具有独特的质感和肌理，多样的形状和丰富的色彩。不同的装饰材料具有不同的物理、化学、力学和装饰性能，可以产生不同的装饰效果，如防滑、防水、防火、隔声、隔热、保温等，以满足不同装饰部位对不同功能的需求。

因此，室内设计师和装饰工程施工技术人员必须熟悉装饰材料的种类、性能、特点和变化规律，及时了解装饰材料的发展趋势，以保证设计得心应手，施工经济可行。

装饰材料的地位决定了装饰材料必须具备三个基本功能，即保护结构功能、装饰美化功能和改善室内工作、生活条件的适用功能。

1. 保护结构功能

建筑物的墙体、楼板、屋顶都是建筑物的承重部分，除承担结构荷载，还要考虑遮挡风雨、保温隔热、防止噪声、防火、防渗漏、防风沙等诸多因素，需要具有一定的耐久性。这些要求，有的可以靠结构材料来满足，有的则需要做装饰面，靠装饰材料来满足。除了满足上述需求外，装饰材料还可以弥补和改善结构功能的不足，提高结构的耐久性，并可以降低维修费用。

2. 装饰美化功能

装饰材料主要通过材料特有的装饰性能来装饰美化建筑物，提高建筑物的装饰艺术效果。装饰材料的装饰性能主要通过色彩、线型图案和质感来体现。

（1）色彩。色彩是构成建筑物外观乃至影响周围环境的重要因素。不同的色彩给人以不同的视觉感受，如白色或浅色给人以明快、清新之感；深色使人感到稳重端庄；暖色（如红、橙、粉）使人联想到太阳和火，给人以热烈、奔放之感；冷色（如蓝、绿）使人联想到大海、蓝天和森林，给人以宁静、安逸之感。所以，装饰材料的色彩不同，所产生的装饰效果差异也很大。

（2）线型图案。线型是由立面装饰形成的分格缝与凹凸线条构成的装饰效果（如釉面砖），也可通过仿照其他材料来体现线型，如壁纸中的仿木纹、仿织物纹等。装饰材料表面的线型图案不同，会呈现出不同的装饰效果。

（3）质感。质感就是对材料表面质地的真实感觉，是通过材料表面致密程度、光滑程度、线条变化，以及对光线的吸收、反射强弱不一而产生的观感（心理）上的不同效果，如有的材料表面光滑如镜，有的凹凸不平；有的纹理细腻，有的粗犷豪放；有的柔软，有的坚硬；有的亮丽，有的晦暗等。质感的不同，不仅与材质有关，还与材料的加工和施工方法有关。例如，同样是花岗石板材，剁斧板表面粗糙，显得厚重粗犷，而磨光镜面板则表面光滑细腻；再如装饰砂浆饰面经拉条处理后有类似饰面砖的质感，经剁斧加工后有类似花岗石的质感。

3. 适用功能

为了保证人们有良好的工作和生活环境，室内环境必须清洁、明亮、安静，而装饰材料自身具备的吸声、隔热、保温、隔声、反光、透气等物理性能，使装饰材料在装饰美化环境的同时，还可以改善室内的环境条件，满足使用要求。例如，吸热玻璃、热反射玻璃可吸收或反射太阳辐射热能，起隔热作用；化纤地毯、纯毛地毯具有保温、隔声的功能等。

二、装饰材料的分类

室内装饰材料的种类繁多，按材质分类，可分为有机高分子材料、无机非金属材料、金属材料、复合材料等；按功能分类，可分为吸声材料、隔热材料、防水材料、防潮材料、防火材料、防霉材料、耐酸碱材料、耐污染材料等；按燃烧性能分类，可分为 A1 级材料、A2 级材料、B 级材料、C 级材料、D 级材料、E 级材料、F 级材料或 A1f1 级材料、A2f1 级材料、Bf1 级材料、Cf1 级材料、Df1 级材料、Ef1 级材料、Ff1 级材料；按装饰部位分类，可分为外墙装饰材料、内墙装饰材料、地面装饰材料、顶棚装饰材料等。下面以按装饰部位分类为例，介绍室内装饰材料种类（见表 1-1）。

表 1-1　室内装饰材料种类

类别	种类	品种举例
外墙、内墙装饰材料	墙面涂料	墙面漆、有机涂料、无机涂料
	壁纸	纸面纸基壁纸、纺织物壁纸、天然材料壁纸、塑料壁纸
	壁布	玻璃纤维贴壁布、麻纤无纺壁布、化纤壁布
	装饰板	木质装饰人造板、树脂浸渍纸高压装饰层积板、塑料装饰板、金属装饰板、矿物装饰板、陶瓷装饰壁画、穿孔装饰吸声板、植绒装饰吸声板
	饰面石材	天然大理石饰面板、天然花岗石饰面板、人造大理石饰面板、水磨石饰面板
	墙面砖	陶瓷釉面砖、陶瓷墙面砖、陶瓷锦砖、玻璃马赛克
地面装饰材料	地面涂料	地板漆、水性地面涂料、乳液型地面涂料、溶剂型地面涂料
	木、竹地板	实木条状地板、实木拼花地板、实木复合地板、人造板地板、复合强化地板、薄木敷贴地板、立木拼花地板、集成地板、竹质条状地板、竹质拼花地板
	聚合物地坪	聚醋酸乙烯地坪、环氧地坪、聚酯地坪、聚氨酯地坪
	地面砖	水泥花阶砖、水磨石预制地砖、陶瓷地面砖、马赛克地砖、现浇水磨石地面
	塑料地板	印花压花塑料地板、碎粒花纹地板、发泡塑料地板、塑料地面卷材
	地毯	纯毛地毯、混纺地毯、合成纤维地毯、塑料地毯、植物纤维地毯
顶棚装饰材料	塑料吊顶板	钙塑装饰吊顶板、PS 装饰板、玻璃钢吊顶板、有机玻璃板
	木质装饰板	木丝板、软质穿孔吸声纤维板、硬质穿孔吸声纤维板
	矿物吸声板	珍珠岩吸声板、矿棉吸声板、玻璃棉吸声板、石膏吸声板、石膏装饰板
	金属吊顶板	铝合金吊顶板、金属微穿孔吸声吊顶板、金属箔贴面吊顶板
	复合板材	铝塑板

三、装饰材料的发展趋势

随着社会和科技的不断进步，人们的生活水平和审美观念不断提高，推动了建筑装饰材料工业的迅猛发展，新的装饰材料不断地被开发和应用。

1. 从天然材料向人造材料发展

一直以来，人们使用的装饰材料绝大多数为天然材料，如天然石材、天然木材、动物的皮制品和棉麻制品等。随着科技的发展，以高分子材料为主要原材料的各种人造材料，如人造石、人造板材、塑胶地板等新型合成装饰材料开始大量运用到装饰工程中。

2. 从单一功能材料向多功能材料发展

目前市场中的新型材料不仅能达到装饰的效果，还兼备多种功能。例如，新型壁纸材料增加了抗静电、防污染、防火、防水、防霉、隔热等功能。

3. 从现场制作材料向成品安装材料发展

如今“成品化”的装饰材料在施工时只需按规范要求安装即可，如门窗、门套、踢脚板、地板、隔断、壁炉、橱柜等都可先在工厂预制，然后运到施工现场进行安装。

4. 从粗重笨重材料向轻质高强材料发展

如今在装饰用材方面，推荐使用质量轻、强度高的装饰材料，如铝合金材料，既可以减轻建筑物的自重，又可以提高装饰物的保护功能。

5. 从非环保材料向环保材料发展

如今，环保材料已经成为市场的一种必然选择，人们选择材料时首先考虑的就是材料是否无毒无害。环保材料不仅能达到装饰的效果，又能保护环境、减少污染，是构建绿色建筑的重要基础。

第二节 SECTION 2 装饰材料的基本性质

根据建筑物的不同使用部位和功能，装饰材料要求具有绝热、吸声、耐腐蚀等性能，对于长期暴露于大气环境中的外墙材料，要求其能经受风吹、雨淋、日晒、冰冻等引起的冲刷、化学侵蚀、生物作用、温度变化、干湿循环，以及冻融循环等破坏作用，即具有良好的耐久性。可见装饰材料在使用过程中所受外界作用很复杂，且它们之间又相互影响。因此，对装饰材料性质的要求应当是严格的和多方面的。

一、材料的物理性质

材料的物理性质是指表示材料物理状态特点的性质，主要包括密度、表观密度、堆积密度、密实度、孔隙率和空隙率等，这些性质都能反映材料的质量。

1. 密度

密度是指材料在绝对密实状态下质量与体积的比值，用公式表示为：

$$\rho = m/V$$

式中，ρ——密度，g/cm^3 或 kg/m^3；

m——材料质量，g 或 kg；

V——材料在绝对密实状态下的体积（不包括空隙在内的体积），cm^3 或 m^3。

2. 表观密度

表观密度是指材料在自然状态下质量与体积的比值，用公式表示为：

$$\rho_0 = m/V_0$$

式中，ρ_0——表观密度，g/cm³ 或 kg/m³，在工程上用 kg/m³；

m——材料质量，g 或 kg；

V_0——材料在自然状态下（包括内部孔隙）的体积，cm³ 或 m³。

在建筑装饰工程中，当进行材料的运输量、设计结构和配料计算时，经常用到材料的表观密度，计量单位为 kg/m³。另外，表观密度还与材料的其他性质，如强度、隔热性能等存在着密切关系。

3. 堆积密度

堆积密度是指粉状或颗粒状材料在堆积状态下质量与体积的比值，用公式表示为：

$$\rho_0' = m/V_0'$$

式中，ρ_0'——堆积密度，g/cm³ 或 kg/m³；

m——材料质量，g 或 kg；

V_0'——材料的堆积体积（包括颗粒之间的空隙），cm³ 或 m³。

4. 密实度（紧密度）

密实度是指材料体积内被固体物质充实的程度，即材料绝对密实体积与自然状态下的体积之比，用 $D=V/V_0$ 表示。将 $V=m/\rho$，$V_0=m/\rho_0$ 代入，得 $D=\rho_0/\rho$，即为表观密度与密度之比。密实度以相对数值或百分率表示。

5. 孔隙率

孔隙率是指材料中孔隙体积所占整个体积的比例，用 $P=\dfrac{V_0-V}{V_0}\times 100\%=(1-\rho_0/\rho)\times 100\%=1-D$ 表示。由此看出，材料的孔隙率通常根据材料的密度与表观密度求得。

（1）孔隙率变化是一个很大的范围。坚密岩石的孔隙率常在 19% 以下，而多孔材料（如泡沫玻璃、泡沫混凝土）的孔隙率可高达 85% 以上。

（2）孔隙率依据其孔径的大小，可分为粗孔与微孔两类。粗孔孔径达 1 ~ 2 mm 或更大，微孔孔径为百分之几毫米或千分之几毫米。

（3）孔隙率和孔隙构造（包括孔隙大小、封闭与否）是表示材料构造特性的基本指数，与材料的其他性质有极密切的关系，如材料的表观密度、强度、隔热性能、透水性能、耐冻性、耐腐蚀性等，均与孔隙率的大小或孔隙构造有关。

6. 空隙率

空隙率是指散粒材料在某堆积体积中颗粒之间的空隙体积所占的比例，用 $P'=\dfrac{V_0'-V_0}{V_0'}\times 100\%=(1-\rho_0'/\rho_0)\times 100\%$ 表示。对于砂、石等散粒材料，通常用空隙率表示颗粒之间的紧密程度。

几种常用材料的密度、表观密度和孔隙率见表 1-2。

表 1-2 常用材料的密度、表观密度和孔隙率

材料名称	密度（g/cm^3）	表观密度（kg/m^3）	孔隙率（%）
花岗石	2.6 ~ 2.9	2 500 ~ 2 800	0.5 ~ 1.0
石灰岩	2.6	2 000 ~ 2 600	0.6 ~ 1.5
混凝土	2.6	2 200 ~ 2 500	5 ~ 20
松木	1.55	380 ~ 700	55 ~ 75
钢材	7.85	7 850	0
石膏板	2.6 ~ 2.75	800 ~ 1 800	30 ~ 70
玻璃	2.7	2 500 ~ 2 700	0 ~ 0.5

二、材料的力学性质

1. 强度

材料在外力作用下抵抗破坏的能力，称为材料的强度。材料受外力作用时，其内部就产生应力，外力增加，应力相应增大，直至材料内部质点间结合力不足以抵抗所受的外力时，材料被破坏，此时的极限应力值就是材料的强度，也称极限强度。

根据外力作用形式的不同，材料的强度分为抗压强度、抗拉强度、抗弯强度（抗折强度）和抗剪强度几种。这些强度是通过标准试件的静力破坏试验测得的。

抗压、抗拉、抗剪强度的计算公式为：

$$f=P/A$$

式中，P——试件破坏时的最大载荷，N；

A——试件受力面积，mm^2。

抗弯强度的计算公式为：

$$f_{tm}=\frac{3Pl}{2bh^2}$$

式中，l——试件两支点间的距离，mm；

b、h——试件截面的宽、高，mm。

材料的强度与其成分、结构和构造有关。种类不同的材料，其强度不同，即使是同类材料，由于组成、结构或构造不同，其强度也有很大差异。材料的孔隙率越大，其强度越低。某些具有层状或纤维状构造的材料，受力方向不同，强度大小也不同。如木材，顺纹方向抗拉强度大，横纹方向抗拉强度小。材料的强度还与其含水状态、温度，以及试件形状、尺寸、加荷速度等有关。

大部分材料是根据其强度的大小划分为若干不同的标号或强度等级的。砖、石、水泥、混凝土等

材料是按抗压强度划分标号或强度等级的，而钢材是按抗拉强度划分强度等级的。了解材料的强度，对于掌握材料的性能、合理选材、正确进行设计和控制工程质量，具有重要的实际意义。

2. 弹性与塑性

（1）弹性。材料在外力作用下产生变形，当外力撤除后，变形即行消失，这种能够完全恢复到原来形状的性质，称为材料的弹性，这种完全恢复的变形，称为弹性变形。弹性变形与荷载成正比。钢材和木材均具有良好的弹性。

（2）塑性。材料在外力作用下产生变形，当外力撤除后，有一部分变形不能恢复，这种不能完全恢复原来形状的性质称为材料的塑性，这种不能完全恢复的变形，称为塑性变形。钢材在弹性极限内接近于完全弹性材料，而其他材料多为非完全弹性材料，这些材料在受力时，弹性变形和塑性变形同时产生，当外力撤除后，弹性变形可以消失，而塑性变形不能消失。

3. 脆性与韧性

（1）脆性。脆性是指材料受力达到一定程度后突然破坏，而破坏时并无明显塑性变形的性质，其特点是材料接近破坏时，变形仍很小。如混凝土、玻璃、砖、石和陶瓷等均属于脆性材料，它们抵抗冲击的能力较差，但抗压强度较高。

（2）韧性。韧性是指材料在冲击、振动荷载作用下，能承受较大的变形也不致破坏的性质，也称为冲击韧度。如用于桥梁、地面、路面和吊车梁等的材料，都要求具有较高的抗冲击韧度。

4. 硬度与耐磨性

（1）硬度。硬度是指材料抵抗较硬的物体压入其中的性能。钢材、木材及混凝土的硬度常用钢球压入法测定，即在一定的荷载作用下，将一定直径的钢球压入材料的表面，根据受压材料表面所留印痕的大小或深度确定材料的硬度。一般来说，硬度大的材料，耐磨性比较强，但不易加工。在工程中，有时还可用撞击、钻孔、射击等方法来确定材料的硬度。

（2）耐磨性。耐磨性是指材料表面抵抗磨损的能力，用公式表示为：

$$N=\frac{m_1-m_2}{A}$$

式中，N——磨损率，g/cm^2；

A——材料受磨面积，cm^2；

m_1、m_2——材料磨损前后的质量，g。

材料的耐磨性与硬度、强度及其内部构造有关。作为地面、路面、楼梯踏步等的材料，应具有良好的耐磨性。材料同时受到磨损与冲击的作用，称为磨耗，如楼梯的踏步经常受到磨耗作用。

5. 耐久性

耐久性是指用于建筑物的装饰材料，在环境中多种因素的作用下，能经久不变质、不破坏，并且又能保持原有性能的性质。

（1）物理因素。包括环境温度、湿度的交替变化，即冷热、干湿、冻融等循环作用。

（2）化学因素。包括大气和环境中水的酸、碱、盐等溶液或其他有害物质对材料的侵蚀作用，以及日光、紫外线等对材料的作用。

（3）机械因素。包括持续的荷载和交变荷载对材料的作用。

（4）生物因素。包括菌类、昆虫等侵害作用。

砖、石料等矿物材料多是由于物理因素、机械因素作用而破坏的；金属材料主要是由于化学因素作用引起的腐蚀而破坏的；木材等有机质材料常因生物因素作用而破坏；地面材料多因机械因素作用而破坏；涂料、塑料等高分子材料在阳光、空气和热的作用下，会逐渐老化而变脆。

6. 与水有关的性质

与水有关的性质包括亲水性与憎水性、吸水性、吸湿性、耐水性、抗渗性等。

（1）亲水性与憎水性。材料在空气中与水接触时能被水润湿的性质，称为亲水性。材料在空气中与水接触时不能被水润湿的性质，称为憎水性。

材料被水润湿的情况，可用润湿边角 θ 表示（见图 1-1）。当材料与水接触时，在材料、水、空气三相交点处，沿水滴表面的切线和接触水的夹角 θ，称为润湿边角。润湿边角越小，表明材料的润湿性能越好。

当 $\theta \leqslant 90°$ 时，材料表面吸附水，材料能被水润湿而表现出亲水性，这种材料称为亲水性材料。石料、砖、混凝土、木材等大多数建筑材料均为亲水性材料。

当 $\theta > 90°$ 时，材料表面不吸附水，这种材料称为憎水性材料。沥青、石蜡等材料为憎水性材料。憎水性材料在施工中可用做防水材料，或用于亲水性材料的表面处理，以降低其吸水性。

当 $\theta = 0°$ 时，材料表面完全被水润湿。

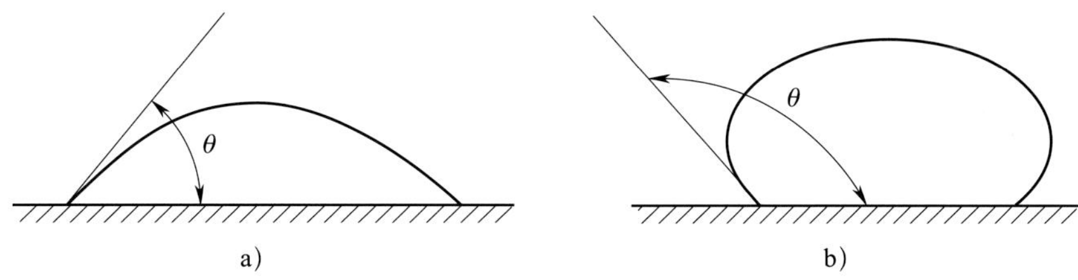

图 1-1 润湿边角

a）润湿 b）不润湿

（2）吸水性。材料浸入水中吸收水分的能力，称为吸水性。吸水性的大小常以吸水率表示，即材料吸水饱和时的吸水量占干燥质量的百分率，用公式表示为：

$$\omega_{质} = \frac{m_1 - m}{m} \times 100\%$$

式中，$\omega_{质}$——材料质量吸水率，%；

m——材料在干燥状态下的质量，g；

m_1——材料在吸水饱和状态下的质量，g。

也有按体积计算的吸水率，即吸入水的体积占材料自然状态下体积的百分数，用公式表示为：

$$\omega_{体} = \frac{V_1 - V}{V_1} \times 100\%$$

式中，$\omega_{体}$——材料体积吸水率，%；

V——材料在自然状态下的体积，m^3；

V_1——材料在吸水饱和状态下的体积，m^3。

吸水性的大小与材料本身的性质（憎水还是亲水）、孔隙率大小、孔隙特征（开孔还是闭孔）等有关。一般来说，表观密度小、孔隙率大的材料吸水性大。

（3）吸湿性。材料在潮湿空气中吸收水分的性质，称为吸湿性，它随空气湿度的变化而变化。吸湿性用含水率表示为:

$$W_{含}=(G_{水}/G)\times 100\%$$

式中，$W_{含}$——材料的含水率，%；

$G_{水}$——材料的含水量，g；

G——材料的干燥质量，g。

如果是与空气湿度达到平衡时的含水率，则称为平衡含水率。具有微开孔空隙的材料，吸湿性特别强。如木材及某些隔热材料能吸收大量的水分，因为这些材料的内表面积大，吸附能力强。但随着空气的干燥，材料也会向外散发水分，称为材料的还水性，所以木材会出现干缩湿胀的现象。

（4）耐水性。材料在水中或吸水饱和以后，其强度不显著降低的性质，称为材料的耐水性。耐水性用软化系数表示为:

$$K_{p}=\frac{f_{b}}{f_{g}}$$

式中，K_p——材料的软化系数；

f_b——材料在吸水饱和状态下的抗压强度，N/mm²；

f_g——材料在干燥状态下的抗压强度，N/mm²。

通常情况下，软化系数 $K_p > 0.85$ 的材料，可以认为是耐水的。K_p 越小，说明材料在水中强度的损失越大。因此，可根据 K_p 的大小判断材料是否能用于有水的场合。

（5）抗渗性。材料抵抗压力水渗透的性质，称为抗渗性。抗渗性用渗透系数表示为:

$$K_{s}=\frac{Qd}{AtH}$$

式中，K_s——材料的渗透系数，cm/h；

Q——渗水量，cm³；

d——试件厚度，cm；

A——渗水面积，cm²；

t——渗水时间，h；

H——静水压力水头，cm。

K_s 值越大，表示材料渗透的水量越多，即抗渗性越差。

第三节 SECTION 3 装饰材料的应用

在实际应用中，大多数装饰材料是作为建筑的饰面材料来使用的，以起到美化建筑与环境，以及保护建筑物的作用。

一、家居空间装饰材料的应用

一般家居空间装饰材料可分为墙体材料、地面材料、装饰线板、吊顶材料、连接件和胶黏剂五大类别。

1. 墙体材料

常用的墙体材料有乳胶漆、壁纸、墙面砖、涂料、饰面板、墙布、墙毡等。

2. 地面材料

常用的地面材料有实木地板、复合木地板、天然石材地砖、人造石材地砖、纺织制品的地毡、人造制品的地板（塑料）等。

3. 装饰线板

装饰线板包括檐口线脚、挂镜线、踢脚板、护墙板等。

4. 吊顶材料

常用的顶棚材料有木质三合板、纸面石膏板、装饰石膏板、塑料扣板、铝扣板、塑料有机透光板等。

5. 连接件及胶黏剂

连接件包括螺丝、钉子、卡扣连接件等。胶黏剂包括环氧树脂胶黏剂、酚醛树脂胶黏剂、脲醛树脂胶黏剂、三聚氰胺树脂胶黏剂、聚氨酯胶黏剂、烯类高分子胶黏剂、有机硅胶黏剂、橡胶类胶黏剂等。

家居空间装饰材料的应用实例如图 1-2 至图 1-6 所示。

❶ 图 1-2 客厅装饰材料应用实例——墙面、地面采用高级抛光砖

❷ 图 1-3 卧室装饰材料应用实例——墙面刷乳胶漆，地面采用复合木地板

❸ 图 1-4 厨房装饰材料应用实例——地面采用防滑地砖，橱柜采用人造石材台面、不锈钢洗菜盆

图 1-5 洗手间装饰材料应用实例——地面采用防滑地砖，淋浴区采用不锈钢和钢化玻璃做间隔，墙面采用大块陶瓷面砖，洗手盆和马桶均采用陶瓷材质

图 1-6 阳台装饰材料应用实例——地面采用高级防滑地砖，墙壁上采用人造木板制作储物柜

二、公共空间装饰材料的应用

公共空间主要包括办公空间、餐饮空间和商业空间等。公共空间装饰材料的选择除了要遵循实用方便、装饰美观、经济合理这三大基本原则外，还要根据《中华人民共和国消防法》规定，使用不燃、难燃的材料。

1. 办公空间装饰材料的应用

办公空间装饰材料的整体品质影响着企业的办公效率和企业形象，因此要合理地运用装饰材料。

（1）吊顶装饰材料

吊顶装饰不仅可以美化办公空间，还有很好的防尘作用。办公空间吊顶装饰材料一般选择石膏板天花板、矿棉板天花板、顶面喷涂等。

（2）地面装饰材料

地面是使用最多的地方，不仅要讲究美观，更重要的是实用，尤其耐磨性和安全性是最不能忽视的。办公空间地面装饰材料主要有地板砖、地毯、地胶、地坪漆、防静电地板等。

（3）墙面装饰材料

墙面是视野最广的地方，合理的墙面装饰可以有效调整办公空间的格局。办公空间墙面装饰材料主要有涂料、壁纸、无纺布等，如果考虑到一些特殊需求，也可以选择吸声板、烤漆玻璃、铝塑板、装饰板、石材等材料。

（4）隔断装饰材料

办公区域划分时，有时要进行隔断处理。隔断不仅能够很好地利用空间、节约成本，还能突出办公室的格调。办公空间隔断装饰材料一般有轻钢龙骨、石膏板隔断，不锈钢、钢化玻璃隔断，双层玻璃隔断以及移动隔断等。

（5）照明装饰材料

照明装饰材料是办公空间必不可少的，好的照明设计可以有效提高办公效率。办公空间照明装饰材料主要有格栅灯、吸顶灯、工矿吊灯、防爆灯、筒灯、轨道灯、LED 灯带等。

（6）家具装饰材料

办公家具一般包括办公桌、柜子等，起到辅助办公、提高工作效率的作用。办公空间家具装饰材料一般有细木工板、多层板、集成板、贴面板、木方料、烤漆、三聚氰胺饰面板、亚克力板和不锈钢玻璃等。

办公空间装饰材料应用实例如图 1-7、图 1-8 所示。

图 1-7　办公室装饰材料应用实例——办公桌选用金属支架和木材桌面，地面采用实木地板，顶棚采用顶面喷涂材料

图 1-8　会议室装饰材料应用实例——地面采用高级抛光砖，墙面采用不锈钢包边的软包装饰，顶棚用夹板面饰白色乳胶漆制作成二级造型

2. 餐饮空间装饰材料的应用

餐饮空间装饰材料的选择与运用要与室内装饰相适宜，不同的装饰部位需要选用不同质地与性能的材料。

（1）顶棚装饰材料

顶棚虽不是人们的视觉注意中心，但它也是室内空间的一部分，不同材质的顶棚装饰材料，会使人产生不同的心理感受，如透明的玻璃材质与封闭的厚重材质给人的感受就有天壤之别。所以，在选择顶棚材料时，应特别考虑到材料对人的心理所产生的影响。另外，还要考虑顶棚的使用功能，应尽量选择不易受污染和尘埃附着的材料，以便清扫。

（2）地面装饰材料

选择餐饮空间地面装饰材料时，除了要考虑舒适性，还要考虑安全性，以防止人滑倒摔伤。

（3）墙面装饰材料

餐饮空间墙面装饰材料的选择与运用，应充分考虑人的视觉舒适性。另外，在其功能上较易受到损伤的部位，还应考虑到表面材料的耐久性。

（4）隔断装饰材料

1）永久性隔断。一般为耐磨损、抗老化的材料，包括红砖、空心砖、铝合金、石膏板等，这些材料由于体量轻、密度大而被广泛采用。

2）临时性隔断。一般为轻质材料，如铝合金龙骨、石膏板贴面、木龙骨多层板贴面、钢骨架玻璃等。临时性隔断一般用于虚空间中，如包间、茶室等。

3）可移动隔断。可移动隔断可专门制作或利用屏风、框架、椅子等物质材料做隔断，也可充分利用各种装饰材料对不同功能的室内空间进行设计。

餐饮空间装饰材料应用实例如图 1-9 所示。

3. 商业空间装饰材料的应用

商业空间主要包括两种，第一种是临街商铺，装饰材料要求比较简单，能达到基本的装饰要求即可；第二种是中高端商场，装饰材料要求比较高，具体如下：

一是地面材料，包括地毯、地面涂料、陶瓷地砖、塑料地板、木地板、天然花岗石、人造石材、天然大理石、建筑水磨石等。

二是内墙材料，包括壁纸、内墙涂料、釉面内墙砖等。

三是顶棚材料，包括顶棚装饰板、吊顶龙骨等。

四是其他材料，包括无机胶凝材料、陶瓷装饰材料、玻璃装饰材料、金属装饰材料、塑料装饰材料以及隔热、吸声材料等。

商业空间装饰材料应用实例如图 1-10 所示。

图 1-9　餐饮空间装饰材料应用实例——地面用波打线将深色和浅色抛光砖地面分成两部分，深色地面对应深色天花板，中间用木材和玻璃分割，形成相对独立的空间，浅色的抛光砖对应夹板天花面饰白色乳胶漆，局部开槽装射灯，形成相对开阔的就餐环境

图 1-10　商业空间装饰材料应用实例——地面采用抛光砖和人造石材，顶棚采用木夹板造型后刮腻子，墙面刷乳胶漆，营造出富丽堂皇的商业空间

第四节 SECTION 4 装饰施工概述

装饰施工的重要作用，不仅在于保护建筑物的结构部分以延长其使用寿命，而且还能完善和增强建筑物及其环境的使用功能，创造安全、舒适、合理、赏心悦目的空间环境，以提高人们生活、工作的质量。

一、装饰施工的主要任务和特点

装饰施工的主要任务是实现装饰设计的意图，是对设计质量的检验和完善的过程。装饰施工的过程是实现设计意图的过程，其每一道工序都检验着设计的合理性、科学性和实践性，装饰施工人员不能完全被动地接受设计，而是要主动地完善设计，有理由和义务对原设计提出改进的意见和建议。这就要求装饰施工人员应具有良好的艺术素养和熟练的操作技能，详细阅读图纸，深刻领会设计意图，精心制订施工方案并付诸实施，只有设计者与施工者密切配合，才能获得理想的装饰施工效果。

一般来说，建筑装饰施工具有以下特点：

（1）建筑装饰设计与施工工艺之间没有一个严格的界限，建筑装饰设计自始至终贯穿于施工工艺的全过程。例如，装饰设计中的大理石墙面，设计图纸往往标注得比较简单，而具体操作时并不这么简单，在工艺上要针对进场后的板材情况，边施工边进行艺术设计，这种过程既是施工过程，也是对墙面详细制作设计图案的过程。所以建筑装饰设计和施工工艺这两个过程是连贯的，没有严格的界限。

（2）装饰施工中的实物样板是保证装饰效果的重要手段。实物样板是指大面积施工前的小范围内施工，如涂料色板、喷涂样板等。小面积的实物样板，可以将一些设计中未明确的构造问题加以具体化，统一操作规程，明确施工要点，起到总结经验和指导下一步施工的作用。所以，在进行装饰工程施工前，应预先做好样板，并经有关单位认可后方可进行施工。

（3）装饰施工机械化程度高、装配化程度高、干作业量大。主要表现在:

1）机械化程度高。由于各种轻便手提式工具的普及，使得不少工种被电动工具所代替。这些电动工具的出现，不仅解放了劳动力，减轻了劳动强度，而且使施工质量得到了提高。

2）装配化程度高。装饰施工的装配化程度主要取决于所用的材料。目前，相当一部分材料是装配或半装配的，在现场基本可以做到文明施工，施工速度较快。另外，通过工厂机械化生产，一些比较难做的工序或部件的质量有了保证，从而使施工质量得到了保证。

例如，目前比较流行的铝合金吊顶就是装配化程度较高的工序，将龙骨与扣板运到现场装配施工，施工程序简单，施工速度较快，质量也有所保证。

3）干作业量大。目前装饰施工大部分都可以用干法施工，干作业量较大。干作业不受潮湿或泥水的影响，可使不同层次的装饰面施工互不影响。

（4）装饰材料品种繁多，装饰施工方法多样。不同的材料，施工方法各不相同。不断有新材料问世，就不断产生新的施工方法。

（5）装饰施工人员一工多能。一般的装饰工程工期短，工作琐碎繁杂，难以把工人的工种划分得很细，所以要求装饰施工人员具有一工多能的本领。一般，需要装饰施工人员掌握的工种有水电施工、卫生设备施工、电气施工、空调施工、灯具安装施工等。

二、装饰施工规范和质量验收规范

为了规范装饰施工单位对室内装饰装修施工工艺的技术要求，确保工程质量，保障人体健康、财产安全和环境整洁，达到最佳的社会、经济效益以及良好的企业形象和管理秩序，国家制定了相关的施工规范和验收规范。

1. 现行建筑装饰装修施工规范

装饰施工规范规定了各工种的施工要求和规范，要求施工企业和施工人员严格按规范要求开展施工作业。装饰施工规范是控制施工质量的重要依据，下面列出装饰施工中常用的规范名称，方便在实际应用中查询。

（1）《住宅装饰装修工程施工规范》（GB 50327—2019）。

（2）《建筑内部装修防火施工及验收规范》（GB 50354—2021）。

（3）《屋面工程技术规范》（GB 50345—2019）。

（4）《V 形折板屋盖设计与施工规程》（JGJ/T 21—1993）。

（5）《种植屋面工程技术规程》（JGJ 155—2013）。

（6）《自流平地面工程技术规程》（JGJ/T 175—2018）。

（7）《机械喷涂抹灰施工规程》（JGJ/T 105—2011）。

（8）《塑料门窗工程技术规程》（JGJ 103—2008）。

（9）《外墙饰面砖工程施工及验收规程》（JGJ 126—2015）。

（10）《建筑陶瓷薄板应用技术规程》（JGJ/T 172—2012）。

（11）《玻璃幕墙工程技术规范》（JGJ 102—2019）。

（12）《金属与石材幕墙工程技术规范》（JGJ 133—2001）。

（13）《外墙外保温工程技术规程》（JGJ 144—2019）。

（14）《建筑涂饰工程施工及验收规程》（JGJ/T 29—2015）。

（15）《建筑防腐蚀工程施工规范》（GB 50212—2014）。

（16）《民用建筑工程室内环境污染控制标准》（GB 50325—2020）。

（17）《建筑给水排水设计规范》（GB 50015—2019）。

（18）《建筑设计防火规范》（GB 50016—2014）。

（19）《自动喷水灭火系统设计规范》（GB 50084—2017）。

（20）《建筑灭火器配置设计规范》（GB 50140—2005）。

（21）《民用建筑供暖通风与空气调节设计规范》（GB 50736—2012）。

2. 质量验收规范

质量验收规范是工程技术人员对竣工工程进行检验评估的依据，是判断工程质量的准绳，下面列出装饰工程中常用的质量验收规范名称。

（1）《木结构工程施工质量验收规范》（GB 50206—2012）。

（2）《屋面工程质量验收规范》（GB 50207—2012）。

（3）《地下防水工程质量验收规范》（GB 50208—2011）。

（4）《建筑地面工程施工质量验收规范》（GB 50209—2021）。

（5）《建筑装饰装修工程质量验收标准》（GB 50210—2018）。

（6）《建筑给水排水及采暖工程施工质量验收规范》（GB 50242—2019）。

（7）《通风与空调工程施工质量验收规范》（GB 50243—2016）。

（8）《建筑工程施工质量验收统一标准》（GB 50300—2013）。

（9）《建筑工程饰面砖黏结强度检验标准》（JGJ 110—2017）。

第五节 SECTION 5 常用装饰施工机具

“工欲善其事，必先利其器。”自古以来，在建筑制造业，工匠对所用的工具都是十分讲究的。如今的装饰工程施工正向工业化方向发展，机具设备已经成为生产符合要求、保证装饰施工质量的重要条件之一，是提高工效的基本保证。在建筑装饰工程中，小型装饰机具须完整齐备，才能保证装饰施工的正常进行。装饰工程的各个部分都离不开小型装饰施工机具。这些机具种类繁多、性能各异，应在了解其使用功能和产品特征后合理使用。

一、木结构施工机具

装饰工程木结构施工常用机具分为手工工具和电动机具两种。

1. 常用手工工具

常用的手工工具包括尺、锯、刨、凿、斧、锤、钻等。

2. 常用电动机具

（1）电动圆锯（见图 1-11）。电动圆锯俗称电锯，用于开割木夹板、木方条、装饰板等木材，常用规格有 152 mm、178 mm、203 mm、228 mm、254 mm、280 mm、305 mm 等几种，其中 228 mm 圆锯功率为 1 750 W，转速为 4 000 r/min；280 mm 圆锯功率为 1 900 W，转速为 3 200 r/min。

图 1-11　电动圆锯

1）组成。电动圆锯由电动机、齿轮传动、锯片、外壳、基座（底座）、开关、手柄、轴锁、深度调节螺母、角度调节螺母、导尺和配件组成。

2）锯片换装。首先拔下电源插头，按下轴锁，使锯片卡住不能转动，再用专配的套筒扳手换装锯片（顺锯片转向为松，逆锯片转向为紧），锯片内所标箭头方向与锯的外壳上所标箭头方向应相同。

3）操作方法。用右手握住手柄，并把电源线梳理顺畅；左手拉上护罩，将底座紧贴放平在施工物上，但不要让锯片与施工物有任何接触；然后按下电源开关，在锯片达到最高速度时（开机约 2 s），沿施工面平稳、匀速地向前推锯，直到锯片完全离开施工物。

在行锯过程中应做到以下三点：

1. 当锯片的 2/3 进入施工物时，左手放下护罩并按在前手柄或电动机部分的外壳上，或者扶住底座边缘。

2. 行锯中严禁向后退锯，否则重则伤人，轻则损伤材料。

3. 操作者应戴防护眼镜，头部偏离锯片径向范围，以免木屑飞出，击伤眼睛和面部。

4）开料方法。手提式电动圆锯开料法主要有以下四种：

①画线法。首先按所需尺寸在板料上画好线，将电动圆锯纵向切削口的边对准所画的线；然后，按电动圆锯的正确操作方法完成全过程（要求开料者对电动圆锯操作熟练，且在对开料精度要求较低时采用）。

②导尺开料法。首先把导尺按所需尺寸固定在锯基座上，导尺贴紧板料直边；然后，按电动圆锯的正确操作方法完成全过程。

③导板开料法。用一条直边物（如铝合金扁通或夹板原边）按所需尺寸固定在板料上，该尺寸为开料尺寸加上（或减去）锯片到底座边的距离；然后，按电动圆锯的正确操作方法完成全过程。

④锯床开料法。将电动圆锯固定在锯床上，按电动圆锯的正确操作方法完成全过程。锯床是装饰工程木结构施工必不可少的工作台，由挡板、趟盘和电动圆锯三大部分组成。锯床一般都为自制，如图 1-12 所示。

图 1-12 锯床

在运用锯床开料法的开料过程中应注意以下三点：

1. 找出所有开料的直边并做好记号，将其放在开料者最容易取到的位置。

2. 开料时一般两人配合，推料者把料放在锯床面，直边紧贴挡板。在开动电动圆锯前，板料不能接触锯片。配合者开机后（待机器进入工作状态），用板条压住料边或托住板料匀速推进。

3. 当圆锯突然减速时，会发生回弹，向操作者反冲过来，这是很危险的。防止发生危险的方法是，当锯片被工件夹住或突然减速时，应立即放开开关按钮，并注意锯片不应立即从工件上移开，以避免电动圆锯回弹伤手。

（2）电动线锯机。电动线锯机也称曲线锯机，其齿形切削刀刃向上，工作时做直线往复运动，冲程长度约为 26 mm，冲程速度约为每分钟 3 200 次，功率为 600 W，锯条规格有 60 mm×8 mm、80 mm×8 mm、100 mm×8 mm 三种，锯齿边分粗、中、细三种。电动线锯机如图 1-13 所示。

1）组成。电动线锯机由电动机、传动部分、手柄、开关、基座、锯片、护罩、速度挡位、冲程键和配件组成。

2）特点。电动线锯机具有体积小、质量轻、操作方便、安全可靠、适用范围广的特点，是建筑装饰工程中理想的锯割工具之一。

3）用途。电动线锯机可作直线或曲线切割，可在木板中开孔、开槽，其导板可作一定角度的倾斜，在工作面上锯出斜面。

图 1-13　电动线锯机

电动线锯机操作注意事项：

1. 为取得良好的锯割效果，锯割前应根据被加工件的材料选取不同齿锯的锯条。

2. 锯条应锋利，并牢固地安装在刀杆上。

3. 锯割时，向前推力不要过猛，转角半径不宜小于 50 mm。若施工中锯条被卡住，应立即切断电源，退出锯条，再行锯割。

4. 锯割时，不能将锯任意提起，以防锯条受到撞击而折断或者损坏加工件表面。

5. 应随时注意保护机具，经常加注润滑油。在使用过程中若产生不正常声响、火花、外壳过热、不运转或运转过慢等现象，应立刻停锯，检查和修好后方可使用。

（3）手提式电刨机（见图 1-14）。手提式电刨机简称手电刨，类似倒置小型平刨机，其刀轴上装有两个刀片，转速为 16 000 r/min，功率为 580 W，刨削宽度为 60 ~ 90 mm。手电刨上部的调节旋钮可调节合适的刨削量。

1）刀片安装方法。用扳手拧下 3 个螺栓，可以将刀筒罩盖和刀片同时拆下，然后清除全部切屑以及附着于刀筒中和刀片上的杂物，再把刨刀片放在定规基板上进行调整。

2）操作方法。使用手电刨时双手前后握紧，平稳匀速地向前移动推刨。刨到工作边尽头时，应将刨身提起，以免损坏刨好的工件表面。手电刨的底板经改装后，还可以加工出一定的凹凸弧面。刨刀片用钝后，可卸下重磨刀刃。

（4）电动木工雕刻机（见图 1-15）。电动木工雕刻机俗称“大罗机”，主要用于对工件进行铣削加工，其功率为 500 ~ 1 500 W，转速为 2 300 r/min。

1）组成。电动木工雕刻机由电动机、传动轴、外壳、左右手柄、底座、深度调节螺杆、锁位键、定位轴、定位配件、刀具卡头以及各种配件组成。

2）刀具换装。以顺刀具转动方向为紧、逆刀具转动方向为松的原则换装。

3）操作方法。操作者左、右手各握一手柄，右手控制开关，左手抓电源线，离开被加工件开机（开机时，逆刀转方向加适当的力），把雕刻机刀具移近工件，匀速前进，中途不能停止，不能左右摆动；当确定刀具离开被加工件后，随即关机。

4）加工方法（见表 1-3）。

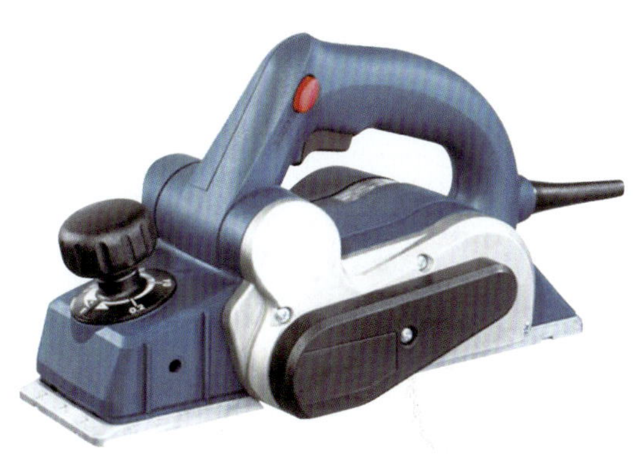

图 1-14 手电刨

图 1-15 电动木工雕刻机

表 1-3　电动木工雕刻机常用加工方法

<table>
<tr><th colspan="2">加工方法</th><th>操作过程</th></tr>
<tr><td rowspan="5">修边</td><td>挡板修边</td><td>首先按尺寸钉挡板，尺寸确定方法为：设刀具直径为 12 mm，底座直径为 160 mm，则其固定挡板尺寸为（160−12）/2=74 mm。然后，按正确方法操作</td></tr>
<tr><td>轴承刀修边</td><td>首先用直边板（9 mm 以上）固定在工作台上，按所需尺寸在工件两端各画一标记，两边对齐直边板直边后固定在直边板上，或将直边板固定在被加工件上，然后按正确方法操作</td></tr>
<tr><td>导尺修边</td><td>首先将导尺固定在底座上，导尺直边与刀具边相切，刀具藏在导尺凹位中。然后，按轴承刀修边法加工</td></tr>
<tr><td>样规圆盘修边</td><td>装上样规圆盘，然后按所需尺寸在工件上画点，在工件面对应点固定一直边夹板条，按正确操作方法加工</td></tr>
<tr><td>刀柄修边</td><td>参照样规圆盘修边操作方法</td></tr>
<tr><td rowspan="2">修圆</td><td>半径小于 200 mm 的圆</td><td>可先在工件面上画好位置，把电动木工雕刻机放在上面，刀具缩入底座内。开机后，把刀具调至所需深度（超过 9 mm，根据实际情况分部铣削），按下锁位键，再慢慢对线加工</td></tr>
<tr><td>半径大于 200 mm 的圆</td><td>可用长度大于 200 mm、厚度为 4 mm 的板条固定于底座，然后从刀具边向板条量出圆半径，用铁钉在圆心穿过并固定在工件圆心上，保留内圆用正刀，保留外圆用反刀</td></tr>
<tr><td rowspan="2">开槽</td><td>槽离工件边距离大于 180 mm</td><td>参照挡板修边操作方法，进刀深度约为 5 mm</td></tr>
<tr><td>槽离工件边距离小于 180 mm</td><td>参照导尺修边操作方法</td></tr>
</table>

（5）木工修边机（见图 1-16）。木工修边机俗称“细罗机”，用于对薄板工件的侧边或接口处修边和修整，转速为 3 200 r/min。

1）组成。木工修边机由电动机、传动轴、刀具卡头、底座、深度调节螺母、固定深度螺母、固定导尺螺母、开关和配件组成。

2）操作方法。操作者右手握住机器中下部，并抓住电源线，左手控制开关。开机时，刀具不能与工件接触，将底座贴在工作面上匀速向前推进，速度要适中。如过快，会使工件表面起毛刺、开裂；如过慢，会使刀具发热，工件表面发黑。开机后，左手按住底座，辅助工件平稳推出。

3）加工方法。参照木工雕刻机的加工方法。

（6）轻型手电钻（见图 1-17）。轻型手电钻用于在工件上打孔、冲孔，其质量约为 1.3 kg，功率为 350 W，钻木材时孔径最大为 22 mm，钻钢材时孔径最大为 10 mm。

1）特点。手电钻是装饰工程中最常用的手持电动工具之一，其特点是体积小、质量轻、操作快捷简便、工效高。对体积大、质量大、结构复杂的工件，用手电钻尤为方便，不需要将工件夹固在机床上进行施工。

2）规格。手电钻的规格用钻孔直径表示。

3）操作方法。操作手电钻时，钻头须垂直于加工面，并平稳进给，防止跳动和摇晃。要经常退出钻头除去木屑，以免钻头在工作中扭断。

（7）钉枪（见图 1-18）。钉枪是木结构装饰工程中的常用工具之一，多用于木夹板、纤维板、刨花板和各种装饰木线条等在木结构面上的固定。钉枪配有专用枪钉，不同枪型有不同规格的枪钉。

1）分类。钉枪按动力方式可分为电动钉枪和气动钉枪，按型号可分为直钉枪和码钉枪。其中，直钉枪又分为 F 钉枪、T 钉枪和蚊钉枪；码钉枪又称 U 钉枪。

电动钉枪直接使用 220 V 电源，适用于固定薄板和松质板。气动钉枪需要与空气压缩机配合使用，使用要求最低气压为 0.3 MPa，如果气压达不到要求，就不能启动打钉。

图 1-16 木工修边机

图 1-17 轻型手电钻

a）

b）

图 1-18 钉枪

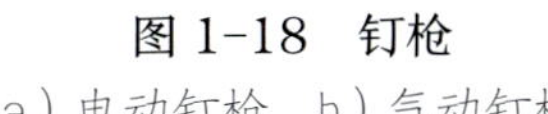

a）电动钉枪 b）气动钉枪

2）规格。

F 钉枪：10 mm、12 mm、15 mm、25 mm、30 mm。

T 钉枪：30 mm、38 mm、50 mm。

蚊钉枪：12 mm、15 mm、18 mm、21 mm。

U 钉枪：10 mm、12 mm、16 mm、19 mm、24 mm。

3）组成。电动钉枪由电源、电容器、枪扣、线圈组、枪柄、后盖、撞针、压力弹簧、枪嘴、枪匣组成。气动钉枪由气嘴、气缸、枪扣、后盖、撞针、密封胶圈、枪嘴、枪匣（方针槽、弹簧、压钉铁片、外盒）、枪柄、外壳组成。

4）操作方法。装上所需的枪钉，装钉时把外壳拉下，把枪钉放进钉匣，推上外壳（应注意枪钉不能反装），再装上气喉或电源。握枪时，要求手握枪柄，食指控制枪扣。在没有开始打钉时，食指应顶住枪扣，以防不慎拨动枪扣使枪钉飞出伤人。在打钉操作时，枪嘴应紧贴施工面，枪身与施工面垂直，枪匣与施工面平行，食指一压一放为一个打钉过程。

5）维修与保养。一般情况下，钉枪在连续使用 2 个月后，要把钉枪内部清理干净，并注入专用润滑油，各个螺母也应加润滑油润滑。

钉枪使用注意事项：

1. 在任何情况下，枪口都不准对着自己或他人。
2. 钉枪在任何情况下都要用食指顶住枪扣（打钉时除外）。
3. 不能玩枪，也不能对空开枪。

二、金属结构施工机具

装饰工程金属结构施工包括钢结构施工、铝合金结构施工和不锈钢结构施工。

1. 常用手工工具

常用手工工具有钢直尺、游标卡尺、钢角尺、水平仪、钢脚圆规、手工钢锯、钢錾、铁锤等。

2. 常用电动机具

（1）小型钢材切断机（见图 1-19）。小型钢材切断机主要用于切割角铁、钢筋、水管、轻钢龙骨等，常用规格有 280 mm、305 mm 和 330 mm 三种，功率为 1 450 W，转速为 2 300 ~ 3 800 r/mim。切割刀具为无齿型金刚砂轮片，最大切断厚度为 100 mm。

图 1-19　小型钢材切断机

1）操作方法。按所需尺寸给工件画线，将切割机调至所需角度；用锯板上的夹具夹紧工件，启动机器，使锯片对齐工件面上的画线；轻轻按下切割机，平稳匀速地进行切割。

2）使用注意事项。

① 因切割时会产生大量火星，所以在机器后面不能堆放木器、油漆等易燃物品。

② 工件将切断时，随着负荷减少，应适当减小手柄压力。

③ 施工过程中，不能用力太大。如用力超出锯片负荷，会造成锯片断裂而伤人。

④ 当砂轮片磨损到一半时，应该更换新片。

（2）手提电动砂轮机（见图 1-20）。手提电动砂轮机主要用于打磨金属工件的边角、接口等处，常用规格有 127 mm、152 mm 和 178 mm 三种，功率为 500 ~ 1 000 W，转速为 10 000 r/min。操作手提电动砂轮机时，要用双手平握住机身，再按下开关，以砂轮片的侧边轻触工件，平稳地向前移动；磨到工件尽头时，应提起机身。注意不可在工件上来回推磨，以免损坏砂轮片。该机具转速快、振动大，应注意操作安全。

（3）轻型手提电焊机（见图 1-21）。轻型手提电焊机体积小、功率大、使用方便，功率为 6.5 kW，电压为 220 V，最大工作电流为 120 A，可用焊条直径为 2 ~ 3.2 mm。操作轻型手提电焊机时，因电焊电流较大，应注意电源接线需用截面积 2.5 mm^2 以上的铜芯电线。同时，因电焊时会产生大量火星，需隔离易燃易爆物品，注意防火安全，操作者要戴防护面罩和防护用品。

❶ 图 1-20　手提电动砂轮机

❷ 图 1-21　轻型手提电焊机

（4）电动铝合金切割锯（见图 1-22）。电动铝合金切割锯是切割铝合金型材的机具。该机器型号可用木材切割机型号，区别在于锯片不同。木材切割机常用 9 in（1 in=2.54 cm）、10 in 的锯片，其锯齿较大且稀。而电动铝合金切割锯常用 254 mm、280 mm、305 mm 的锯片，其锯齿较木材锯片小且密，锯片由硬质合金制成。该机具的工作台是可调节角度的转台，可切出各种角度的切口。

图 1-22 电动铝合金切割锯

1）组成。电动铝合金切割锯由电动机、齿轮传动、外壳、手柄、开关、轴锁、机座、角度调节盘、角度调节杆、锯片、护罩和配件组成。

2）锯片换装。以顺锯片转动方向为松、逆锯片转动方向为紧的原则换装。

3）操作方法。首先在工件上按所需尺寸画线，在机座上固定两块夹板，用切割锯切齐；然后把工件上的画线对齐板边，并用手按紧，使工件紧贴板条直边；再按下切割锯开关，待锯片转至最高速后慢慢按下（让锯片轻轻接触工件，再施加适当的力切下）；待该锯片完全离开被加工件，方可松开开关，护罩返回原位保护；锯片停止转动后，方可用手取出被加工件。操作中，操作者要戴专用防护眼镜和面具，防止碎片飞溅打伤眼睛和面部。

三、安装施工机具

1. 常用手工工具

常用手工工具有手钳、一字旋具、十字旋具、锤子、钢錾、墨斗、画签、线坠、水平尺、铁角尺、钢卷尺等。

2. 常用电动机具

（1）电锤（见图 1-23）。电锤又称冲击电钻，它兼具冲击和旋转两种功能，由单相串激式电动机、传动箱、曲轴、连杆、活塞机构、刀夹机构和手柄等组成。

图 1-23 电锤

1）工作特点。电锤能将电动机的旋转运动变为冲击，或者使冲击带有旋转运动。

2）用途。电锤主要用于建筑工程中各种设备的安装。在装饰工程中，可用于砖结构、混凝土结构、花岗石面、大理石面等的钻孔、开槽、粗糙表面等操作，也可用来进行钉钉子、铆接、去毛刺等加工作业。在现代装饰工程中，也用于铝合金门窗、铝合金吊顶和石材的安装等施工中。

3）使用注意事项。

①使用电锤打孔时，电锤必须垂直于工作面，不允许钻头在孔内左右摆动，以免扭坏。

②使用中若需做扳或撬的动作，用力不应过猛，切忌猛力压紧工具。

③保证电源和电压与铭牌中的规定相符，且电源开关必须处于断开位置。

④如工作地点远离电源，可使用延长电缆。电缆应有足够的线径，其长度应尽量缩短，并检查电缆有无破裂漏电情况。

⑤使用电源应有妥善良好的接地。

⑥电锤各连接部位紧固螺钉必须牢固。根据钻孔和开凿情况选择合适的钻头，并安装牢固。钻头磨损后应及时更换，以免电动机过载。

⑦电锤的使用应为断续工作制，不可长期连续使用，以免烧坏电动机。电锤使用后应将电源插头拔离电源插座。

4）维护与检修。为了使电锤正常工作，必须经常对其进行维护和保养，对摩擦部位注入优质、耐热性能良好的润滑油。注意勿使电动机绕线受潮气、水分、油剂的侵袭。应及时检查并更换电锤中的易损件。

（2）射钉枪（见图 1-24）。射钉枪是装饰工程施工中常用的工具，与射钉弹和射钉共同使用。由枪机击发射钉弹，以弹内燃料燃烧释放出的能量将各种射钉直接打入钢铁、混凝土或砖砌体等材料中。也可直接将构件钉紧于需固定部位，如固定木件、窗帘盒、木护墙、踢脚板、挂镜线等；或者用于固定铁件，如固定窗盒铁件、铁板、钢门窗框、轻钢龙骨、吊灯等。

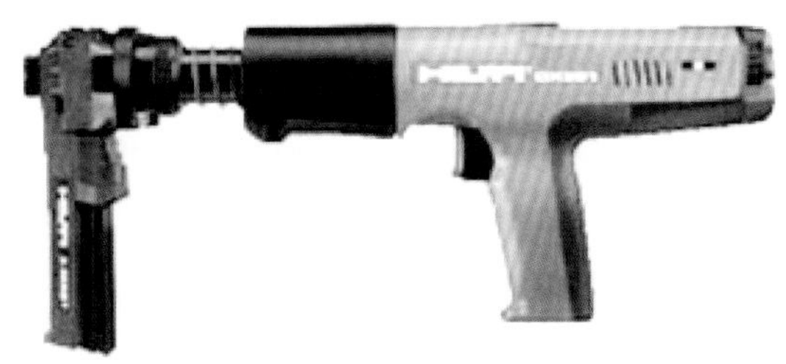

图 1-24　射钉枪

1）操作方法。型号不同的射钉枪，其使用方法略有不同。现以 SDT-A30 射钉枪为例介绍其操作方法。装弹时，用手握住枪管套，向前拉到定向键处，再后推到位。从握把端部插入弹匣，推至与握把端部齐平。将钉子插入枪管孔内，直到钉子的垫圈进入孔内。射击时，将射钉枪垂直地紧压在基体表面上，扣动扳机。每发射一次，装一次射钉，直至弹匣上的射钉弹用完为止。若扣动扳机后射钉弹不发射，应再次扣动扳机，如仍不发射，应保持原射击位置数秒，再来回拉伸枪管，使下一颗射钉弹进入枪膛，再扣动扳机。

2）注意事项。

①射钉枪必须与弹、钉型号配套，不得用错。

②使用射钉枪的人员必须经过培训，按规定程序操作，不得任意乱用。

③基体必须稳定、牢固。在薄墙、轻质墙上射钉时，基体的另一面不得有人，以防射钉穿透基体伤人。

④射击时，应握紧射钉枪，枪口与被固定件应成垂直状态。

⑤在操作时才允许将弹、钉装入枪膛。

⑥无论何时何地，也无论枪膛是否装入弹、钉，都严禁将枪口对人。

⑦发现射钉枪操作不灵时，切不可随意敲击，必须立即将弹、钉退出、退净。

⑧射钉枪每天用完后，必须用煤油浸泡枪机，然后擦上油存放。

（3）电动自攻螺钉钻（见图 1-25）。电动自攻螺钉钻是上自攻螺钉的专用机具，用于轻钢龙骨或铝合金龙骨安装饰面板，以及各种龙骨本身的安装，功率为 200 ~ 300 W，转速为 1 200 r/min。

（4）手提式电动石材切割机（见图 1-26）。手提式电动石材切割机用于安装地面、墙面、台面石材时切割石料板材，功率为 850 W，转速为 11 000 r/min。手提式电动石材切割机有干、湿两种切割片。用湿型刀片切割时，需用水作冷却液。在切割石材前，先将小塑料软管接在切割机的给水口上，双手握住机柄，通水后再按下开关，并匀速推进切割机进行切割。

（5）手提式磨石机（见图 1-27）。手提式磨石机所用的电动机是单相串激交直流两用电动机，使用碗形砂轮。该机具净重为 5.2 kg，便于手提操作，功率为 1 000 W，转速为 4 200 r/min，磨砂轮尺寸为 125 mm。

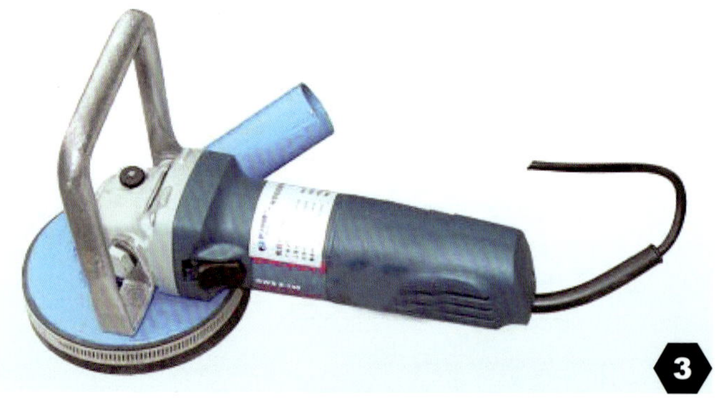

❶ 图 1-25　电动自攻螺钉钻

❷ 图 1-26　手提式电动石材切割机

❸ 图 1-27　手提式磨石机

手提式磨石机适用于对各种以水泥、花岗石、大理石、石渣为基体的建筑物表面进行磨光，特别是对那些场地狭小、形状复杂的建筑物（如洗手间、晒台等）表面进行磨光。与人工水磨相比，可大大降低劳动强度，提高工作效率。

四、涂装施工机具

1. 常用手工工具

涂装施工手工工具有油刷、排笔、滚刷、油灰刀、牛角板等。

2. 常用电动机具

（1）空气压缩机（见图 1-28）。空气压缩机用于喷油漆和喷涂料的供气以及钉枪的供气，要求气压为 0.5 ~ 0.8 MPa，供气量为 0.8 m^3/min，并可自动调压，电动机功率为 2.5 kW。

（2）电动喷枪（见图 1-29）。常用电动喷枪为 PQ-2 型，工作压力为 0.4 ~ 0.8 MPa，喷嘴口径为 1.8 mm。

操作时，先将耐压皮管与电动喷枪连接，再开动空气压缩机。在喷枪的储料罐中加入油漆或涂料，用手扣压扳机开关，喷嘴即可喷出雾状油漆或涂料。油漆或涂料喷出量可用调节螺钉控制。

（3）电动修整磨光机（见图 1-30）。电动修整磨光机用于打磨工件表面，使工件表面平整光滑，便于上油漆。电动修整磨光机有带式、盘式和振动式三种，有的型号具有粉尘收集袋，功率为 130 ~ 600 W，转速为 700 ~ 5 500 r/min。

操作时，手握机柄，在工件上边推边施加压力，切忌原地不动，以免在工件上磨出凹坑或磨穿工件表面的打底层。

（4）电动抛光机（见图 1-31）。电动抛光机用于抛光装饰物表面，常用规格有 127 mm、152 mm 和 178 mm 三种，功率为 400 ~ 500 W，转速为 4 500 ~ 20 000 r/min。

图 1-28　空气压缩机

图 1-29　电动喷枪

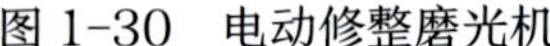
图 1-30　电动修整磨光机

图 1-31　电动抛光机

思考与练习

1. 简述装饰材料的功能和分类。

2. 简述装饰材料的物理性质和力学性质。

3. 什么是材料的耐久性?

4. 简述装饰施工的主要任务。

5. 简述电动圆锯的操作要点。

6. 常用的木结构施工机具、金属结构施工机具、安装施工机具、涂装施工机具有哪些?

7. 到校内实习基地或工地去动手操作各种施工机具，并记录施工机具的用法。

第二章

隐蔽工程装饰材料与施工工艺

学习目标

◆掌握常用隐蔽工程的材料，同时通过对给排水工程和电器管线工程的学习，能够对其完整施工过程有一个全面的认识

◆通过对隐蔽工程的深刻理解，学会正确选择隐蔽工程的材料和施工工艺，并能合理地组织施工，以达到保证工程质量的目的，同时培养解决现场施工常见工程质量问题的能力

◆在掌握隐蔽工程施工工艺的基础上，领会工程质量验收标准

隐蔽工程是指地基、电气管线、供水供热管线等需要敷设在装饰表面内部的工程。根据装修工序，这些“隐蔽工程”都会被后一道工序所覆盖，所以很难检查其材料是否符合规格、施工是否规范。本章主要讲述家装隐蔽工程，包括给排水工程、电气管线工程、地面墙面基层、门窗套板基层、吊顶基层等几个方面。本章以给排水工程和电气管线工程为学习重点，因为这些工程关系到人身安全、财产安全问题，千万不能马虎。

第一节 SECTION 1 隐蔽工程概述

隐蔽工程一旦发现质量问题，必须进行返工并重新覆盖和掩盖，会造成资源的浪费和当事人双方的损失。因此，为保证工程的质量和工程顺利完成，在实践中，承包人应当对隐蔽工程先进行自检，自检合格后，在隐蔽工程进行隐蔽前及时通知发包人或发包人派驻的工地代表对隐蔽工程的条件进行检查，并参加隐蔽工程的作业。通知中应包括承包人的自检记录、隐蔽的内容、检查时间和地点等。

一、隐蔽工程检查要点

1. 给排水隐蔽工程检查要点

（1）水管是否漏水。PP-R 管安装布局应合理，横平竖直，并且注意管线不得靠近电源，与电源最短直线距离为 0.2 m。管线与卫生器具的连接一定要紧密，经通水试验无渗漏方可。

（2）地面排水是否顺畅。卫生间、厨房是排水的主要地方，所以地面找平应有一定坡度（2%），确保水在地面汇集成自然水流并最终流向地漏。但应该注意，不能单纯为了水流顺畅而过于强调坡度，因为坡度过斜，会影响美观与防滑。

（3）防水层防水性能是否良好。厨卫在防水要求方面要比其他房间高，防水涂料要刷到 1.8 m 高，其他房间也应该在 0.3 m 高。

2. 电线管线工程检查要点

（1）PVC 管线连接是否紧密。电源线在埋入墙、吊顶或地板内时必须穿 PVC 管，管内不应有扭结。电线保护管的弯曲处，应使用配套弯管工具施工，或采用配套弯头，不应有褶皱。

（2）PVC 管是否做好保护。在地面电路铺设完毕后，应在铺设的 PVC 管两侧放置木方，或用水泥砂浆做护坡，以防止 PVC 管在工人施工中因来回走动而被踩破。强弱电线路的间距应该在 50 cm 左右，以减少它们之间的电磁干扰，同时可以防止安全事故的出现。

3. 地面与墙面基层检查要点

（1）地面基层。主要看地面水泥找平层是否合格。首先应将原地面不平整的地方用水泥砂浆铺平，另外厨房和卫生间应该有坡度。卫生间地面的排水坡度不足或无排水坡度，会造成地面积水或积水倒流进入室内。长期积水、浸水将影响卫生间的使用功能或破坏细部构造（如地漏、管根、设备基座等）的防水层，引起地面漏水。因此，卫生间的地面标高设计应比室内低 20 ~ 50 mm。地面向地漏处排水坡度一般为 2% ~ 3%。

在厨房和卫生间回填、找平时，应以地漏为中心向四周辐射，找准坡度，用刮尺刮平，抹面要求平整，表面无坑、无缝隙，不起砂，以不积水为准。

（2）墙面基层。主要看隔墙基层的问题：一是包柱是否采用红砖墙、水泥拉力板等，通常施工工艺要求厨房和卫生间的包柱都必须用红砖砌墙，并预留观察口，尺寸要与实际相符，便于将来维修；二是是否做水泥拉毛处理，增加瓷砖的接触面，同时增强摩擦力，使瓷砖附着更加牢固。

4. 门窗套板基层检查要点

（1）安装是否符合设计要求。门窗工程应根据设计好的图样，放好门窗洞口，并进行抹灰。

（2）是否牢固、安全。门窗如果长度较大时，需要倒置横梁来固定，以增加牢固性和安全性。

（3）操作是否按顺序进行。安置好门窗框架后，方可安装玻璃及撕开保护膜。如果顺序错误，容易导致框架外观磨损、玻璃破坏等现象发生。

5. 吊顶基层检查要点

（1）吊顶工程是否根据图示说明，采用合适的龙骨进行支架固定。如果是采用木龙骨，有防火要求的是否刷防火漆，并采用不锈钢螺钉。

（2）中间板材的缝隙是否用胶带贴上，再进行刮腻子、打磨、油漆作业。

（3）是否严格遵守工艺要求，无偷减流程的情况。

二、隐蔽工程常用材料

隐蔽工程中用到的材料质量直接影响隐蔽工程的使用寿命，这里重点介绍强、弱电工程及给排水管道的隐蔽工程常用材料。

1. 强电工程常用材料

大于 36 V 的电压称为强电，民用电的电压是 220 V。家装中强电工程常用材料包括下面几种：

（1）电线。电线由导体、绝缘层、屏蔽层和保护层四部分组成。

1）导体。导体是电线的导电部分，用来输送电能，是电线的主要部分。

2）绝缘层。绝缘层是将导体与大地和不同相的导体之间在电气上彼此隔离，保证电能输送，是电线结构中不可缺少的组成部分。

3）屏蔽层。15 kV 及以上的电线一般都有导体屏蔽层和绝缘屏蔽层。

4）保护层。保护层的作用是保护电线免受外界杂质和水分的侵入，以及防止外力直接损坏电线。

（2）穿线管。电线埋墙必须配合穿线管使用，一般可选用 PVC 穿线管和 PE 穿线管，其特点是价格实惠、可弯曲、绝缘性能好。一般选择 PVC 穿线管和 PE 穿线管就可以满足使用要求，注意电线在管内不能有接头。

（3）底盒（见图 2-1）。底盒就是插座或开关后面埋在墙里面的装电线的塑料盒，分为 86 型、118 型、116 型、146 型、双 86 型等，最常用的是 86 型，其四边的长度都是 8 cm，深度是 6 cm。底盒在材料上分为防火与阻燃两种，以前的都是防火型，现在多数是阻燃型。

（4）电工辅料。电工辅料包括电工胶布、黄蜡管和线卡等。

1）电工胶布（见图 2-2）。电工胶布是一种性能优良、经济实用的聚氯乙烯绝缘胶带。它具有良好的耐磨性、防潮性、耐酸碱性和抗环境变化能力（包括紫外线）。聚氯乙烯具有很高的介电强度，随形性好，采用较少量即可获得较好的机械保护。

电工胶布主要用于绑扎电线和电缆，适用于室内或室外电压等级 600 V 以下的电线和电缆接头的主绝缘，用于修补高压电缆接头的护套。

图 2-1 底盒

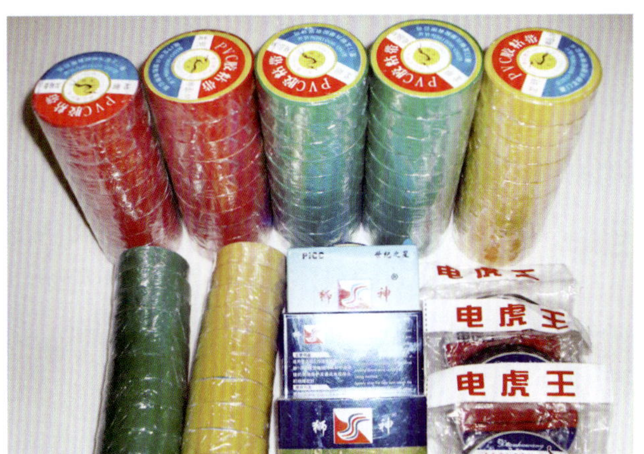

图 2-2 电工胶布

2）黄蜡管（见图 2-3）。传统的黄蜡管一般以白色为主，主要原料是玻璃纤维，通过拉丝、编织、加绝缘清漆后制成。

在布线（网线、电线、音频线等）过程中，如果需要穿墙或者暗线经过梁柱时，导线需要采取加防护和防拉伤、防老鼠咬坏等措施，这时就需要用到黄蜡管。经技术改进，现已有多种材料、型号的黄蜡管品种应用到机械制造、汽车、家电、建筑物等领域。

3）线卡（见图 2-4）。线卡是一种塑料制品，采用 PE 材料注塑成型，具有弹性大、韧性好、拉力好、无毒、耐冲击、耐湿、耐化、不易爆口等特点，一般用于室内配线固定电线，大一些的线卡可用于固定电缆管和水管等。

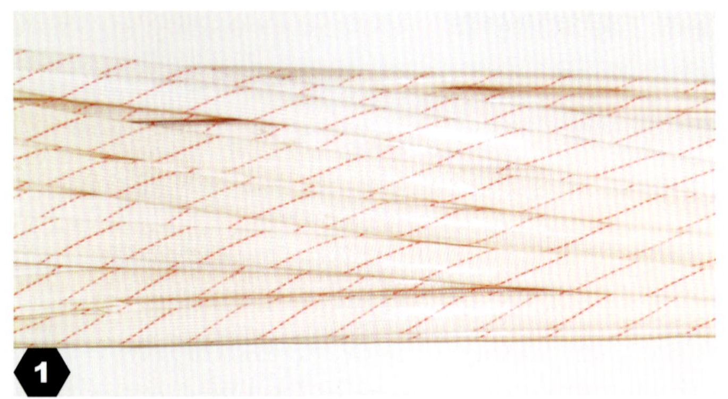

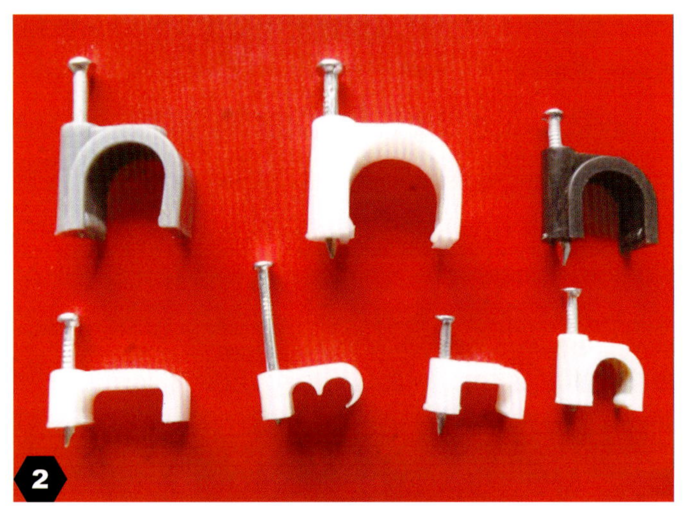

❶ 图 2-3　黄蜡管

❷ 图 2-4　线卡

2. 弱电工程常用材料

家装中弱电工程主要是指闭路线、网络线、电话线、音箱线的布线施工，另外还有 VGA 线、音频线、HDMI 高清线等的布线施工。

（1）闭路线。闭路线即闭路电视的信号线，它分为信号线芯和信号屏蔽层两个部分，中间硬的为信号线芯，外层的网状线芯和锡纸为信号屏蔽层，起到抗干扰的作用。

（2）网络线。网络线一般由金属或玻璃制成，它可以用来在网络内传递信息。常用的网络线有双绞线、同轴电缆和光纤电缆（光纤）三种。

1）双绞线。双绞线是由许多对线组成的数据传输线，它价格便宜，所以被广泛应用。双绞线用来和 RJ45 水晶头相连，有 STP 和 UTP 两种，常用的是 UTP。

2）同轴电缆。同轴电缆是指有两个同心导体，而导体和屏蔽层又共用同一轴心的电缆。由于它在主线外包裹绝缘材料，在绝缘材料外面又有一层网状编织的屏蔽金属网线，所以能很好地阻隔外界的电磁干扰，提高通信质量。

3）光纤。光纤以光脉冲的形式来传输信号，材质以玻璃或有机玻璃为主，由纤维芯、包层和保护套组成。

（3）电话线。电话线就是电话的进户线，连接到电话机上才能打电话。电话线分为二芯和四芯两种。在实际布线工作中，经常用到的是四芯线，材质是无氧铜，线径一般为 0.4 mm。

（4）音箱线。音箱线俗称喇叭线，是音响器材中专门用于连接功放与音箱的线材。由于音箱线传送的是功率信号，因此，在它上面不应有太大的信号损失，这就要求音箱线具有极为优秀的导电性能，即要求线材具备极强的传送能力。音箱线主要用于连接扬声器、家庭影院，以及公共空间广播系统。

3. 给排水管道常用材料

对于家庭装修来说，给排水管道主要是指给水管道部分。在家装工程中，给水管道经历了镀锌铁管、铜管、不锈钢管、铝塑复合管和 PVC 管等变化，目前市面上主流的给水管是 PP 管。下面介绍常用的管道材料。

（1）镀锌铁管。镀锌铁管曾经是使用量最大的一种管道材料，但由于镀锌铁管的锈蚀，会造成水中重金属含量过高，影响人体健康，因此我国正在逐渐淘汰这种类型的管道。

（2）铜管。铜管是一种比较传统但价格较贵的管道材质。铜管耐腐蚀、能杀菌，较为耐用，且施工较为方便。价格和铜蚀是影响铜管使用量的主要因素。

（3）不锈钢管。不锈钢管是一种较为耐用的管道材料。但不锈钢管价格较高，施工工艺要求也比较高，且其材质较硬，现场加工非常困难，所以装修工程中用得较少。

（4）铝塑复合管。铝塑复合管是市面上较为流行的一种管材，其质轻、耐用、可弯曲而且施工方便，适合在家装中使用。它的主要缺点是在用作热水管时，长期的热胀冷缩会造成管壁错位以致渗漏。

（5）不锈钢复合管。不锈钢复合管与铝塑复合管在结构和性能上比较接近，但钢的强度问题使得不锈钢复合管施工较为困难。

（6）PVC 管。PVC（聚氯乙烯）管是一种现代合成材料管材。由于其强度远远不能适应水管的承压要求，因此，极少使用于自来水管。大部分情况下，PVC 管适用于电线管道和排污管道。

（7）PP 管。PP 管较其他管材来说具有成本低、安装运输方便等优点，同时，PP 管作为一种新型的水管材料，还具有无毒、质轻、耐压、耐腐蚀的特点，它采用特殊的热熔方式连接，不会腐蚀生锈，且不会结垢，因此逐渐成为市面上主流的给水管材。PP 管分多种，分别为：

1）PP-B 管。一般来说，这种材质不仅适用于冷水管道，也适用于热水管道，甚至纯净饮用水管道。

2）PP-C 管。性能基本同 PP-B 管。

3）PP-R 管（见图 2-5）。PP-R 管适用于室内冷热水供应系统，也广泛适用于采暖系统。

图 2-5 PP-R 管

PP-B、PP-C 与 PP-R 管的物理特性基本相似，应用范围基本相同，在工程中可替换使用。主要差别在于 PP-B、PP-C 管耐低温脆性优于 PP-R 管；PP-R 管耐高温性能优于 PP-B 管、PP-C 管。在实际应用中，当液体介质温度≤5℃时，优先选用 PP-B、PP-C 管；当液体介质温度≥65℃时，优先选用 PP-R 管；当液体介质温度在 5 ~ 65℃时，PP-B、PP-C 管与 PP-R 管的使用性能基本一致。

（8）配水附件

1）闸阀（见图 2-6）。利用与流体方向垂直且可上下移动的平板来控制阀的启闭，称为闸阀。闸阀根据阀杆的结构形式不同，可分为明杆式和暗杆式两种。明杆式适用于腐蚀性介质和室内管道上；暗杆式适用于非腐蚀性介质和安装操作位置受限制的地方。闸阀也可根据阀芯的结构形式分为楔式、平行式和弹性三种。楔式大多用于制成单闸板。平行式闸阀两密封面是平行的，大多用于制成双闸板。从结构上讲，平行式闸阀比楔式闸阀易制造、好修理、不易变形，但不适用于输送含有杂质的介质，只能用于输送一般的清水。弹性闸阀在两个平行闸板间加有弹簧。

图 2-6 闸阀

2）其他材料（见表 2-1，图 2-7、图 2-8）。

表 2-1 其他材料

其他配水附件材料	用途
弯头	用于水管改变方向
三通	用于管道分支（分为等径三通和异径三通）
内丝弯头	用于水管与水龙头之间的连接
异径接头	用于改变管径
堵头	用于将暂时不用的用水器具取水口密封
生料带	用于丝扣连接，起密封作用
玻璃胶	用于安装坐便器及面盆、浴缸等卫生器具 （分为透明和乳白色两种）
膨胀管	用于安装卫生洁具和毛巾架等五金件
给水胶	用于 PVC 给水管的管道连接
排水胶	用于 PVC 排水管的管道连接
钢钉	用于管道固定
管卡	用于管道固定

图 2-7 配水附件

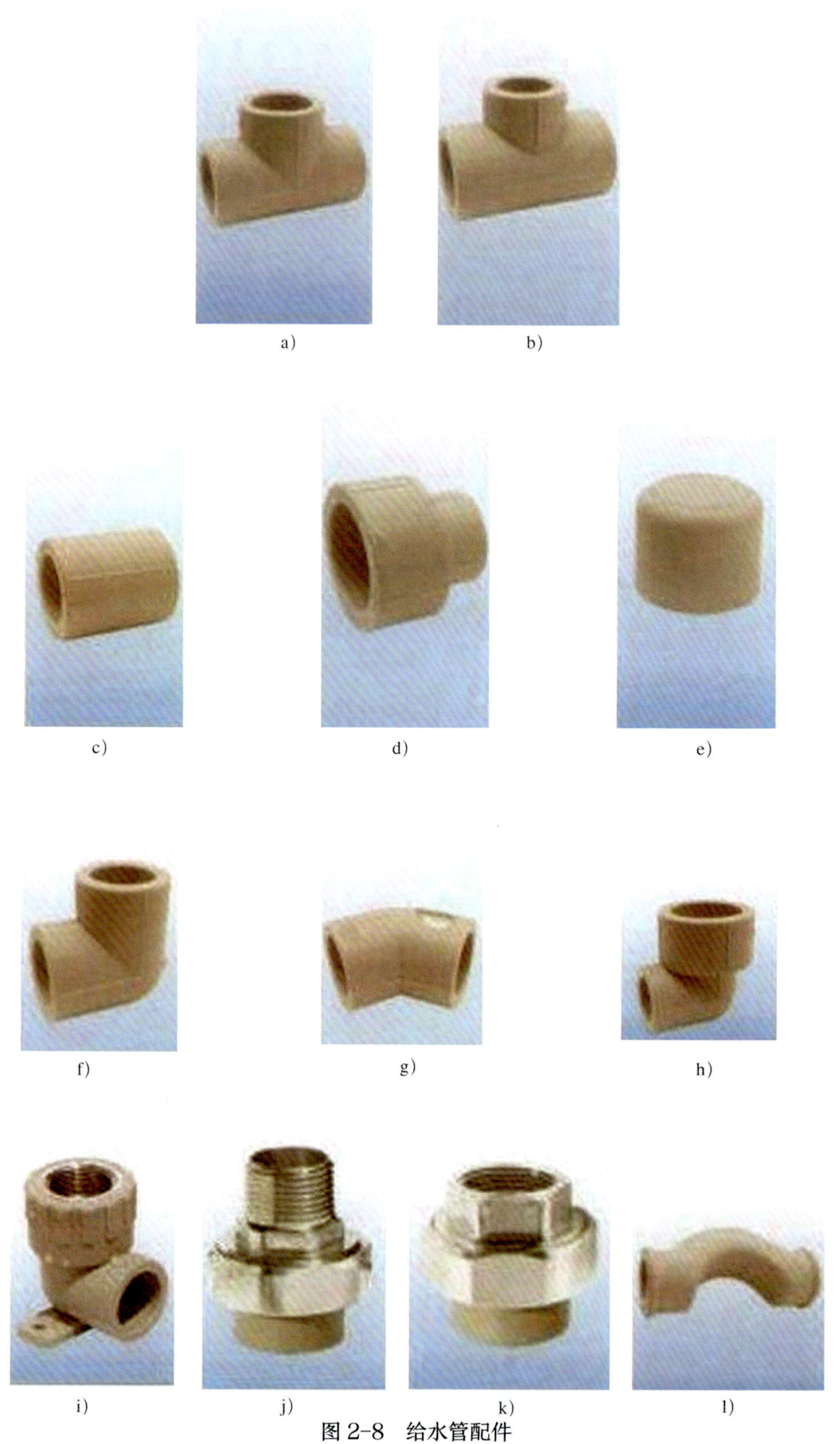

图 2-8 给水管配件

a）等径三通 b）异径三通 c）套管 d）异径套管 e）堵头 f）90° 弯头 g）45° 弯头 h）异径弯头 i）带座内螺弯头 j）外螺铜活接 k）内螺铜活接 l）过桥弯

第二节 SECTION 2 给排水工程

现代室内给排水管路基本都是内藏式的。在室内界面上看不到管道，装修结束后，除了水龙头和各种开关以外，所有的管都已覆盖在墙体或地砖下，所以，做好给排水隐蔽工程是非常重要的。

一、施工前准备

1. 工具准备

（1）准备机具，包括管道切割机、热熔焊机、电熔焊机、电气焊机等。

（2）准备工具，包括断管器、管子剪、锯弓、刮刀、盒尺、水平尺、线坠、扳手、钳子、旋具、錾子、锤子、工作台等。

2. 材料准备

（1）供水系统所选用的 PP-R 管材和管件，应有质量检验部门的产品合格证、卫生防疫部门的检验合格证、有关部门的检测报告等。

（2）管材和管件上应标明规格、公称压力、生产厂名或商标等标志，包装上应标有批号、数量、生产日期和检验代号。

（3）热电熔连接的管道，应由生产厂提供专用配套的热电熔焊接机进行热熔连接。

（4）管材和管件的外观质量应符合下列规定：管材和管件的内外壁应光滑平整，不允许有气泡、裂口、裂纹、脱皮、分解变色线和明显的痕纹、槽沟、凹陷、杂质，且色泽一致。管件的端面应垂直于管材的轴线。管件应完整、无缺损、无变形，合模缝浇口应平整、无开裂。嵌有金属螺纹接头的管件应镶嵌牢固、无松动，金属接头丝扣应无毛刺、无缺扣。镶嵌有金属螺纹接头的管件，其金属应耐腐蚀，其螺纹应符合有关规定。同一工程的管件应使用同一品牌、同一批原料生产的产品。

二、施工操作流程

测量放线 ⟶ 预制加工 ⟶ 管道敷设 ⟶ 管道连接 ⟶ 卡件固定 ⟶ 压力试验 ⟶ 冲洗消毒

1. 测量放线

管道安装应测量好管道坐标、标高、坡度线。管道安装时，应复核冷、热水管的公称压力、等级和使用场合。管道的标志应面向外侧，处于明显位置。

2. 预制加工

管材切割前，必须正确丈量和计算好所需长度，用铅笔在管表面画出切割线和热熔连接深度线，连接深度应符合有关规定。切割管材必须使端面垂直于管轴线。管材切割应使用管子剪、断管器或管道切割机，不宜用钢锯锯断管材。若使用钢锯锯断管材时，应用刮刀清除管材锯口的毛边和毛刺。管材与管件的连接端面和熔接面必须清洁、干燥、无油污。熔接弯头或三通等管件时，应注意管道走向，宜先进行预装，校正好方向，用铅笔画出轴向定位线。

3. 管道敷设

管道嵌墙、直埋敷设时，宜在砌墙时预留凹槽。凹槽深度为D_e+20 mm，宽度为D_e+（40 ~ 60）mm（D_e表示管道公称外径）。凹槽表面必须平整，不得有尖角等凸出物，管道安装、固定、试压合格后，凹槽用M7.5水泥砂浆填补密实。

管道在楼（地）坪面层内直埋时，预留的管槽深度不应小于D_e+20 mm，管槽宽度宜为D_e+40 mm。管道安装、固定、试压合格后，管槽用与地坪层相同强度等级的水泥砂浆填补密实。

管道安装时，不得有轴向扭曲。穿墙或穿楼板时，不宜强制校正。给水PP-R管道与其他金属管道平行敷设时，应有一定保护距离，净距离不宜小于100 mm，且PP-R管宜在金属管道的内侧。

室内明装管道宜在土建初装完毕后进行，安装前应配合土建正确预留孔洞和预埋套管。

管道穿越楼板时，应设置硬质套管[内径为D_e+(30 ~ 40)mm]，套管高出地面20 ~ 50 mm。管道穿越屋面时，应采取严格的防水措施。

管道穿墙时，应配合土建设置硬质套管，套管两端应与墙的装饰面平齐。

直埋式敷设在楼（地）坪面层和墙体管槽内的管道，应在封闭前做好试压和隐蔽工程验收工作。

4. 管道连接

（1）同种材质的PP-R管材和管件之间，应采用热熔连接或电熔连接。熔接时应使用专用的热熔或电熔焊接机具。直埋在墙体内或地面内的管道，必须采用热（电）熔连接，不得采用丝扣或法兰连接。丝扣或法兰连接的接口必须明露。

（2）PP-R管材与金属管件相连接时，应采用带金属嵌件的PP-R管件作为过渡，该管件与PP-R

管材采用热（电）熔连接，与金属管件或卫生洁具的五金配件采用丝扣连接。

（3）便携式热熔焊机适用于公称外径（D_e）不大于 63 mm 的管道焊接，台式热熔焊机适用于公称外径（D_e）不小于 75 mm 的管道焊接。

5. 卡件固定

管道安装时，宜选用管材生产厂家的管卡，且必须按不同管径和要求设置支架、吊架或管卡，位置安装应正确，埋设应平整牢固。管卡与管道接触紧密，但不得损伤管道表面。固定支架、吊架应有足够的刚度，不得产生弯曲变形等缺陷。PP-R 管道与金属管配件连接部位、管卡或支架、吊架，应设在金属管配件一端。

6. 压力试验

冷水管道试验压力应为管道系统设计工作压力的 1.5 倍，且不得小于 1 MPa。

7. 冲洗消毒

（1）管道系统在验收前应进行通水冲洗，冲洗水水质经有关部门检验合格为止。冲洗水总流量可按系统进水口处的管内流速 1.5 m/s 计，从下向上逐层打开配水点龙头或进水阀进行放水冲洗，放水时间不小于 1 min，同时放水的龙头或进水阀的计算当量不应大于该管段计算当量的 1/4，冲洗时间以出水口水质与进水口水质相同时为止。放水冲洗后切断进水，打开系统最低点的排水口，将管道内的水放空。

（2）管道冲洗后，用含游离氯（20 ~ 30 mg/L）的水灌满管道，对管道进行消毒。消毒水滞留 24 h 后排空。

（3）管道消毒后打开进水阀向管道供水，打开配水点龙头适当放水，在管网最远配水点取水样，经卫生监督部门检验合格后，管道系统方可交付使用。

三、质量检验标准

1. 主控项目

（1）PP-R 管道的水压试验必须符合设计要求。

（2）系统交付使用前必须进行通水试验并做好记录。

（3）系统交付使用前必须冲洗和消毒，并经有关部门取样检验，符合国家有关生活饮用水标准后方可使用。

2. 一般项目

管道和阀门安装的允许偏差和检验方法要符合表 2-2 的要求。

表 2-2 管道和阀门安装的允许偏差和检验方法

<table>
<tr><th>项次</th><th colspan="3">项目</th><th>允许偏差（mm）</th><th>检验方法</th></tr>
<tr><td rowspan="6">1</td><td rowspan="6">水平管道纵横方向弯曲</td><td rowspan="2">钢管</td><td>每 1 m</td><td>1</td><td rowspan="6">用水平尺、直尺、拉线和尺量检查</td></tr>
<tr><td>全长 25 m 以上</td><td>≤ 25</td></tr>
<tr><td rowspan="2">塑料管复合管</td><td>每 1 m</td><td>1.5</td></tr>
<tr><td>全长 25 m 以上</td><td>≤ 25</td></tr>
<tr><td rowspan="2">铸铁管</td><td>每 1 m</td><td>2</td></tr>
<tr><td>全长 25 m 以上</td><td>≤ 25</td></tr>
<tr><td rowspan="6">2</td><td rowspan="6">立管垂直度</td><td rowspan="2">钢管</td><td>每 1 m</td><td>3</td><td rowspan="6">吊线和尺量检查</td></tr>
<tr><td>5 m 以上</td><td>≤ 8</td></tr>
<tr><td rowspan="2">塑料管复合管</td><td>每 1 m</td><td>2</td></tr>
<tr><td>5 m 以上</td><td>≤ 8</td></tr>
<tr><td rowspan="2">铸铁管</td><td>每 1 m</td><td>3</td></tr>
<tr><td>5 m 以上</td><td>≤ 10</td></tr>
<tr><td>3</td><td colspan="2">成排管段和成排阀门</td><td>在同一平面上间距</td><td>3</td><td>尺量检查</td></tr>
</table>

四、注意事项

1. 管材和管件必须保证是同一品牌的产品，以防止尺寸偏差和材质影响热熔焊接的质量。

2. 必须保证管道的支架、吊架和管卡的安装质量，以防止管外壁受损。

五、成品保护

1. 储运过程中的成品保护

（1）搬运管材和管件时，应小心轻放，禁油污，严禁剧烈撞击，避免与尖锐物品碰撞。

（2）管材和管件应存放在通风良好的库房或简易棚内，不得露天存放，防止其受阳光直射，距热源不小于 1 m。

（3）管材应水平堆放在平整的地上，应避免管材受弯，堆高不得超过 1.5 m。管件宜在纸箱内逐层码放，不宜码放过高。

2. 施工过程中的成品保护

（1）当施工中其他系统采用金属管道时，PP-R 管道应布置在金属管道内侧。

（2）在施工过程中应及时封堵好各个预留口。

（3）安装完毕的管道应采取保护措施。

（4）安装完毕的管道严禁蹬踏、吊挂重物。

（5）直埋暗管隐蔽后，应在埋设管道的部位表面粘贴标示，严禁在该位置进行敲击作业、打孔作业或钉金属钉等尖锐物体。

（6）明火或临时热源距离安装完毕的管道不得小于 1 m。

六、安全措施

1. 使用热熔或电熔焊接机具时，应核对电源电压，遵守电气工具安全操作规程，注意防潮，保持机具清洁。

2. 在地沟内或潮湿作业面施工时，必须严格遵守电气工具安全操作规程，保证三级漏电保护措施有效，热熔焊机的电源线安全可靠，移动配电箱不得放在地沟内或作业区的潮湿地面上。

3. 操作热熔焊接时，操作者应戴手套，防止烫伤。

4. 操作现场不得有明火，不得存放易燃液体，严禁对给水（PP-R）管材进行明火摵弯。

5. 施工中产生的下脚料、废料，以及维修工程中拆除的废旧管材，应及时回收。可重复作为生产管材、管件的原材料，不得作为一般建筑垃圾处理。

6. 冲洗和消毒液体应由专人负责保管，防止其污染环境。

第三节 SECTION 3 电气管线工程

家装过程中电路改造是必不可少的，而由此引发的安全问题又是最多的。因此，一个好的电路改造方案，应既注重外在效果又兼顾安全因素，以及日后维修的方便，并在保证经济性的基础上，提前做好线路的 20 年规划。与此同时，在实际施工时还要调整好电路容量，处理好强弱电相互间的干扰问题，分清管线的开槽、走向等。

一、施工前准备

1. 工具准备

工具准备包括弯管器、钢锯、钢锯条、卷尺、管子钳、圆锉、钢丝、克丝钳、剥线钳、压接钳、电工刀、旋具、电烙铁、焊锡锅、多用表、剪切器、铅笔等。

2. 材料准备

材料准备包括镀锌电线管、管接头（直接、盒接、护圈帽）、管卡、接地卡、各种接线盒、开关盒、各种规格型号电源线、背景音乐线、环绕音箱线、视频线、网络线、有线电视线、高压绝缘胶布、黑绝缘胶布、焊锡、焊锡膏、膨胀螺栓、各种灯具、开关、插座等。

二、施工操作流程

1. 施工操作步骤

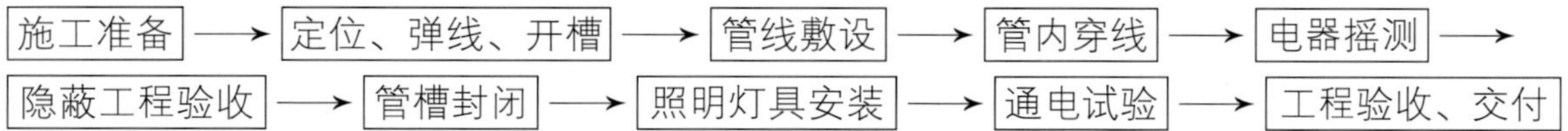

（1）施工准备。主要包括工具和材料的准备，各种电线、管件和辅料等应有合格证。选用的机具必须符合施工现场的技术要求。使用强检和非强检的计量器具，应按《中华人民共和国计量法》的要求进行管理，将布管中需要的管材、配件准备好，并将操作中要用到的卷尺、剪切器、铅笔等放置于方便使用的地方。

（2）定位、弹线、开槽。首先要根据发包人对电的用途进行电路定位，定位完成后，根据定位和电路走向进行弹线和开槽。线路开槽很有讲究，规范的做法是不允许开横槽，因为会影响墙的承载力。

（3）管线敷设。布线一般采用线管暗埋的方式。线管有冷弯管和 PVC 管两种，冷弯管可以弯曲而不断裂，是布线材料的最好选择，因为它的转角是有弧度的，线可以随时更换，而不用凿墙。

（4）管内穿线。根据要布设的线路，将电线穿入管内。导线严禁在管内接头，接头应留在接线盒（箱）内。接头搭接应牢固，绝缘带包缠应均匀紧密。配线所采用的导线型号、规格、根数应符合设计规定。使用的导线进场后，必须报送监理，经检验和批准后方可使用，同时应报送当地建筑工程质量监督机构检验，并保存合格的检验报告，以备验收时查阅。施工时要保存各种导线的合格证。

（5）电器摇测。用兆欧表摇测新敷设线路导线间和导线对地间电阻是否大于 0.5 MΩ。新敷设的电路通电时，用试灯或试电笔检测每个回路是否通电。

（6）隐蔽工程验收。补槽之前，需和发包人、工程管理人员进行隐蔽工程验收，并要求发包人签字认可。

（7）管槽封闭。发包人签字认可隐蔽工程后，可以将管槽封闭。

（8）照明灯具安装。将灯具固定在顶棚、墙面上，或将嵌入式灯具固定在专设框架上。直接装在顶棚和墙面上的灯具，根据其定位确定打孔的具体点，并用铅笔做好记号，然后用电锤打孔，敲进胶塞或固定膨胀螺栓，并将固定灯架的固定件稳固于其上。嵌入式灯具应根据其定位，在相应的位置开孔。

（9）通电试验。照明灯具安装完毕，检查线路无误后，打开线路开关，检查开关、插座和灯具是否正常。

（10）工程验收、交付。通电试验合格后，请发包人签字交付使用。

2. 施工操作要点

（1）设计布线时，执行“强电走上，弱电在下，横平竖直，避免交叉，美观实用”的原则（见图 2-9）。

图 2-9　强、弱电管线铺设

（2）开槽深度应一致，一般深度为 PVC 管直径 D_e+10 mm。

（3）电源线配线时，所用导线截面积应满足用电设备的最大输出功率。一般情况下，照明为 1.5 mm^2，空调挂机及插座为 2.5 mm^2，柜机为 4 mm^2，进户线为 10 mm^2。

（4）暗线敷设必须配阻燃 PVC 管。插座用 SG20 管，照明用 SG16 管。当管线长度超过 15 m 或有两个直角弯时，应增设拉线盒。顶棚上的灯具位设拉线盒固定。

（5）PVC 管应用管卡固定。PVC 管接头均用配套接头，用 PVC 胶水粘牢，弯头均用弹簧弯曲。暗盒、拉线盒与 PVC 管用螺纹连接固定。

（6）PVC 管安装好后，统一穿电线，同一回路电线应穿入同一根管内，但管内电线总根数不应超过 8 根，电线总截面积（包括绝缘外皮）不应超过管内截面积的 40%。

（7）电源线与通信线、网络线等不得穿入同一根管内。

（8）电源线及插座与电视线及插座的水平间距不应小于 500 mm。

（9）电线与暖气管、热水管、煤气管之间的平行距离不应小于 300 mm，交叉距离不应小于 100 mm。

（10）穿入配管导线的接头应设在接线盒内，线头要留有余量 150 mm，接头搭接应牢固，绝缘带包缠应均匀紧密。

（11）安装电源插座时，面向插座的左侧应接零线（N），右侧应接相线（L），中间上方应接保护地线（PE）。保护地线为 2.5 mm^2 的双色软线。

（12）当吊灯自重在 3 kg 及以上时，应先在顶棚上安装后置埋件，然后将灯具固定在后置埋件上。严禁安装在木楔、木砖上。

（13）连接开关、螺口灯具导线时，相线应先接开关，开关引出的相线应接在灯中心的端子上，零线应接在螺纹的端子上。

（14）导线间和导线对地间绝缘电阻必须大于 0.5 MΩ。

（15）电源插座底边距地宜为 300 mm，平开关板底边距地宜为 1 300 mm。挂壁空调插座的高度为 1 900 mm、脱排插座高度为 2 100 mm、厨房插座高度为 950 mm、挂式消毒柜插座高度为 1 900 mm、洗衣机插座高度为 1 000 mm、电视机插座高度为 650 mm。

（16）同一室内的电源、电话、电视等插座面板应在同一水平标高上，高差应小于 5 mm。

（17）每户应设置强弱电箱，配电箱内应设动作电流为 30 mA 的漏电保护器，分数路经过控制开关后，分别控制照明、空调、插座等。控制开关的工作电流应与终端电器的最大工作电流相匹配。一般情况下，照明为 10 A、插座为 16 A、柜式空调为 20 A，进户线为 40 ~ 60 A。

（18）安装开关、面板、插座和灯具时应注意清洁，安装工作宜安排在最后一遍涂乳胶漆之前。

三、质量检验标准

1. 灯具及其支架牢固端正，位置正确，有木台的安装在木台中心（观察检查）。

2. 暗插座、暗开关的盖板紧贴墙面，四周无缝隙（观察检查）。

3. 导线与灯具连接牢固紧密，不伤灯芯。压板连接时压紧无松动；螺栓连接时，在同一端子上导线不超过两根，防松垫圈等配件齐全（观察和通电检查）。

4. 照明灯具安装的允许偏差应符合表 2-3 的规定。

表 2-3 照明灯具安装的允许偏差

<table>
<tr><th>项次</th><th colspan="2">项目</th><th>允许偏差（mm）</th><th>检验方法</th></tr>
<tr><td>1</td><td colspan="2">成排灯具中心</td><td>5</td><td>拉线、尺量检查</td></tr>
<tr><td rowspan="3">2</td><td rowspan="3">明开关、插座的底板和暗开关、插座的面板</td><td>并列安装高差</td><td>0.5</td><td>尺量检查</td></tr>
<tr><td>同一场所高差</td><td>5</td><td>尺量检查</td></tr>
<tr><td>面板垂直线</td><td>0.5</td><td>吊线、尺量检查</td></tr>
</table>

思考与练习

1. 到施工现场，拍摄隐蔽工程施工的图片。

2. 列举给排水工程常用的材料。

3. 列举电器管线工程常用的材料。

4. 简述给排水工程施工工艺操作流程。

5. 简述电器管线工程施工工艺操作流程和注意事项。

6. 到校内实习基地或工地动手进行隐蔽工程中的水电安装，并记录施工过程。

顶棚装饰材料与施工工艺

学习目标

◆掌握常用的顶棚装饰材料，如木龙骨、铝合金龙骨、轻钢龙骨等骨架材料，以及木质板、塑料板、石膏板、无机纤维板、金属装饰板和玻璃等覆面材料。同时通过不同类型顶棚施工工序的学习，能够对其完整的施工过程有一个全面的认识

◆通过对顶棚施工工艺的深刻理解，学会正确选择材料和施工工艺，并能合理地组织施工，以达到保证工程质量的目的，培养解决现场施工中常见工程质量问题的能力

◆在掌握顶棚施工工艺的基础上，领会工程质量验收标准

顶棚又叫作天花板、吊顶，一般是指建筑空间的顶部，它是空间围合的重要元素，在室内装饰中占有重要的地位，它和墙面、地面构成了室内空间的基本元素，对空间的整体视觉效果产生很大的影响。随着现代建筑装修的要求越来越高，顶棚装饰被赋予了新的功能：保温、隔热、隔声、吸声等，利用顶棚装饰不仅可以调节和改善室内热环境、光环境、声环境，同时还可作为安装各类管线设备的隐蔽层。在顶棚施工时，除了要考虑建筑功能、建筑热工、建筑声学、设备安装、安全防火外，还应从内部空间形态、性质、用途、材料和装饰语言等方面综合考虑。

第一节 SECTION 1 常用的顶棚装饰材料

顶棚装饰具有美化室内空间的作用，同时也是区分室内空间的一种方法。很多情况下，室内空间不能通过墙体来区分，因为那样会让空间显得很拥挤、局促。因此在设计上，可以通过顶棚与地面来对室内空间进行区分。室内装饰工程中常用的顶棚材料可分为骨架材料和面板材料两大类。

一、骨架材料

骨架材料主要用于顶棚、隔墙、家具的骨架等地方，起到支撑、固定和承重的作用。室内装饰工程中常用的骨架材料有木龙骨、轻钢龙骨、铝合金龙骨、型钢骨架材料等。

1. 木龙骨

木龙骨是使用木材加工的龙骨材料，是外露式装饰工程常用的骨架材料，用作顶棚、隔断、棚架、家具的骨架，起支撑、固定和承重作用（见图 3-1）。木龙骨具有质轻、易加工、天然纹理美观和力学性能较好等优点，但也具有明显的湿胀干缩、易变形、耐腐蚀性差等不足之处。

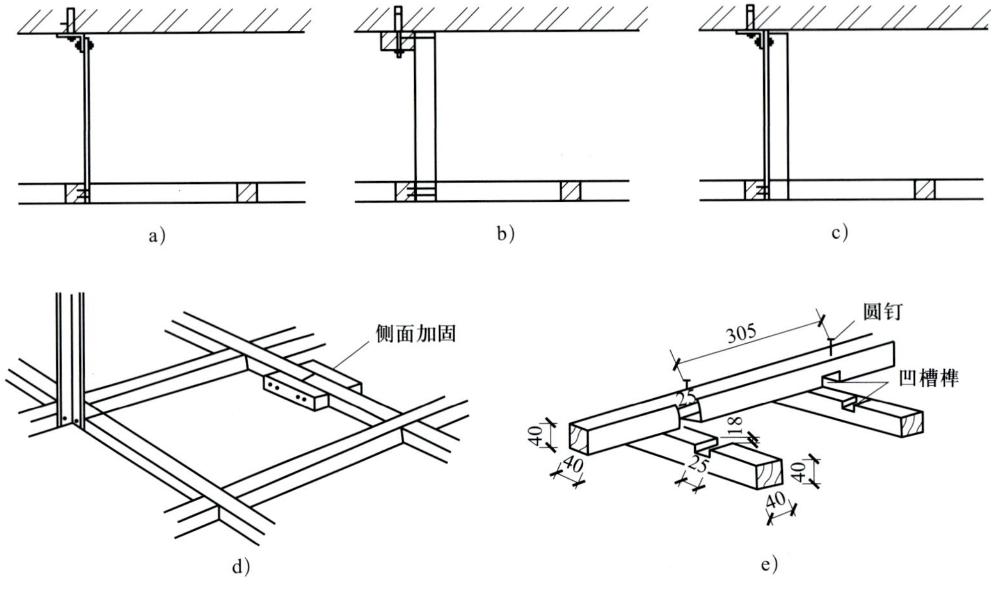

图 3-1 木龙骨构造示意图

a）用扁铁固定 b）用木方固定 c）用角铁固定

d）木龙骨骨架连接 e）木龙骨凹槽榫连接

木龙骨可分为主龙骨和副（次）龙骨两类。主龙骨常用的规格有 30 mm × 40 mm 和 40 mm × 60 mm，更大的有 60 mm × 80 mm，但很少用于家庭装修；副（次）龙骨常用的规格有 20 mm × 30 mm、25 mm × 35 mm 和 30 mm × 40 mm。木龙骨一般长 4 m，常用木材有白松、红松、樟子松等。

2. 轻钢龙骨

轻钢龙骨是采用镀锌铁板或薄钢板经剪裁、冷弯、滚轧、冲压而成的装饰材料，是安装各种罩面板的骨架和木龙骨的换代产品，属于新型的建筑装饰材料。

轻钢龙骨具有质量轻、强度高、抗震性能好、防水等特点，同时还具有工期短和能装配化施工等优点。

轻钢龙骨按断面不同可分为 C 型轻钢龙骨、U 型轻钢龙骨和 T 型轻钢龙骨等。C 型轻钢龙骨主要用于制作各种不承重的隔墙，即在 C 型轻钢龙骨组成骨架后，两面安装装饰板组成隔断墙；U 型轻钢龙骨主要用作吊顶（见图 3-2），即在 U 型轻钢龙骨组成的骨架下，安装装饰板，形成天花吊顶；T 型轻钢龙骨为非承重型龙骨，用于不上人的吊顶。轻钢龙骨按用途不同分为吊顶龙骨（代号 D）和隔断（墙体）龙骨（代号 Q）。吊顶龙骨有主龙骨（大龙骨或承载龙骨）和次龙骨（中龙骨、小龙骨或覆面龙骨）之分，隔断龙骨有竖龙骨、横龙骨和通贯龙骨之分。各种轻钢薄板多做成 U 型轻钢龙骨和 C 型轻钢龙骨，它们在吊顶和隔断中均可采用。

轻钢吊顶龙骨（代号 D）有 38、50、60 三个不同的系列，分别具有不同的负载能力，适于不同的吊点距离。

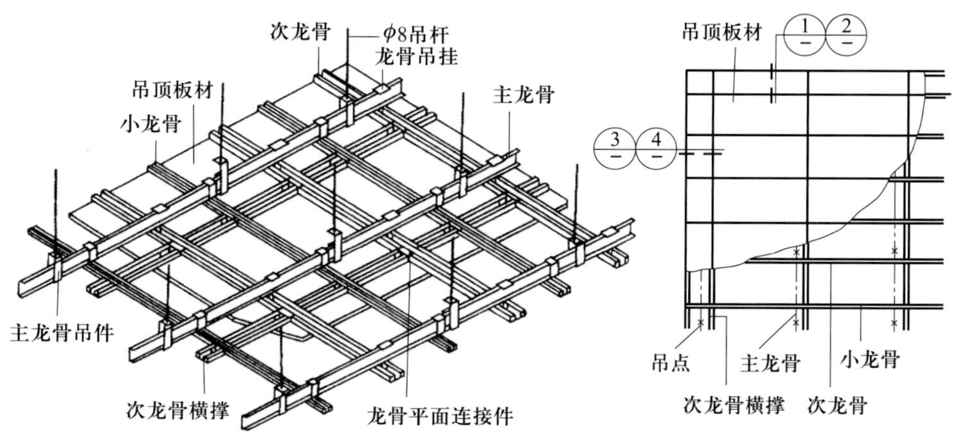

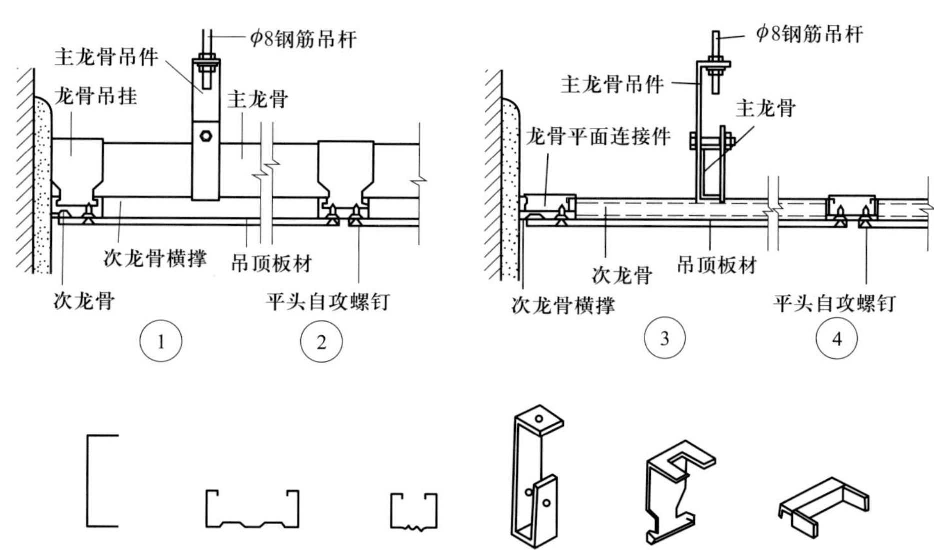

图 3-2 U 型轻钢龙骨悬吊式顶棚构造示意图

3. 铝合金龙骨

铝合金龙骨是铝带、铝合金型材经冷弯或冲压而成的装饰骨架材料，是吊顶装饰中应用较多的吊顶龙骨材料。铝合金龙骨具有质量轻、刚度大、防火性好、耐腐蚀、不生锈、抗震性好、安装方便等特点，广泛用于对装饰效果要求较高的走廊、厅堂、卫生间、厨房的顶棚装饰，铝合金龙骨的断面形状有 T 型、U 型和 LT 型，常用的多为 T 型铝合金龙骨（见图 3-3）。

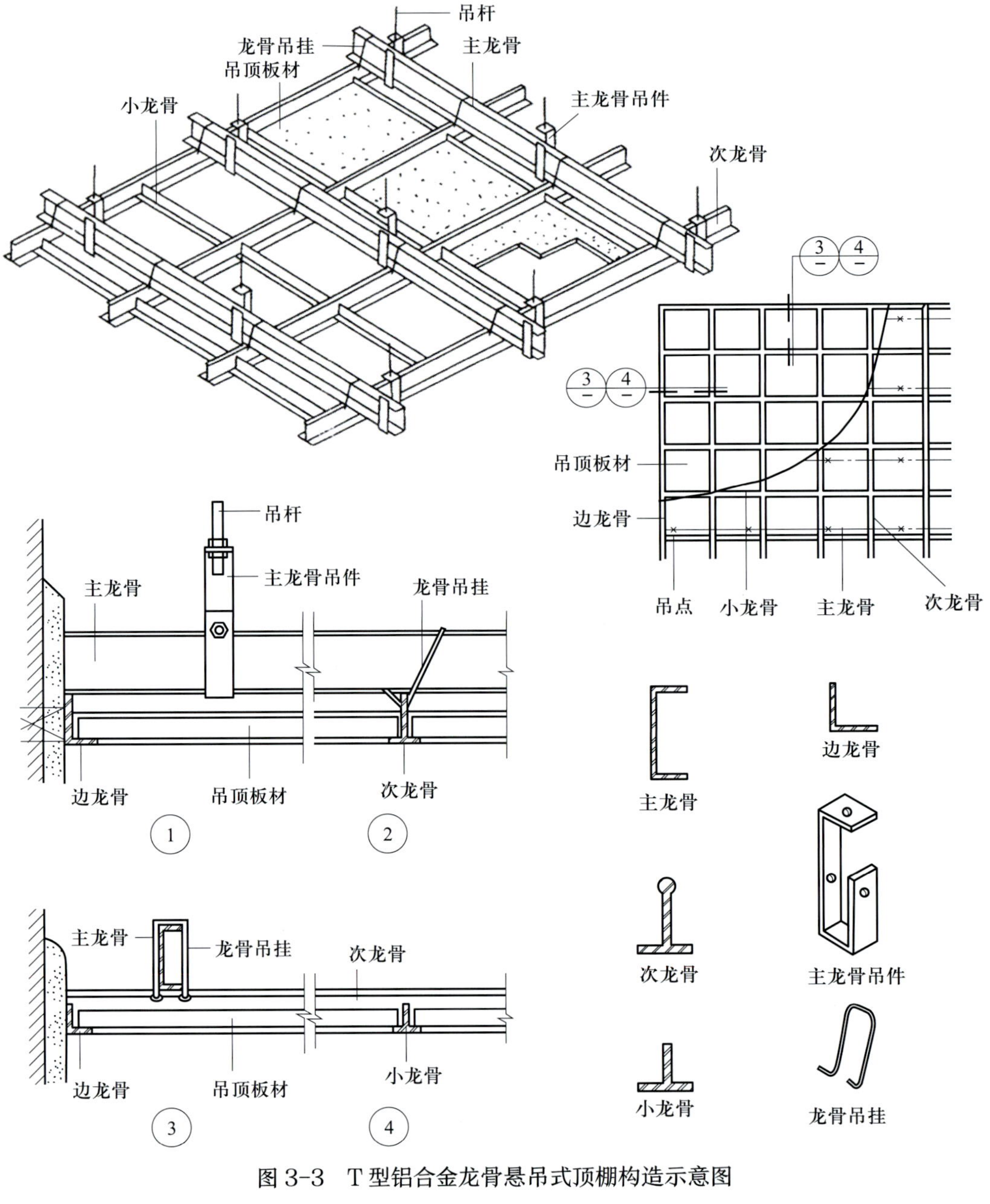

图 3-3　T 型铝合金龙骨悬吊式顶棚构造示意图

4. 型钢骨架材料

室内装饰中，一些质量较大的棚架、支架、框架要用型钢材料作为骨架，常用的有槽钢、H型钢、角钢和圆管钢（见图 3-4）。

槽钢一般作为钢骨架的梁，常用的槽钢产品为热轧普通槽钢。H 型钢被广泛用于建筑屋架、墙架、龙骨架等。角钢一般作为钢骨架的支撑件，也可作为承重较轻的梁架。

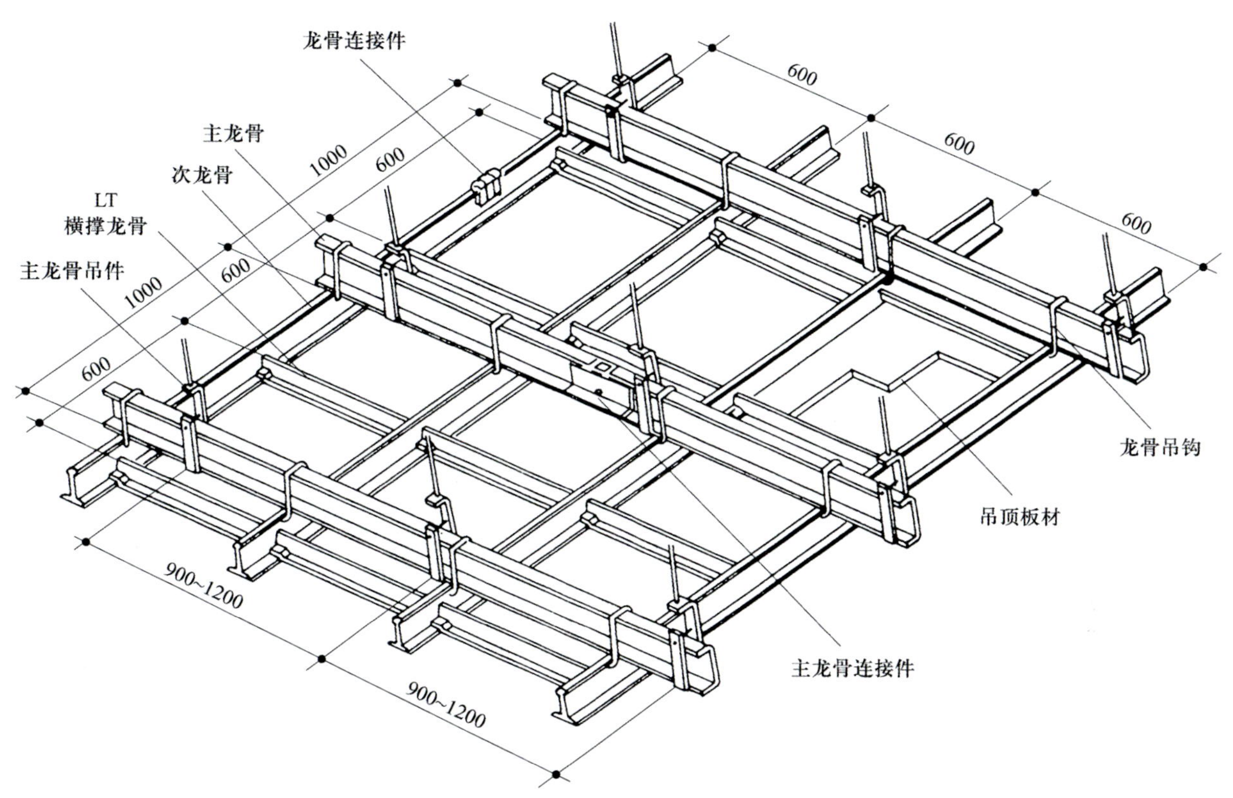

图 3-4 型钢龙骨悬吊式顶棚构造示意图

二、面板材料

常用的面板材料主要有木质板、塑料板、石膏板、无机纤维板、金属装饰板等。

1. 木质板

木质板有型压板、层压板、夹芯板三种基本形式。型压板是一种由基本材料（如纤维、刨花、锯末等松散材料）用胶黏剂黏合成型的板材，如纤维板、刨花板、木丝板等；层压板是用相同或不同的薄板材料，分层用胶黏剂黏接压合而成，主要是胶合板；夹芯板是以一种材料作为芯材，两面用其他材料做面层，如各种细木工板等（见图 3-5）。下面介绍几种常用的木质板。

（1）胶合板。胶合板是用三层以上的奇数层木质单板按纤维方向相互垂直胶合而成的。常用的有三层胶合板和五层胶合板，俗称三合板、五合板。制作胶合板的树种很多，目前主要使用水曲柳、椴木、桦木、马尾松和部分进口原木。胶合板具有材质均匀、吸湿变形小、幅面大、不翘曲、板面花纹美丽、装饰性强等特点。墙面及顶棚一般采用 5 mm 厚的胶合板，如有吸声要求，还可根据图样加工成不同孔径、不同孔距、不同图案的穿孔胶合板。

图 3-5　木质板顶棚

（2）纤维板。纤维板按容重可分为硬质纤维板、半硬质纤维板和软质纤维板三种。硬质纤维板主要用于顶棚、隔墙的面板，板面经加工形成各种图案，表面喷涂各种涂料，装饰效果更佳。硬质纤维板吸声和防水性能良好、坚固耐用、施工方便，品种有着色硬质板、单板贴面板、打孔板、印花板、模压板等。软质纤维板经表面处理，可做顶棚天花罩面板。

（3）木丝板、木屑板、刨花板。它们是将木丝、木屑、刨花等，经干燥后加胶黏剂拌和后压制而成的，分为低密度板、中密度板和高密度板。刨花板的标准厚度为 19 mm，还有 9 mm、15 mm 等厚度，可做隔断板、天花板等。

（4）印刷木纹板。印刷木纹板又称装饰人造板，它是在胶合板、纤维板、刨花板等人造板面上用凹版花纹胶辊印上花纹图案而成的，其优点是不需要再做任何饰面。

（5）微薄木贴面板。微薄木贴面板是用水曲柳、柳桉木、色木、桦木等旋切成 0.1 ~ 0.5 mm 厚的薄片，以胶合板为基材胶合而成的，其花纹美丽、装饰性好。

2. 塑料板

塑料板即用塑料做成的板材（见图 3-6）。塑料由合成树脂及填料、增塑剂、稳定剂、润滑剂、色料等添加剂组成，其主要成分是合成树脂。

（1）聚氯乙烯塑料装饰板。聚氯乙烯塑料装饰板具有表面光滑、色彩鲜艳、防水、耐蚀等特点。

（2）钙塑装饰板。钙塑装饰板又称钙塑泡沫装饰吸声板，分为一般板和难燃板两种。这种装饰板是用聚乙烯树脂加入无机填料制成的，表面有各种凹凸图案和穿孔图案，具有质量轻、保温、吸声、隔热、耐虫、耐水、变形小等特点，外表美观，施工方便，但耐久性和耐老化性稍差。

（3）聚乙烯泡沫装饰吸声板。聚乙烯泡沫装饰吸声板具有隔热、隔声、防火、质轻等特点。

3. 石膏板

石膏板以石膏为主要材料，加入纤维、黏结剂、改性剂，经混炼压制、干燥而成。石膏板具有防火、隔声、隔热、质轻、高强、收缩率小等特点，且稳定性好、不老化、防虫蛀，可用钉、锯、刨、粘等方法施工，广泛用于顶棚（见图 3-7）、隔墙、内墙、贴面板中。石膏板分为普通纸面石膏板、纤维石膏板和石膏装饰板三种。

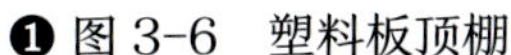
❶ 图 3-6 塑料板顶棚

❷ 图 3-7 石膏板顶棚

4. 无机纤维板

无机纤维板分为矿棉装饰吸声板、玻璃棉装饰吸声板、水泥石棉吸声板等，具有吸声、防火、隔热、保温、施工方便等特点（见图 3-8）。

图 3-8 无机纤维板顶棚

5. 金属装饰板

金属装饰板的材质种类有铝、铜、不锈钢、铝合金等。铜和不锈钢材质的装饰板档次较高，价格也高。一般的居室装饰，选择物美价廉的铝合金装饰板较为合适（见图 3-9）。由于金属板的绝热性能较差，为了获得一定的绝热、吸声功能，在选择金属板进行顶棚装饰时，可以利用内加玻璃棉、岩棉等保温吸声的产品达到绝热、吸声的目的。下面介绍几种常用的金属装饰板。

（1）彩色涂层钢板。它是在热轧钢板、镀锌钢板上涂 0.4 ~ 0.5 mm 的软质或半硬质聚氯乙烯塑料薄膜制成的，具有耐热、耐腐蚀性能，可做墙板。

（2）铝合金装饰板。它又称为铝合金压型板或天花扣板，以铝、铝合金为原料，经辊压冷压加工成各种断面的金属板材，具有质量轻、强度大、刚度高、耐腐蚀、经久耐用等优良性能。板表面经阳极氧化或喷漆、喷塑处理后，可形成装饰要求的多种色彩。

（3）镜面不锈钢饰面板。它是由不锈钢薄板经特殊抛光处理制成的，特点为板面光亮如镜，反射率、变形率与高级镜面相差无几，且耐火、耐潮、不变形、不破碎、安装方便，但应防硬物划伤。

图 3-9 金属装饰板顶棚

第二节 SECTION 2 顶棚装饰常见形式与结构

顶棚的形式多种多样，随着新材料、新技术的广泛应用，产生了许多新的吊顶形式。顶棚按饰面与基层的关系可归纳为直接式顶棚与悬吊式顶棚两大类。

一、直接式顶棚

直接式顶棚，顾名思义就是直接在顶棚上进行抹灰、喷（刷）涂料或粘贴装饰材料的施工，一般用于装饰要求不高的住宅或室内高度较小的空间（见图 3-10）。直接式顶棚具有构造简单、外观简洁大方、构造层厚度小、施工方便、可取得较高的室内净空、造价较低等特点，但没有提供隐蔽管线、设备的内部空间，故一般用于普通建筑或空间高度受限的房间。该类型顶棚氛围明快，适合办公室等安全、舒适、高度较低的空间形式。按施工方法和装饰材料的不同，直接式顶棚一般又可分为直接抹灰顶棚、直接喷（刷）浆顶棚和直接粘贴顶棚三种。

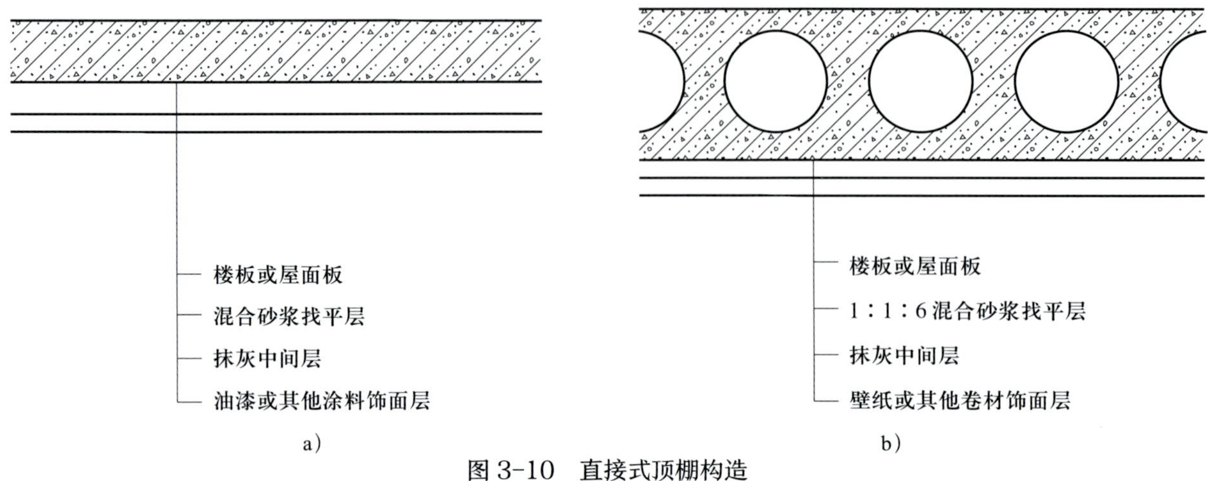

图 3-10　直接式顶棚构造

a）喷刷类顶棚构造　b）粘贴类顶棚构造

1. 直接抹灰顶棚

直接抹灰顶棚施工方法简单，要求较低，施工步骤与一般建筑抹灰相同。操作时只要将黏稠的灰均匀地涂抹在顶棚上即可，颜色常为白色或浅色系。

2. 直接喷（刷）浆顶棚

直接喷（刷）浆顶棚施工方法更简便，成本较低，只需将准备好的涂料调成不同的颜色，用刷子、滚筒（或喷枪）滚刷于（或喷于）顶棚上即可。

3. 直接粘贴顶棚

直接粘贴顶棚造价较以上两种略高，效果较好，能达到较高的要求，虽不豪华，却较为舒适，其施工方法有两种：

（1）饰面使用的板材有石膏板（装饰板和条板）、全息玻璃、顶棚壁纸、壁布等。施工时，先在混凝土构件上安装拆模，再用胶黏剂把装饰面层粘上。这是家居装饰中的常用方法之一。

（2）饰面使用的板材有干抹灰板、玻璃砖、压型钢板等。施工时，先将装饰材料铺于模板上，然后现浇混凝土，装饰材料便直接粘在混凝土上，拆模后即为装饰面层。

二、悬吊式顶棚

悬吊式顶棚是指顶棚的装饰表面悬吊于屋面板或楼板下，并与屋面板或楼板留有一定距离的顶棚，俗称吊顶（见图 3-11）。悬吊式顶棚可结合灯具、通风口、音响、喷淋、消防设施等进行整体设计，形成变化丰富的立体造型，用以改善室内环境，满足不同使用功能的要求。

1. 悬吊式顶棚的组成

悬吊式顶棚一般由吊杆、骨架、面层三个部分组成。

（1）吊杆

1）吊杆的作用。用于承受吊顶面层和龙骨架的荷载，并将这些荷载传递给屋顶的承重结构。

2）吊杆的材料。主要有木材和金属。

（2）骨架

1）骨架的作用。用于承受吊顶面层的荷载，并将荷载通过吊杆传给屋顶承重结构。

2）骨架的材料。主要有木、轻钢、铝合金等。

3）骨架的结构。主要包括主龙骨、次龙骨、格栅、次格栅、小格栅所形成的网架体系。

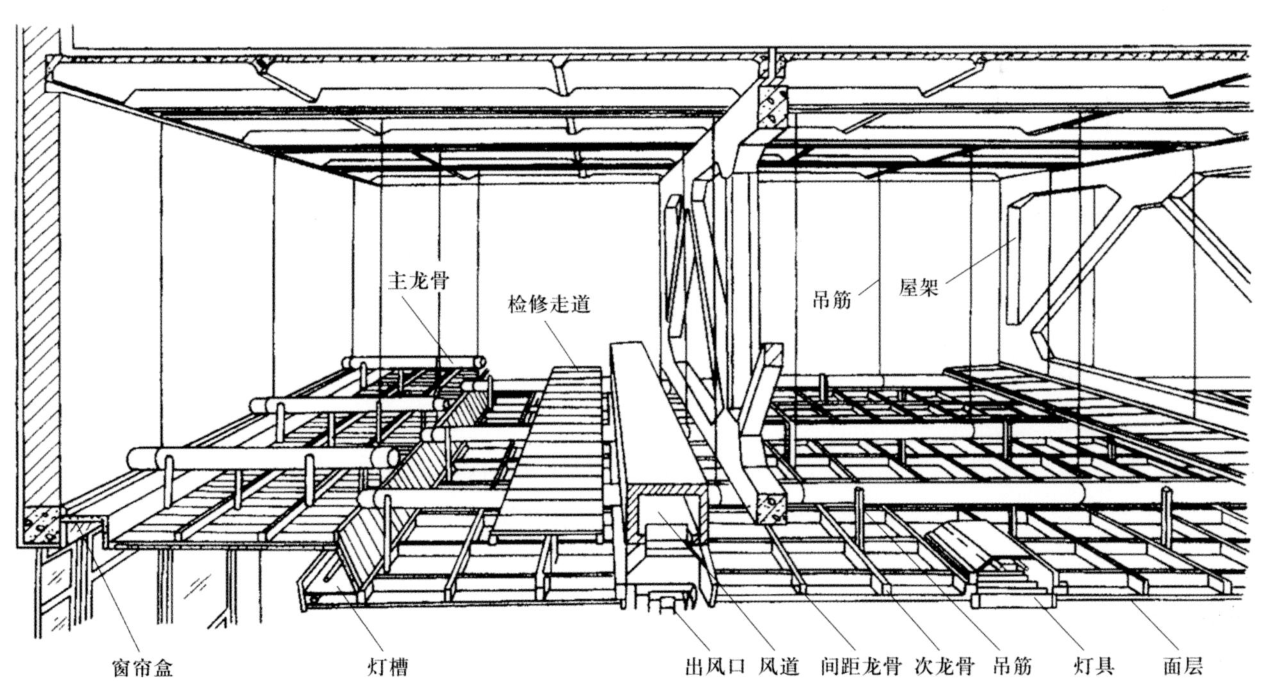

图 3-11 悬吊式顶棚构造

（3）面层

1）面层的作用。用于装饰室内空间，以及发挥吸声、反射等功能。

2）面层的材料。主要有纸面石膏板、纤维板、胶合板、钙塑板、矿棉吸声板、铝合金等金属板、PVC 塑料板等。

3）面层的形式。主要包括条形、矩形等。

2. 悬吊式顶棚的种类

悬吊式顶棚的种类很多，可以从以下几个方面来分类：

（1）以外观分类，有井格式顶棚、平滑式顶棚、叠落式顶棚、悬浮式顶棚等。

（2）以龙骨材料分类，有木龙骨悬吊式顶棚、轻钢龙骨悬吊式顶棚、铝合金龙骨悬吊式顶棚等。

（3）以饰面层和龙骨的关系分类，有活动装配悬吊式顶棚、固定悬吊式顶棚等。

（4）以顶棚结构层的显露状况分类，有木质悬吊式顶棚、石膏板悬吊式顶棚、矿棉板悬吊式顶棚、金属板悬吊式顶棚、发光玻璃悬吊式顶棚、软质悬吊式顶棚等。

三、顶棚高低的调节

顶棚的形式是多样的，但不管用何种顶棚，都有视觉上或高或矮的感觉，可以通过暴露顶棚结构以及顶棚色彩和细部处理来调节视觉感受。

1. 暴露顶棚结构

暴露顶棚结构分为两种：一种为全露明，即充分暴露顶棚结构的形式，这种结构形式在进行空间组合时已经充分考虑露明时空间的整体美观；另一种为半露明，这种形式往往将一些优美的结构形式外露，而对于一些交叉的结构形式则做成吊顶进行隐蔽。各种不同的暴露式顶棚具有不同的图案形式，任何一种图案都会吸引人们的注意力，因此，暴露顶棚结构可以使顶棚在视觉上显得更低、更亲近些。

2. 调节顶棚色彩

顶棚的高低可通过色彩和细部处理来调节，以产生视觉上的错觉。例如，低矮的空间要采用高明度的色彩，使人感觉空间扩大；高大的空间则采用明度较低的色彩，以降低视觉高度。同时，通过细部处理也可以调节空间的高低，如把顶棚装修和色彩延伸到墙面上，能降低空间的视觉高度；将墙与顶的交接处做成圆角，能增大顶棚的视觉高度；另外，在墙面与顶棚的交界处，采用材料形式相同的墙面与顶面，或开天窗和做发光顶棚时墙与顶棚互相延伸，也能增大顶棚的视觉高度。

第三节 SECTION 3 金属板顶棚装饰施工工艺

采用铝合金板、薄钢板等金属板材面层的顶棚称为金属板顶棚。金属板顶棚具有自重小、美观大方、质感独特、平挺、线条刚劲明快，以及构造简单、安装方便、耐火、耐久等特点。

金属板表面可做电化铝饰面处理。薄钢板表面可进行镀锌、涂塑、涂漆等防锈饰面处理。金属板有打孔和不打孔的条形、矩形等型材。

一、施工前准备

1. 工具准备

工具准备包括电锯、无齿锯、手电钻、电锤、电动旋具、射钉枪、拉铆枪、手锯、手刨、钳子、扳手、水准仪、靠尺、钢卷尺等。

2. 材料准备

材料准备包括铝合金等金属板材、龙骨、吊杆等。

二、施工操作流程

1. 施工操作步骤

弹顶棚标高水平线 → 画龙骨分档线 → 安装水电管线 → 安装主龙骨吊杆 → 安装主龙骨 → 安装次龙骨 → 隐蔽工程验收 → 安装罩面板

（1）弹顶棚标高水平线。根据楼层标高水平线，用尺竖向量至顶棚设计标高，沿墙往四周弹顶棚标高水平线。

（2）画龙骨分档线。按设计要求的主、次龙骨间距布置，在已弹好的顶棚标高水平线上画龙骨分档线。

（3）安装水电管线。按照设计好的水电管线，逐一按图进行安装固定。

（4）安装主龙骨吊杆。弹好顶棚标高水平线及画好龙骨分档线后，确定吊杆下端头的标高，按主龙骨位置和吊挂间距，将吊杆无丝扣的一端与楼板预埋钢筋连接固定，未预埋钢筋时可采用膨胀螺栓（见图 3-12）。

（5）安装主龙骨。将组装好吊挂件的主龙骨，按分档线位置使吊挂件穿入相应的吊杆螺栓，拧好螺母。主龙骨相接处装好连接件，拉线调整标高、起拱和平直度。安装洞口附加主龙骨，按图集相应节点构造设置连接卡固件（见图 3-13）。

（6）安装次龙骨。按已画好的次龙骨分档线，卡放次龙骨吊挂件。吊挂次龙骨时，可按设计规定的次龙骨间距，将次龙骨通过吊挂件吊挂在主龙骨上（设计无要求时，一般间距为 500 ~ 600 mm）。当次龙骨长度需多根延续接长时，使用次龙骨连接件，在吊挂次龙骨的同时相接，并调直固定。当采用 T 型龙骨组成轻钢骨架时，每一块罩面板的先后应各装一根卡档次龙骨。

（7）隐蔽工程验收。在安装罩面板前，请发包人和施工管理人员一起对顶棚内的各种管线进行检查验收，并经打压试验合格、发包人签字认可后，

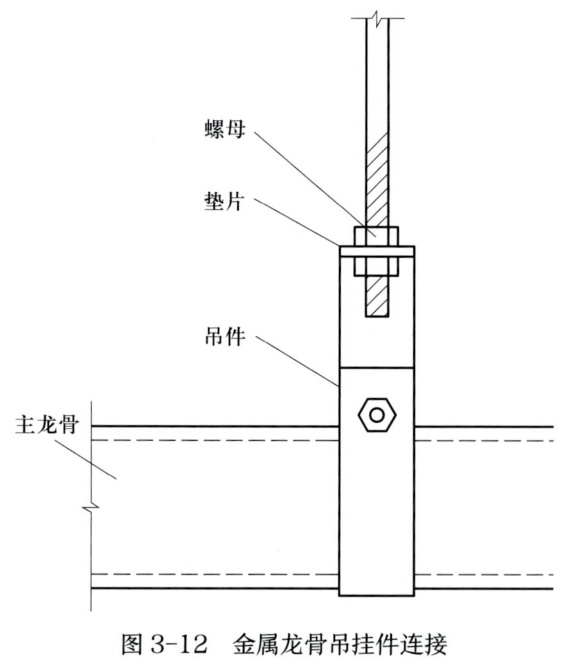

图 3-12　金属龙骨吊挂件连接

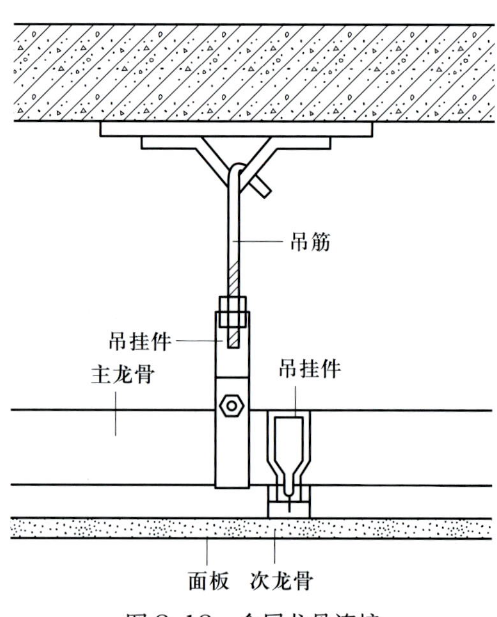

图 3-13　金属龙骨连接

才允许安装罩面板。

（8）安装罩面板。顶棚罩面板的品种繁多，一般在设计文件中应明确选用的种类、规格和固定方式。罩面板与轻钢骨架固定的方式分为罩面板自攻螺钉钉固法、罩面板胶结黏固法、罩面板托卡固定法三种。

2. 施工操作要点

（1）弹线。用水准仪在房间内每个墙（柱）角上找出水平点（若墙体较长，中间也应适当找几个点），弹出水准线（水准线距地面一般为 500 mm），从水准线量至吊顶设计高度加上铝板的厚度，用粉线沿墙（柱）弹出水准线，即为吊顶次龙骨的下皮线。同时，按吊顶平面图，在混凝土顶板弹出主龙骨的位置。主龙骨应从吊顶中心向两边分，最大间距为 1 000 mm，并标出吊杆的固定点，吊杆的固定点间距为 900 ~ 1 000 mm，如遇到梁和管道固定点大于设计和规程要求，应增加吊杆的固定点。

（2）固定吊挂杆件。采用膨胀螺栓固定吊挂杆件。不上人的吊顶，如吊杆长度小于 1 000 mm，可以采用 ϕ6 mm 的吊杆，如吊杆长度大于 1 000 mm，应采用 ϕ8 mm 的吊杆，还应设置反向支撑。吊杆可以采用冷拔钢筋和盘圆钢筋，但采用盘圆钢筋时应用机械将其拉直。上人的吊顶，如吊杆长度小于 1 000 mm，可以采用 ϕ8 mm 的吊杆，如吊杆长度大于 1 000 mm，应采用 ϕ10 mm 的吊杆，吊杆的一端同 30 mm × 30 mm × 3 mm 角码焊接（角码的孔径应根据吊杆和膨胀螺栓的直径确定），另一端用丝杆焊接。制作好的吊杆应做防锈处理，吊杆用膨胀螺栓固定在楼板上，用冲击电钻打孔，孔径应稍大于膨胀螺栓的直径。

（3）在梁上设置吊挂杆件。吊挂杆件应通直并有足够的承载能力。当预埋的杆件需要接长时，必须搭接焊牢，焊缝要均匀饱满。

吊杆距主龙骨端部不得超过 300 mm，否则应增加吊杆。吊顶灯具、风口和检修口等应设附加吊杆。

（4）安装边龙骨。边龙骨的安装应按设计要求弹线，沿墙（柱）上的水平龙骨线把 W 形镀锌轻钢条用自攻螺钉固定在预埋木砖上。如为混凝土墙（柱），可用射钉固定，射钉间距应不大于吊顶次龙骨的间距。

（5）安装主龙骨。主龙骨应吊挂在吊杆上，主龙骨间距为 900 ~ 1 000 mm。主龙骨分为不上人 UC38 小龙骨和上人 UC60 大龙骨两种。主龙骨宜平行房间长向安装，同时应起拱，起拱高度为房间跨度的 1/300 ~ 1/200。主龙骨的悬臂段尺寸不应大于 300 mm，否则应增加吊杆。主龙骨的接长方式应采取对接，相邻龙骨的对接接头要相互错开。主龙骨挂好后应基本调平。金属龙骨接长、支托和吊挂如图 3-14 所示。

跨度大于 15 m 的吊顶，应在主龙骨上每隔 15 m 加一道大龙骨，并垂直主龙骨焊接牢固。

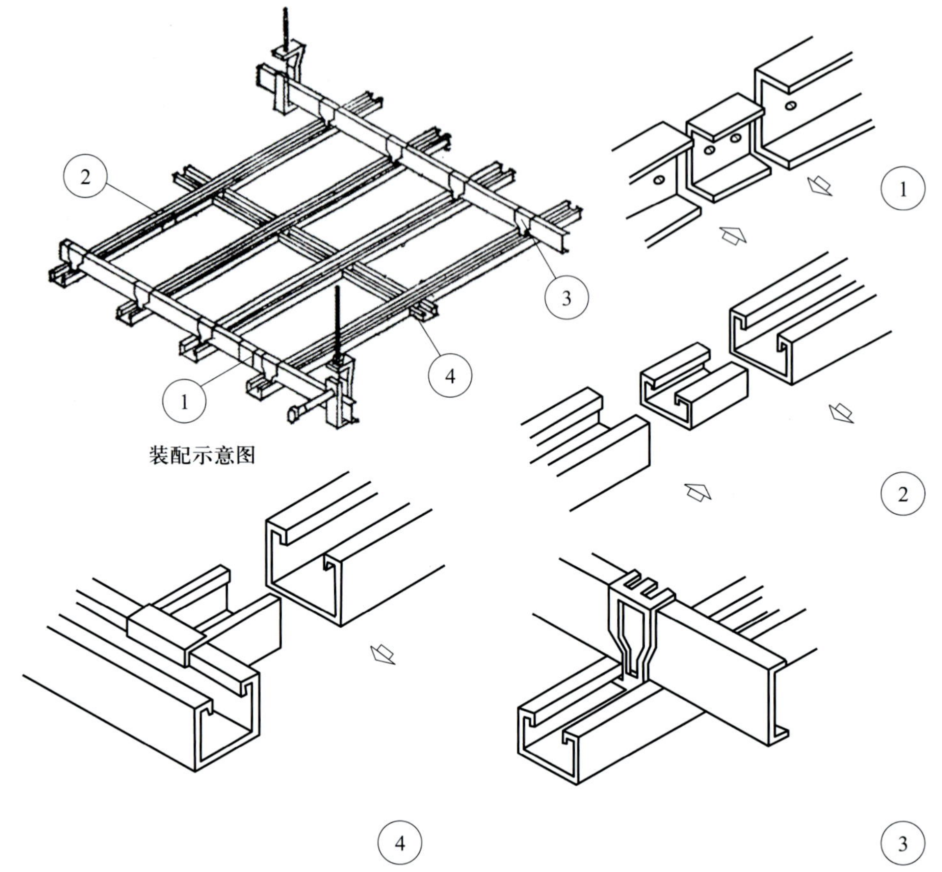

图 3-14　金属龙骨接长、支托与吊挂

如有大的造型顶棚，造型部分应用角钢或扁钢焊接成框架，并应与楼板连接牢固。

吊顶如设检修走道，应另设附加吊挂系统，用 10 mm 的吊杆与长度为 1 200 mm 的 15 mm × 15 mm × 5 mm 角钢横担用螺栓连接，横担间距为 1 800 ~ 2 000 mm，在横担上铺设走道，可以采用 6 号槽钢，间距 600 mm，相互之间用 10 mm 的钢筋焊接，钢筋的间距为 100 mm，将槽钢与横担角钢焊接牢固，在走道的一侧设有栏杆，高度为 900 mm，可以用 50 mm × 50 mm × 4 mm 的角钢做立柱，焊接在走道槽钢上，中间用 30 mm × 4 mm 的扁钢连接。

（6）安装次龙骨。次龙骨应紧贴主龙骨安装。次龙骨间距为 300 ~ 600 mm。使用专用连接件把次龙骨固定在主龙骨上，墙上应预先标出次龙骨中心线的位置，以便安装罩面板时找到次龙骨的位置。在通风、水电等洞口周围应设附加龙骨，附加龙骨的连接用拉铆钉铆固。吊顶灯具、风口和检修口等应设附加吊杆和补强龙骨。

三、质量检验标准

1. 主控项目

（1）吊顶标高、尺寸、起拱和造型应符合设计要求（观察、尺量检查）。

（2）饰面材料的材质、品种、规格、图案和颜色应符合设计要求（观察，检查产品合格证书、性能检测报告、进场验收记录和复验报告）。

（3）暗龙骨吊顶工程的吊杆、龙骨和饰面材料的安装必须牢固（观察，手扳检查，检查隐蔽工程验收记录和施工记录）。

（4）吊杆、龙骨的材质、规格、安装间距和连接方式应符合设计要求；金属吊杆、龙骨应经过表面防腐处理；木吊杆、龙骨应进行防腐、防火处理（观察，尺量检查，检查产品合格证书、性能检测报告、进场验收记录和隐蔽工程验收记录）。

2. 一般项目

（1）饰面材料表面应洁净、色泽一致，不得有翘曲、裂缝和缺损；压条应平直、宽窄一致（观察，尺量检查）。

（2）饰面板上的灯具、烟感器、喷淋头、风口箅子等位置应合理、美观，与饰面板的交接应吻合严密（观察）。

（3）金属吊杆、龙骨的接缝应均匀一致，角缝应吻合，表面应平整，无翘曲、锤印；木质吊杆、龙骨应顺直，无劈裂、变形（检查隐蔽工程验收记录和施工记录）。

（4）吊顶内填充吸声材料的品种和铺设厚度应符合设计要求，并应有防散落措施（检查隐蔽工程验收记录和施工记录）。

（5）暗龙骨吊顶工程安装的允许偏差和检验方法应符合表 3-1 的规定。

表 3-1　暗龙骨吊顶工程安装的允许偏差和检验方法

项次	允许偏差（mm）						检验方法
	石膏板	金属板	矿棉板	木板	塑料板	格栅	
表面平整度	3	2	2	2	2	2	用 2 m 靠尺和塞尺检查
接缝直线度	2	1.5	3	3	3	3	拉 5 m 线，不足 5 m 的拉通线，用钢直尺检查
接缝高低差	1	1	1	1.5	1	1	用钢直尺和塞尺检查

四、成品保护

1. 轻钢骨架、罩面板及其他吊顶材料在入场存放、使用过程中应严格管理，保证不变形、不受潮、不生锈。

2. 装修吊顶用吊杆，严禁挪作机电管道、线路吊挂用；机电管道、线路如与吊顶吊杆位置矛盾，须经过项目技术人员同意后更改，不得随意改变、挪动吊杆。

3. 吊顶龙骨上禁止铺设机电管道、线路。

4. 轻钢骨架及罩面板安装应注意保护顶棚内各种管线，轻钢骨架的吊杆、龙骨不准固定在通风管道上。

5. 为了保护成品，罩面板安装必须在棚内管道试水、保温等一切工序全部验收后进行。

6. 设专人负责成品保护工作，发现有保护设施损坏的，要及时恢复。

7. 工序交接全部采用书面形式，由下道工序作业人员和成品保护负责人同时签字确认，并保存工序交接书面材料。下道工序作业人员对防止成品的污染、损坏或丢失负直接责任，并设专人对成品保护负监督、检查责任。

五、安全措施

1. 现场临时水电设专人管理，防止长明灯、长流水。用水、用电分开计量，通过对数据的分析得到节能效果并逐步改进。

2. 作业人员操作地点和周围必须清洁整齐，做到活完脚下清、工完场地清，并制定严格的成品保护措施。

3. 持证上岗制，特殊工种必须持有在有效期内的上岗操作证，严禁无证上岗。

4. 中小型机具必须经检验合格并履行验收手续后方可使用，同时应由专门人员操作并负责维修和保养。必须建立中小型机具的安全操作制度，并将安全操作制度牌挂在机具旁明显处。

5. 中小型机具的安全防护装置必须保持齐全、完好、灵敏、有效。

6. 使用人字梯攀高作业，只准一人使用梯子，禁止两人同时作业。

第四节 SECTION 4 木质胶合板、纸面石膏板顶棚装饰施工工艺

木质胶合板顶棚和纸面石膏板顶棚都是较常用的一种吊顶形式，一般由吊杆、主龙骨、次龙骨和面板四部分组成（见图 3-15），其构造简单、价格便宜、承载量大，能满足特殊场所和特殊造型部位要求。

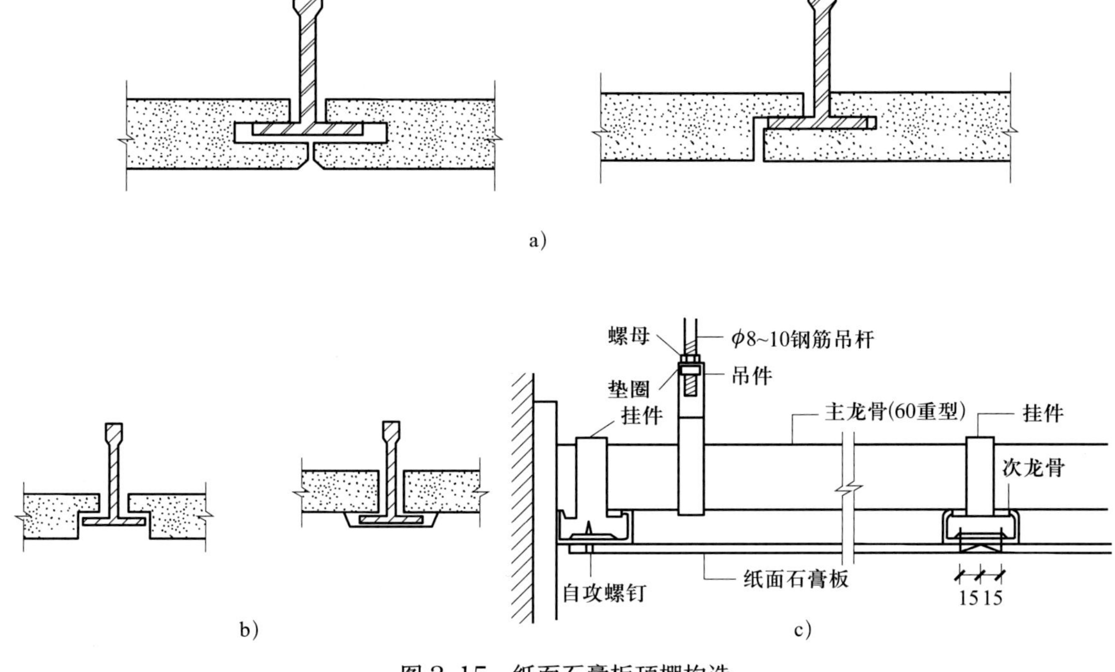

图 3-15 纸面石膏板顶棚构造

a）挂结 b）卡结 c）钉结

一、施工前准备

1. 工具准备

工具准备包括小电锯、小台刨、手电钻、木刨、线刨、锯、斧、锤、旋具、摇钻等。

2. 材料准备

材料准备包括各种规格木龙骨、木质胶合板和纸面石膏板等罩面板材，以及压条、圆钉、直径 6 ~ 8 mm 的螺栓、射钉、膨胀螺栓、胶黏剂、木材防腐剂、8 号镀锌铁丝等。

二、施工操作流程

1. 施工操作步骤

弹顶棚标高水平线 → 画龙骨分档线 → 安装水电管线设施 → 安装主龙骨 → 安装次龙骨 → 防腐处理 → 安装罩面板

（1）弹顶棚标高水平线。根据楼层标高水平线，顺墙高量到顶棚设计标高，沿墙四周弹顶棚标高水平线。

（2）画龙骨分档线。在四周的标高线上画好龙骨的分档位置线。

（3）安装水电管线设施。在弹好顶棚标高线后，应进行顶棚内水、电设备管线安装，较重吊物不得吊于顶棚龙骨上。

（4）安装主龙骨。将预埋钢筋弯成环形钩，穿 8 号镀锌铁丝或用直径 6 ~ 8 mm 的螺栓将主龙骨固定，并保证其设计标高。按设计要求吊顶起拱，设计无要求时，起拱高度一般为房间跨度的 1/300 ~ 1/200。

（5）安装次龙骨

1）次龙骨底面刨光、刮平，截面厚度应一致。

2）次龙骨间距应符合设计要求，设计无要求时，应按罩面板规格决定，一般为 400 ~ 500 mm。

3）按分档线先定位安装通长的两根边龙骨。拉线后，各龙骨按起拱高度，通过短吊杆将次龙骨用圆钉固定在主龙骨上，吊杆要逐根错开，不得吊钉在龙骨的同一侧面上。通长次龙骨对接接头应错开，采用双面夹板用圆钉错位钉牢，接头两侧各钉两个钉子。

4）安装卡档次龙骨。按通长次龙骨标高，在两根通长次龙骨之间，根据罩面板材的分块尺寸和接缝要求，在通长次龙骨底面横向弹分档线，以底找平，钉固卡档次龙骨。

（6）防腐处理。顶棚内所有露明的铁件，在钉罩面板前必须刷防腐漆，木骨架与结构接触面应进行防腐处理。

（7）安装罩面板。按设计要求，根据罩面板品种、规格和固定方式施工操作。一般罩面板与木骨架的固定采用木螺钉拧固法。

2. 施工操作要点

（1）轻钢龙骨采用C50或C38不上人系列，9 mm厚纸面石膏板，全牙 ϕ6 mm 内膨胀吊筋。

（2）轻钢龙骨安装。主龙骨间距为 1 200 mm，次龙骨间距为 400 mm，吊筋间距为 1 200 mm。在主龙骨端部接长处必须设置一根吊筋，第一根主龙骨距墙面不得大于 150 mm，消防管外径应大于 50 mm。

（3）主龙骨必须错开格栅灯位，在格栅灯洞四周加设加固龙骨。

（4）跨度比较大的房间，中间按跨度的 1% 起拱。

（5）主、次龙骨安装完后，必须拉线检查龙骨横平竖直程度，做好隐蔽工程验收。

（6）石膏板安装前，在龙骨下口拉通线，保证石膏板安装时缝隙顺直。石膏板与石膏板接头处留 5 mm 拼缝。固定石膏板的钉距不得大于 150 mm，钉帽必须入板内 1 ~ 2 mm。用原子灰将拼缝和钉眼（钉眼要做防锈处理）批平，接缝处贴绷带。

（7）龙骨吊装夹板时，应吊装双层夹板，底层为 5 mm 普通夹板，面层为质量较好的 3 mm 夹板，保证面层不起层、鼓泡。安装时，应注意底层和面层夹板的拼缝必须相互错开，且在转角处用整板开料过渡，不得在转角处留有拼缝。

（8）面层要留 3 mm 拼缝，且拼缝双边坡口。在刮腻子前，用木胶粉分 3 次嵌填密实，并刮平。

（9）吊顶夹板安装固定时，距墙不得小于 10 mm。

三、质量检验标准

以《建筑装饰装修工程质量验收标准》（GB 50210—2018）第 7.1.1 ~ 7.4.10 条为验收准则。

1. 主控项目

（1）所有的品种规格、颜色、质量，以及骨架构造、固定方法，应符合设计要求和质量标准。

（2）吊顶龙骨及罩面板安装必须牢固，外形整齐、美观，不变形、不脱色、不残缺、不折裂。

（3）轻骨架不得弯曲变形，纸面板不得受潮，无翘曲变形、缺棱掉角，无脱层、干裂，厚薄一致。

2. 一般项目

（1）吊顶安装完毕，不允许被外来物体撞击、污染。

（2）已带图案、花饰的罩面板，其图案、花饰应统一、端正，找缝处花纹图案吻合，压条应保证平直。

（3）在完成吊顶安装后，应进行实测。通常情况下，通道在 10 m 内以及大面积的礼堂、厅堂等，两轴之间应抽查不少于 10% 的测检点。

四、成品保护

1. 装饰施工时，应注意保护顶棚内装好的各种管线，木骨架的吊杆、龙骨不准固定在通风管道及其他设备上。

2. 施工部位已安装完的门窗，已施工完的地面、墙面、窗台等，应注意保护，防止被损坏。

3. 木骨架材料，特别是罩面板材，在进场、存放、使用过程中应妥善管理，使其不变形、不受潮、不损坏、不污染。

五、安全措施

1. 次龙骨安装时应拉通线，使通长次龙骨符合起拱要求，做到标高位置准确。

2. 主龙骨与吊挂连接时，龙骨钉固的方法应符合设计和施工规范的要求。

3. 罩面板施工时应注意板块规格、分块尺寸、安装位置正确。

4. 压缝条、压边条施工时应弹出位置线，罩面板接缝应平直，压缝条与罩面板紧贴密实。

第五节 SECTION 5 格栅顶棚装饰施工工艺

格栅顶棚是指采用格栅式单体构件做成的顶棚，也称开敞式吊顶。它是在藻井式顶棚的基础上发展形成的一种独立的吊顶体系。这种吊顶虽然形成了一个顶棚，但其吊顶的表面却是开口的。正是这一特征，使格栅类顶棚具有既遮又透的感觉，减少了吊顶的压抑感。另外，格栅类顶棚是通过一定的单体构件组合而成的，可表现出一定的韵律感（见图 3-16），其类型主要包括木格栅顶棚和金属格栅顶棚两大类。

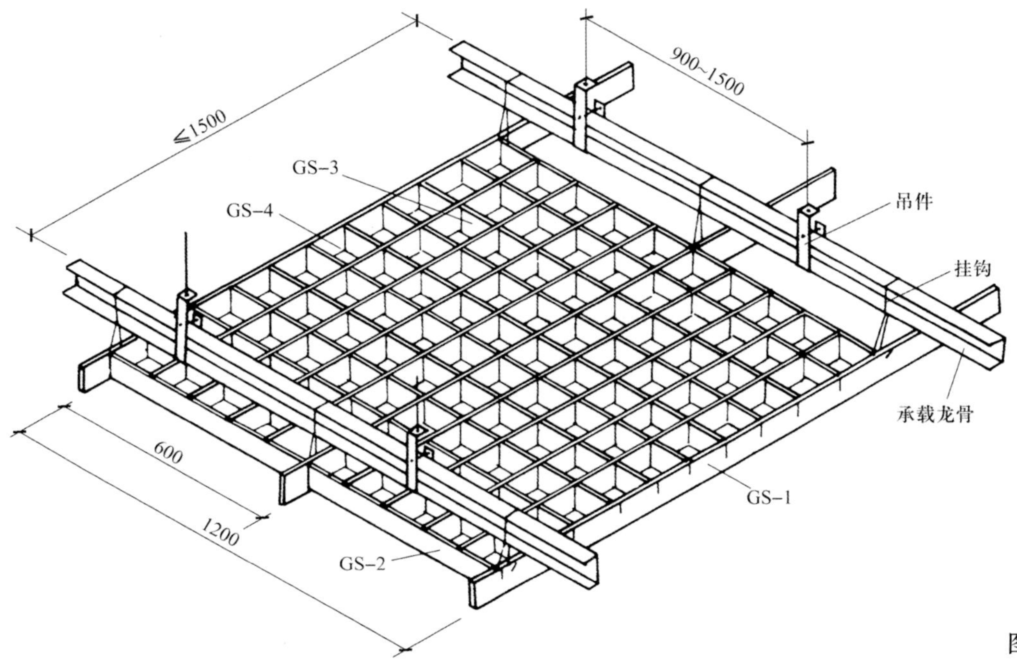

图 3-16　格栅顶棚构造

一、木格栅顶棚施工工艺

木格栅顶棚属于细木工活，是装饰走廊、餐厅和较大顶梁等空间常用的方法。木格栅既能美化顶部，又能调节照明，增强环境整体装饰效果。木格栅顶棚要求构造合理、设计大方、美观牢固、表面平整、颜色一致、灯光布置合理、终饰漆膜光整、无污染、无划痕。

1. 施工操作流程

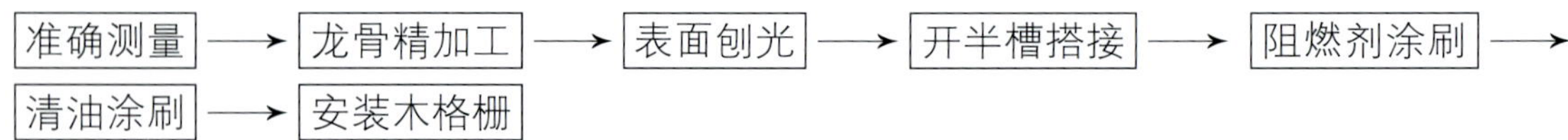

2. 施工操作要点

（1）木格栅骨架的制作应在准确测量顶棚尺寸的基础上进行，龙骨应进行精加工，表面刨光，接口处开榫，横、竖龙骨交接处应开半榫搭接，并应涂刷阻燃剂。

（2）安装时应根据设计弹出标高控制线和吊杆安装线，在墙面和顶棚钻孔塞木模，顶棚吊件应用粗金属丝固定在龙骨和挂钩上。安装时采取整体吊装方法，将木格栅骨架整体移动到标高线以上，与顶棚的吊件连接。全部吊件与格栅骨架连接好后，通过调整吊件的长度对格栅面找平，将格栅骨架调整到与控制线平齐后，将四周的木龙骨固定在墙上。

（3）对木格栅骨架表面进行饰面处理，一般是粘贴较名贵的木材以及安装照明灯具和收口装饰线条。灯具底座可在制作木格栅骨架时安装，吊装后接通电源。格栅内框装饰条应在地面装完、吊顶安装后装收口线条封边。木格栅装完后，要进行饰面的清油涂刷，然后安装磨砂玻璃。

（4）在安装木格栅骨架前，应对基础墙面进行找方处理，先用尺测量各边长度和各角角度。如误差不大，可用腻子刮批墙面找方；如误差较大，则应先垫木板，再用腻子找平。在横竖龙骨格栅开榫搭接时，必须保证垂直，否则，处理后才能进行安装。

（5）在施工中应选择不易变形的松木为骨架，磨砂玻璃以 3 mm 厚为宜，照明灯具应选择轻型材料，以防吊顶荷载过重。如有拱起，可调整吊件，使顶面平整。

3. 质量检验标准

（1）木格栅制作和购成品均要求表面平滑、平整、无裂、无节疤，小格方正，节点牢固。

（2）藻井式吊顶标高、规格符合设计要求。

（3）各平面、立面表面平整，无起拱、塌落和凸凹不平。

（4）龙骨和饰面板安装牢固，各界面交接处无裂缝。

（5）灯具布局合理，横竖对称，开关灵活有效。

（6）装饰线安装平直，表面涂料漆膜光滑、光亮，无流坠、气泡、皱纹等质量缺陷。

（7）吊顶龙骨应按短向跨度起拱 1/200。

二、金属格栅顶棚施工工艺

金属格栅顶棚属于新型建筑顶棚装饰，它具有造型新颖、格调独特、层次分明、立体感强、防火、防潮、通风性好等特点。

1. 施工前准备

（1）工具准备。包括冲击钻、无齿锯、钢锯、钳子、旋具、扳手、射钉枪、手刨、吊线锤、角尺、锤子、水平尺、白线、墨斗等。

（2）材料准备。包括金属主龙骨、次龙骨、边龙骨，以及吊杆、连接件、金属饰面板等。

2. 施工操作流程

弹顶棚标高水平线 → 安装主龙骨吊杆 → 安装主龙骨 → 安装边龙骨 → 安装次龙骨 → 安装金属面板 → 饰面清理 → 分项检验、分批验收

（1）弹顶棚标高水平线。根据楼层标高水平线，按照设计标高，沿墙四周弹顶棚标高水平线，并找出房间中心点，沿顶棚的标高水平线，以房间中心点为中心，在墙上画好龙骨分档线。

（2）安装主龙骨吊杆。在弹好顶棚标高水平线和画好龙骨分栏线后，确定吊杆下端头的标高，安装预先加工好的吊杆，吊杆安装用 ϕ8 mm 膨胀螺栓固定在顶棚上。吊杆选用 ϕ8 mm 圆钢，吊筋间距控制在 1 200 mm 内。

（3）安装主龙骨。主龙骨一般选用 C38 轻钢龙骨，间距控制在 1 200 mm 内。安装时，采用与主龙骨配套的吊件和吊杆连接。

（4）安装边龙骨。按顶棚净高要求，在墙四周用水泥钉固定 25 mm × 25 mm 烤漆龙骨，水泥钉间距不大于 300 mm。

（5）安装次龙骨。根据铝扣板的尺寸，安装与板配套的次龙骨，次龙骨通过吊挂件吊挂在主龙骨上。当次龙骨长度需多根延续接长时，采用次龙骨连接件，在吊挂次龙骨的同时，将相对端头连接，先调直，后固定。

（6）安装金属面板。铝扣板安装时，在装配面积的中间位置垂直次龙骨方向拉一条基准线，对齐基准线向两边安装。安装时，轻拿轻放，必须顺着翻边部位顺序将方板两边轻压，卡进龙骨后再推紧。

（7）饰面清理。铝扣板安装完后，需用布把板面全部擦拭干净，不得有污物和手印等。

（8）分项检验、分批验收。吊顶工程验收时应检查下列文件和记录：

1）吊顶工程的施工图、设计说明，以及其他设计文件。

2）材料的产品合格证书、性能检测报告、进场验收记录和复验报告。

3）隐蔽工程验收记录。

4）施工记录。

3. 质量检验标准

（1）暗龙骨吊顶工程。质量要求符合《建筑装饰装修工程质量验收标准》（GB 50210—2018）的规定（见表 3-2）。

表 3-2　暗龙骨吊顶工程质量检验方法

<table>
<tr><th>项目</th><th>序号</th><th colspan="4">检查项目</th><th colspan="2">检验方法</th></tr>
<tr><td rowspan="5">主控项目</td><td>1</td><td colspan="4">标高、尺寸、起拱、造型</td><td colspan="2">观察，尺量检查</td></tr>
<tr><td>2</td><td colspan="4">饰面材料</td><td colspan="2">观察，检查产品合格证书、性能检测报告、进场验收记录和复验报告</td></tr>
<tr><td>3</td><td colspan="4">吊杆、龙骨、饰面材料安装</td><td colspan="2">观察，手扳检查，检查隐蔽工程验收记录和施工记录</td></tr>
<tr><td>4</td><td colspan="4">吊杆、龙骨材质、间距和连接方式</td><td colspan="2">观察，尺量检查，检查产品合格证书、性能检测报告、进场验收记录和隐蔽工程验收记录</td></tr>
<tr><td>5</td><td colspan="4">石膏板接缝</td><td colspan="2">观察</td></tr>
<tr><td rowspan="8">一般项目</td><td>1</td><td colspan="4">材料表面质量</td><td colspan="2">观察，尺量检查</td></tr>
<tr><td>2</td><td colspan="4">灯具等设备</td><td colspan="2">观察</td></tr>
<tr><td>3</td><td colspan="4">龙骨、吊杆接缝</td><td colspan="2">检查隐蔽工程验收记录和施工记录</td></tr>
<tr><td>4</td><td colspan="4">填充材料</td><td colspan="2">检查隐蔽工程验收记录和施工记录</td></tr>
<tr><td rowspan="4">5</td><td rowspan="4">允许偏差(mm)</td><td>项目</td><td>纸面石膏板</td><td>金属板</td><td>矿棉板</td><td>木板、塑料板、格栅</td></tr>
<tr><td>表面平整度</td><td>3</td><td>2</td><td>2</td><td>2</td></tr>
<tr><td>接缝直线度</td><td>3</td><td>1.5</td><td>3</td><td>3</td></tr>
<tr><td>接缝高低差</td><td>1</td><td>1</td><td>1.5</td><td>1</td></tr>
</table>

（2）明龙骨吊顶工程。质量要求符合《建筑装饰装修工程质量验收标准》（GB 50210—2018）的规定（见表 3-3）。

表 3-3　明龙骨吊顶工程质量检验方法

<table>
<tr><th>项目</th><th>序号</th><th colspan="3">检查项目</th><th colspan="3">检验方法</th></tr>
<tr><td rowspan="5">主控项目</td><td>1</td><td colspan="3">吊顶标高、尺寸、起拱及造型</td><td colspan="3">观察，尺量检查</td></tr>
<tr><td>2</td><td colspan="3">饰面材料</td><td colspan="3">观察，检查产品合格证书、性能检测报告和进场验收记录</td></tr>
<tr><td>3</td><td colspan="3">饰面材料安装</td><td colspan="3">观察，手扳检查，尺量检查</td></tr>
<tr><td>4</td><td colspan="3">吊杆、龙骨材质</td><td colspan="3">观察，尺量检查，检查产品合格证书、进场验收记录和隐蔽工程验收记录</td></tr>
<tr><td>5</td><td colspan="3">吊杆、龙骨安装</td><td colspan="3">手扳检查，检查隐蔽工程验收记录和施工记录</td></tr>
<tr><td rowspan="8">一般项目</td><td>1</td><td colspan="3">饰面材料表面质量</td><td colspan="3">观察，尺量检查</td></tr>
<tr><td>2</td><td colspan="3">灯具等设备</td><td colspan="3">观察</td></tr>
<tr><td>3</td><td colspan="3">龙骨接缝</td><td colspan="3">观察</td></tr>
<tr><td>4</td><td colspan="3">填充吸声材料</td><td colspan="3">检查隐蔽工程验收记录和施工记录</td></tr>
<tr><td rowspan="4">5</td><td rowspan="4">允许偏差(mm)</td><td>项目</td><td>石膏板</td><td>金属板</td><td>矿棉板</td><td>塑料板、玻璃板</td></tr>
<tr><td>表面平整度</td><td>3</td><td>2</td><td>3</td><td>2</td></tr>
<tr><td>接缝直线度</td><td>3</td><td>2</td><td>3</td><td>3</td></tr>
<tr><td>接缝高低差</td><td>1</td><td>1</td><td>2</td><td>1</td></tr>
</table>

4. 成品保护

（1）轻钢骨架、罩面板，以及其他吊顶材料，在入场存放、使用过程中，应严格管理，保证不变形、不受潮、不生锈。

（2）装修吊顶用吊杆严禁挪作机电管道、线路吊挂用。机电管道、线路如与吊顶吊杆位置矛盾，须经过项目技术人员同意后更改，不得随意改变、挪动吊杆。

（3）吊顶龙骨上禁止铺设机电管道、线路。

（4）轻钢骨架和罩面板安装时，应注意保护顶棚内各种管线，轻钢骨架的吊杆、龙骨不准固定在通风管道及其他设备上。

（5）为了保护成品，罩面板安装必须在棚内管道试水、保温等一切工序全部验收后进行。

（6）设专人负责成品保护工作，发现有保护设施损坏的，要及时恢复。

（7）工序交接全部采用书面形式，由下道工序作业人员和成品保护负责人同时签字确认，并保存工序交接书面材料。下道工序作业人员对防止成品的污染、损坏或丢失负直接责任，并设专人对成品保护负监督、检查责任。

5. 安全措施

（1）现场临时水电设专人管理，防止长明灯、长流水。用水、用电分开计量，通过对数据的分析得到节能效果，并逐步改进。

（2）作业人员操作地点和周围必须清洁整齐，做到活完脚下清、工完场地清，并制定严格的成品保护措施。

（3）持证上岗制。特殊工种必须持有在有效期内的上岗操作证，严禁无证上岗。

（4）中小型机具必须经检验合格，履行验收手续后方可使用。同时应由专门人员使用操作并负责维修保养。必须建立中小型机具的安全操作制度，并将安全操作制度牌挂在机具旁明显处。

（5）中小型机具的安全防护装置必须保持齐全、完好、灵敏、有效。

（6）使用人字梯攀高作业时，只准一人使用梯子，禁止两人同时作业。

第六节 SECTION 6 玻璃顶棚装饰施工工艺

玻璃顶棚是利用透明、半透明或彩绘玻璃作为室内顶棚的一种形式，主要是为了采光、观赏和美化环境，可以做成圆顶、平顶、折面顶等形式，给人以明亮、清新、室内见天的神奇感觉。

玻璃顶棚多用于过道吊顶。切忌在吊顶上大面积使用玻璃，即使使用也要用金属、木条或者石膏把玻璃吊顶隔成方格。彩绘玻璃、喷砂玻璃都是做吊顶的好材料。玻璃自重大，为安全起见，顶棚玻璃厚度一般控制在 5 ~ 8 mm。

一、施工前准备

1. 工具准备

（1）施工机具。包括电锯、无齿锯、手持式电钻、电锤、电焊机、手提电动砂轮机等。

（2）施工工具。包括拉铆枪、射钉枪、手锯、钳子、扳手、水准仪、靠尺、钢直尺、水平尺、方尺、塞尺、线坠、旋具、锤子等。

2. 材料准备

材料准备包括木龙骨、金属吊杆、玻璃板、玻璃胶、防火剂、防腐剂等。

二、施工操作流程

1. 施工操作步骤

弹吊顶水平标高线、画龙骨分档线 → 安装吊杆 → 安装边龙骨 → 安装主龙骨 → 安装次龙骨和横撑龙骨 → 防腐、防火处理 → 安装基层板 → 安装玻璃板

（1）弹吊顶水平标高线、画龙骨分档线。根据楼层标高水平线，顺墙高量至顶棚设计标高，沿墙四周弹吊顶标高水平线。按吊顶平面图，在混凝土顶板画出龙骨分档线。主龙骨一般从吊顶的中心位置向两边分，间距按设计要求确定，遇到梁和管道固定点大于设计和规程要求，应增加吊杆的固定点。

（2）安装吊杆。采用膨胀螺栓固定吊杆。吊杆的直径按设计要求确定，无设计要求的也可以视情况采用直径 6 ~ 8 mm 的吊杆，如果吊杆长度大于 1 400 mm，应设置反向支撑。吊杆可以采用冷拔钢筋和盘圆钢筋，盘圆钢筋应采用机械拉直。吊杆的一端与长度为 50 mm 的 30 mm × 30 mm × 3 mm 角钢焊接（角钢的孔径应根据吊杆和膨胀螺栓的直径确定），另一端加工出丝扣，丝扣长度不小于 100 mm，也可以购买成品丝杆与吊杆焊接。制作好的吊杆做防锈处理后，用膨胀螺栓固定在楼板上，用电锤打孔，孔径应稍大于膨胀螺栓的直径。也可以采用 30 mm × 40 mm 木吊杆，用膨胀螺栓将木方固定在楼板上，再用长 100 mm 的铁钉将木吊杆固定在木方上，每个木吊杆上不少于两个钉子。吊杆要逐根错开，不得钉在木方的同一侧面上。

（3）安装边龙骨。安装边龙骨时，应按设计要求弹线，沿墙（柱）上的水平龙骨线把 L 型镀锌轻钢条用自攻螺钉固定在预埋木砖上，如为混凝土墙（柱），可用射钉固定，射钉间距应不大于吊顶次龙骨的间距。如罩面板是固定的单铝板或铝塑板，可以用密封胶直接收边，也可以加阴角进行修饰。

（4）安装主龙骨。主龙骨应吊挂在吊杆上。主龙骨间距为 900 ~ 1 000 mm。主龙骨分不上人 UC38 小龙骨、上人 UC60 大龙骨两种。主龙骨宜平行房间长向安装，同时应按房间短向跨度的 3‰ ~ 5‰起拱。主龙骨的悬臂段尺寸不应大于 300 mm，否则应增加吊杆。主龙骨接长时应采取对接方式，相邻龙骨的对接接头要相互错开。主龙骨挂好后应基本调平。如罩面板是固定的单铝板或铝塑板，也可以用型钢或方铝管做主龙骨，与吊杆直接焊接或螺栓（铆接）连接。

吊顶如设检修走道，应另设附加吊挂系统，用 10 mm 的吊杆与长度为

表 3-4　玻璃吊顶工程允许偏差和检验方法

项次	项类	项目	允许偏差（mm）	检验方法
1	龙骨	龙骨间距	2	尺量检查
2		龙骨平直	2	尺量检查
3		龙骨四周水平	3	尺量或水准仪检查
4	罩面板	表面平整度	1.5	用 2 m 靠尺检查
5		接缝平直度	3.0	拉 5 m 线检查
6		接缝高低差	1.0	用直尺或塞尺检查

四、注意事项

1. 主龙骨安装完后应认真进行一次调平，调平后各吊杆的受力应一致，不得有松弛、弯曲、歪斜现象，并拉通线检查主龙骨的标高是否符合设计要求，平整度是否符合规范，避免出现大面积的吊顶不平整现象。

2. 各种预留孔、洞处的构造应符合设计要求，节点应合理，以保证骨架的整体刚度、强度和稳定性。

3. 顶棚的骨架应固定在主体结构上，骨架整体调平后吊杆的螺母应拧紧。顶棚内的各种管线、设备不得安装在骨架上，以避免出现骨架变形、固定不牢的现象。

4. 饰面玻璃板应保证加工精度，尺寸偏差应控制在允许范围内。安装时应注意板块规格，并挂通线控制板块位置，固定时应确保四边对直，避免出现饰面玻璃板之间隙缝不顺直、不均匀的现象。

五、成品保护

1. 骨架、基层板、玻璃板等材料入场后，应存入库房码放整齐，上面不得压重物。露天存放时必须进行遮盖，保证各种材料不受潮、不霉变、不变形。玻璃存放处应有醒目标志，并注意做好保护。

2. 骨架和玻璃板安装时，应注意保护顶棚内各种管线和设备。吊杆、龙骨、饰面板不准固定在管道及其他设备上。

3. 吊顶施工时，对已施工完毕的地、墙面和门、窗等应进行保护，防止污染、损坏。

4. 不上人吊顶的骨架安装好后，不得上人踩踏。其他工种的吊挂件或重物严禁安装在吊顶骨架上。

5. 安装玻璃板时，作业人员宜戴干净线手套，以防污染板面，并保护手部不被划伤。

6. 玻璃板安装完成后，应在吊顶玻璃上粘贴提示标签，防止其被损坏。

六、安全措施

1. 施工用电应由专人接线和管理。

2. 吊顶用脚手架应为满堂脚手架，搭设完毕应经检查合格后方可使用。

3. 施工中使用的各种工具（高梯、条凳等）、机具应符合相关规定要求，利于操作，确保安全。在高处作业时，上面的材料码放必须平稳可靠，工具不得乱放，应放入工具袋内。

4. 裁割玻璃应在房间内进行。边角余料要集中堆放，并及时处理。

5. 人工搬运玻璃时应戴手套或垫上布、纸。散装玻璃运输必须采用专门夹具（架）。玻璃运抵现场后应直立堆放，不得水平摆放。

6. 进入施工现场应戴安全帽，高空作业时应系安全带，严禁一手拿材料，另一手操作或攀扶上下。电、气焊工应持证上岗，并配备防护用具。

7. 施工时高处作业所用工具应放入工具袋内，地面作业工具应随时放入工具箱。操作时，严禁将铁钉含在口内。

8. 使用电、气焊等明火作业时，应清除周围和焊渣溅落区的可燃物，并设专人监护。

思考与练习

1. 选择一个你自己设计（或已有、自认为合适）的室内装饰顶棚空间。要求：

（1）剖析其中的主要构造设计做法，画出至少 5 个部位的构造大样图，要求构造设计清晰可靠、尺度合理、方便易行，并符合整体环境设计要求，同时说明施工工艺过程。

（2）列出主要设计说明、材料一览表，包括：

1）室内装饰材料与构造设计说明（150 字左右）。

2）室内装修做法说明（150 字左右）。

2. 简述金属板顶棚装饰施工工艺流程和操作要点。

3. 简述木质胶合板、纸面石膏板顶棚施工操作流程和质量检验标准。

4. 简述格栅顶棚装饰施工操作流程和注意事项。

5. 简述玻璃顶棚装饰施工操作流程和成品保护措施。

6. 到校内实习基地或工地，动手进行各类顶棚的施工，并记录施工过程。

第四章

墙柱面装饰材料与施工工艺

学习目标

◆掌握常用墙柱面装饰材料，如抹灰、陶瓷饰面砖、各种饰面板、马赛克、壁纸、壁布和涂料等材料。同时通过不同类型材料的墙柱面施工工序的学习，能够对其完整施工过程有一个全面的认识

◆通过对墙柱面施工工序的深刻理解，学会正确选择材料和施工工艺，并能合理地组织施工，以达到保证工程质量的目的，培养解决施工中常见工程质量问题的能力

◆在掌握墙柱面施工工艺的基础上，领会工程质量验收标准

墙面是空间围合和分割的结构，也是建筑空间内部具体的限定要素，其作用是划分出完全不同的空间领域。墙面装饰的主要目的是保护墙体，美化室内环境。

内墙装饰不仅要兼顾装饰室内空间、保护墙体、维护室内物理环境，还应保证各种不同的使用条件得以实现。更重要的是，它把建筑空间各界面有机地结合在一起，起到渲染和烘托室内气氛，增添文化、艺术气息的作用。

不同的材料能构成效果各异的墙面造型，形成各种各样的细部构造手法。材料选择正确与否，不仅影响室内的装饰效果，还会影响人的生理和精神状态。因此，在材料的选择上应坚持环保、安全、牢固、耐用、阻燃、易清洁的原则，同时保证材料具有较高的隔声、吸声、防潮、保暖、隔热等特性。

第一节 SECTION 1 常用的墙柱面装饰材料

室内墙柱面装饰材料种类繁多、规格各异，式样、色彩千变万化。几乎所有的材料都可以用于墙柱面的装饰，本节重点介绍抹灰、饰面砖、饰面板、壁纸和涂料等。

一、抹灰

抹灰是指采用石灰砂浆、混合砂浆、聚合物水泥砂浆、麻刀灰、纸筋灰和保温砂浆等对建筑物的面层进行抹灰和石膏浆罩面工艺，或对地面进行水泥处理。

1. 抹灰的作用

抹灰分内抹灰和外抹灰。通常把位于室内各部位的抹灰称为内抹灰，如地面、顶棚、墙裙、踢脚线、内楼梯等；把位于室外各部位的抹灰称为外抹灰，如外墙、雨篷、阳台、屋面等。

（1）内抹灰作用。内抹灰主要用于保护墙体和改善室内卫生条件，增强光线反射，美化环境；在易受潮湿或酸碱腐蚀的房间里，内抹灰主要起保护墙身、顶棚和地面的作用。

（2）外抹灰作用。外抹灰主要用于保护墙身不受风、雨、雪的侵蚀，提高墙面防潮、防风化、隔热的能力，提高墙身的耐久性，也是对各种建筑表面进行艺术处理的措施之一。

2. 抹灰的结构组成

（1）抹灰层的组成和作用。为了保护灰面平整、避免裂缝，抹灰一般应分层施工。抹灰层一般由底层、中层和面层三层组成（见图 4-1）。

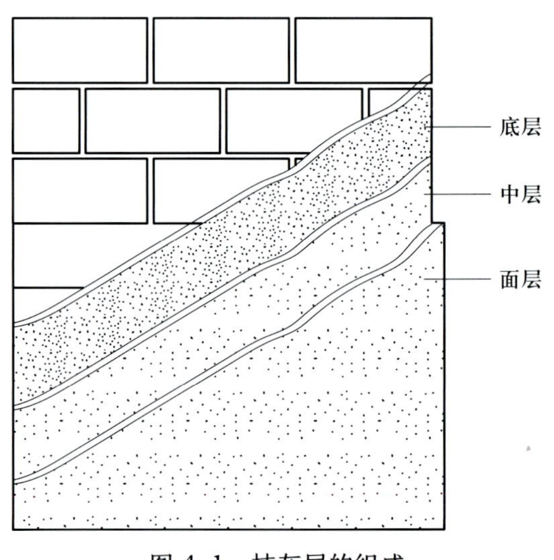

图 4-1　抹灰层的组成

（2）抹灰层的厚度。不同部位的抹灰层，要求有不同的抹灰厚度。

普通抹灰——18 mm，要求表面光滑、洁净，接槎平整。

中级抹灰——20 mm，要求表面光滑、洁净，接槎平整，线角顺直清晰。

高级抹灰——25 mm，要求表面光滑、洁净、颜色均匀，无抹纹，线角和灰线平直方正，清晰美观。

3. 抹灰的分类

（1）一般抹灰。一般抹灰所使用的材料为石灰砂浆、混合砂浆、水泥砂浆、聚合物水泥砂浆，以及麻刀灰、纸筋灰、石膏灰等。一般抹灰按质量分为三级，按部位分为墙面抹灰、顶棚抹灰和地面抹灰等。

（2）砂浆装饰抹灰。根据使用材料、施工方法和装饰效果不同，分为拉毛抹灰、甩毛抹灰、搓毛抹灰、扫毛抹灰、拉条抹灰、装饰线条抹灰等。

（3）石渣装饰抹灰。根据使用材料、施工方法和装饰效果不同，分为刷石、假石、磨石、粘石、机喷石粒、干粘瓷粒和玻璃球等石渣装饰抹灰。

二、饰面砖

饰面砖从使用部位来分，主要有外墙砖、内墙砖和特殊部位的艺术造型砖三种。从烧制的材料及其工艺来分，主要有陶瓷锦砖（马赛克）、陶质地砖、红缸砖、石塑防滑地砖、瓷质地砖、抛光砖、釉面砖、玻化砖和钒钛黑瓷板地砖等。这里主要介绍外墙砖、内墙砖和陶瓷锦砖（马赛克）。

1. 外墙砖

外墙砖（见图 4-2）主要用于建筑外墙的装饰和保护。外墙砖的颜色、规格丰富，主要规格有 25 mm × 25 mm、23 mm × 48 mm、45 mm × 45 mm、45 mm × 95 mm、45 mm × 145 mm、95 mm × 95 mm、100 mm × 100 mm、45 mm × 195 mm、100 mm × 200 mm、50 mm × 200 mm、60 mm × 240 mm、200 mm × 400 mm 等。外墙砖既可统一规格和颜色由工厂进行生产，也可根据使用者对规格和颜色的特殊要求定制生产。外墙砖不仅可装饰整个建筑物，而且因为其耐酸碱、物理化学性能稳定，还可对墙体起重要的保护作用。为满足外墙装饰个性化与丰富性的要求，外墙装饰技术和手法正朝着高品位、高档次方向发展。外墙砖注重整体搭配（如颜色搭配、规格搭配、多色混贴等），装饰手法丰富，装饰风格多样，装饰效果突出；同时，外墙砖也在向室内装饰延伸，体现出新颖别致的装饰风格。

图 4-2　外墙砖

（1）产品分类

1）按产品材质分为釉面外墙砖、通体外墙砖等。

2）按成型方式分为挤压成型（陶板幕墙、劈开砖等）和干压成型（小规格外墙砖等）。

3）按生产方式分为垫板窑外墙砖、直辊窑外墙砖、隧道窑外墙砖等。

4）按包装方式分为贴纸外墙砖、散片外墙砖等。

5）按表面质感分为亮光面、亚光面、磨砂面等。

6）按面状分为平面、砂岩面、水波纹面、劈开砖面等。

7）按施工方法分为铺贴外墙、干挂陶板外墙等。

还有依据用途或效果进行的其他分类。

（2）主要产地。由于外墙砖产量、用量巨大，产地比较分散，全国大部分省区均有外墙砖生产企业。主要的产区有广东佛山、福建晋江、四川夹江、江西高安等。

2. 内墙砖

内墙砖是瓷砖的一种，主要用于室内的墙壁装修（见图 4-3）。内墙砖由三部分构成，即坯底层、底釉层、面釉层。坯底的吸水率一般为 10% ~ 18%，底釉施釉量为 40 ~ 60 g，面釉施釉量为 90 ~ 160 g。总的来说，烧成温度越高，面层釉的施釉量越大，该瓷砖的光亮度越好，釉面也越光滑。

内墙砖规格习惯上按毫米计算，但按厘米称呼，比如 2533 型号，实际上是 250 mm × 330 mm，以此类推有 3045、3060、3090 等型号。近年来，市场主流型号是 3045 型号。

影响内墙砖质量的重要因素是平整度，它影响到装修时的整体效果。好的内墙砖应该是平整的，四角与砖面中央是水平的，两条对角线应等长，并且在同一平面上。另外，釉料的质量也对内墙砖有很大的影响。

图 4-3　内墙砖

3. 马赛克

马赛克的建筑专业名词为锦砖，分为陶瓷锦砖和玻璃锦砖两种。它是一种装饰艺术，通常使用许多小石块或有色玻璃碎片拼成图案（见图 4-4）。

（1）马赛克的用途

马赛克主要用于墙面和地面的装饰。由于马赛克单颗的面积小，色彩种类繁多，具有无穷的组合方式，能够将造型和设计的灵感表现得淋漓尽致，尽情展现出其独特的艺术魅力和个性气质，因此，被广泛用于酒店、酒吧、车站、游泳池、娱乐场所、居家墙（地）面和艺术拼花等装饰中。

（2）马赛克的种类

马赛克按照材质、工艺可以分为若干不同的种类，玻璃材质的马赛克（见图 4-5）按照制作工艺可以分为机器单面切割、机器双面切割和手工切割等，非玻璃材质的马赛克按照材质可以分为陶瓷马赛克、石材马赛克（见图 4-6）、金属马赛克、贝壳马赛克、太阳能马赛克（见图 4-7）、树脂马赛克（见图 4-8）等。

（3）马赛克的特点

1）马赛克具有环保性。贝壳马赛克、石材马赛克等均采用纯天然原料制成，在加工过程中不加入任何有害物质，这些天然材料制成的马赛克可以满足人们追求环保、追求自然的需求。

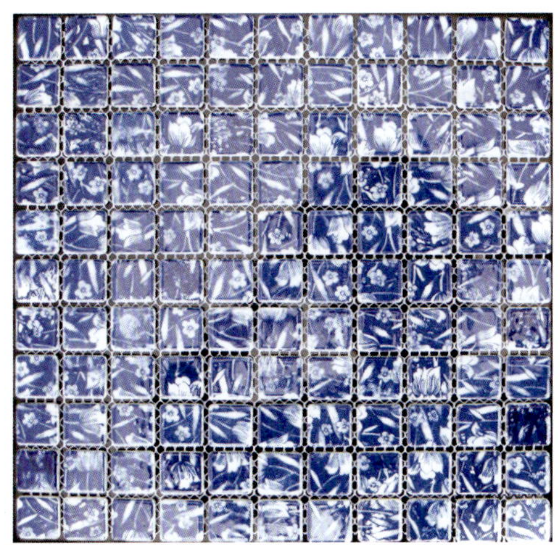

图 4-4 马赛克

图 4-5 玻璃材质马赛克

图 4-6 石材马赛克

图 4-7 太阳能马赛克

图 4-8 树脂马赛克

2）马赛克具有装饰性。马赛克运用拼图的形式组成，在装饰室内空间时，既可将其用作其他装饰的点缀材料，也可大面积运用，制作成马赛克背景墙；既可运用马赛克颜色的渐变方式装饰，也可运用各种几何图形排列的方式装饰。

3）马赛克具有使用寿命长的特性。由于马赛克的主要原料多为天然的石材，所以在耐磨性方面，优于瓷砖和木地板等装饰材料。又因马赛克砖每块颗粒间的缝隙较多，所以其抗应能力也比其他装饰材料更具优势。

4）马赛克具有稀缺性。马赛克的稀缺性体现在它的原料是天然的，而且是不可再生的。例如大理石马赛克，大理石的形成是长期处在挤压、高温条件下，并被掩埋在碳酸钙或碳酸镁等物质中，最终产生结构变质的结果，随着天然矿藏不断被开采，资源将逐渐枯竭，其价值将会不断提升。

5）马赛克具有安全性。马赛克具有很好的防滑性和耐磨性，将马赛克用于洗浴中心、游泳池、厨卫空间等对防滑要求较高的场所，相比其他传统材料来说更实用。

6）马赛克具有个性化的特性。马赛克可拼贴的特性让一些喜欢动手创作的人有了更多展示自己创意的机会，可以充分体现出个性美和自然美。

三、饰面板

饰面板的全称是装饰单板贴面胶合板，它是将天然木材或科技木刨切成一定厚度的薄片黏附于胶合板表面，然后热压而成的一种用于室内装修或家具制造的表面材料。饰面板采用的材料有石材、瓷、金属、木材等。下面以木饰面板为例进行介绍。

常见的饰面板分为天然木质单板饰面板和人造薄木饰面板。两者的外观区别在于，前者为天然木质花纹，纹理图案自然，变异性比较大、无规则；后者的纹理基本为通直纹理，或图案有规则。饰面板的特点是既具有木材的优美花纹，又充分利用木材资源，降低了成本。

也可按照木材的种类来区分，市场上的饰面板大致有榉木饰面板、枫木饰面板、柚木饰面板、胡桃木饰面板、水曲柳饰面板、樱桃木饰面板等。

1. 榉木饰面板

榉木分红榉和白榉，可加工成板、方材、薄片，其纹理细而直，或为均匀点状，木质坚硬、强韧、耐磨、耐腐、耐冲击，干燥后不易翘裂，透明漆涂装效果颇佳。板、方材用于实木地板、楼梯扶手，以及各种装饰线材（门窗套、家具封边线、角线、格栅等）。薄片（面材）与胶合板（基材）结合，用于墙壁、柱、门窗套和家具饰面（见图 4-9）。

图 4-9　榉木饰面板

2. 枫木饰面板

枫木饰面板的花纹呈明显的水波纹或细条纹，硬度较高，胀缩率高，强度低。多用做实木地板以及家具饰面板（见图 4-10）。

图 4-10 枫木饰面板

3. 柚木饰面板

柚木质地坚硬、细密，具耐久性、耐磨性和耐腐蚀性，不易变形，胀缩率是木材中最小的一种，其板材可用于实木地板、家具、墙壁饰面等（见图 4-11）。

图 4-11 柚木饰面板

4. 胡桃木饰面板

胡桃木颜色由淡灰棕色到紫棕色，纹理粗而富有变化。用透明漆涂装后，纹理更加美观，色泽更加深沉稳重。胡桃木饰面板在涂装前要避免表面划伤、泛白，涂装次数要比其他饰面板多 1 ~ 2 道（见图 4-12）。

图 4-12 胡桃木饰面板

5. 水曲柳饰面板

水曲柳呈黄白色，结构细腻，纹理直而较粗，胀缩率小，耐磨，抗冲击性好，可分为水曲柳山纹和水曲柳直纹两种（见图 4-13）。水曲柳在施工时涂以仿古油漆，其效果不亚于樱桃木等高档材料，并且另有一番风味，适用于家居中客厅家具、书房家具等的装饰装修。

图 4-13　水曲柳饰面板

6. 樱桃木饰面板

（1）一般特征。樱桃木颜色为深红色至淡红棕色，纹理通直，细纹里有狭长的棕色髓斑和微小的树胶囊，平均密度为 580 kg/m^3，相对密度为 0.58（见图 4-14）。

（2）力学性质。木材的弯曲性能好，硬度低，强度中等，耐冲击载荷。

（3）加工方法。木材易于手工加工或机加工，对刀具的磨损程度低，握钉力、胶着力、抛光性好，干燥速度快，干燥时收缩量颇大，但是烘干后尺寸稳定。

（4）主要用途。樱桃木可做拼花地板、烟斗、乐器、家具、高级细木工件、船用内装饰等，特别适宜用来制作车件或雕刻件。精选的原木可用来制造家具饰面单板、护墙板和光面门等。

图 4-14　樱桃木饰面板

7. 橡木饰面板

橡木树心呈黄褐色至红褐色，生长轮明显，略呈波状，质重且硬。橡木主要产于欧洲和北美洲，目前大量产自俄罗斯及美国。

（1）一般特征

1）优点

①具有比较鲜明的山形木纹，并且触摸表面时有良好的质感。

②质地坚实，制成品结构牢固，使用年限长。

③档次较高，适合制作欧式家具。

2）缺点

①优质树种比较少，目前大多进口自俄罗斯和美国，也部分从土耳其、奥地利、德国和加拿大进口。

②虽然橡木板材具有很好的稳定性，但由于橡木质地很硬，水分脱净比较难，未脱净水分制作的家具，长时间使用可能会出现变形或收缩开裂现象。

（2）主要用途

橡木大量用于装潢用材、家具用材、体育器械用材、造船用材、车辆用材、地板用材等（见图4-15）。橡木切片也是生产贴面胶合板的理想用材，其花纹有直纹和横纹的区别，直纹比较好看，价格也稍贵一些。

8. 檀木饰面板

檀木木质坚硬、香气芬芳、色彩绚丽，且百毒不侵、经久不朽，故又称圣檀。

檀木主要有沈檀、檀香、绿檀、紫檀、黑檀、红檀六种，其中以紫檀应用最为广泛。紫檀材质致密坚硬，密度比水大，入水则沉，色调呈紫黑色（暗犀角色），微有芳香，心材呈血色，有光泽美丽的回纹和条纹，年轮纹路呈绞丝状，棕眼极密，无疤痕。紫檀木主要用于制造高级家具和其他精巧器物（见图4-16）。

❶ 图 4-15　橡木饰面板

❷ 图 4-16　紫檀木饰面板

四、壁纸

壁纸是一种应用相当广泛的室内装饰材料（见图 4-17），它具有色彩多样、图案丰富、豪华气派、安全环保、施工方便、价格适宜等多种其他室内装饰材料无法比拟的特点，因此在装饰中应用相当普及。

1. 壁纸的类型

（1）纸质壁纸。纸质壁纸是指在特殊耐热的纸上直接印花压纹的壁纸，其特点是：亚光、环保、自然、舒适、亲切。

（2）胶面壁纸。胶面壁纸是指表面为 PVC 材质的壁纸。

1）纸底胶面壁纸。纸底胶面壁纸是目前使用最广泛的产品，其特点是色彩多样、图案丰富、价格适宜、施工周期短、耐脏、耐擦洗。

2）布底胶面壁纸。布底胶面壁纸分为十字布底和无纺布底，或称纺织壁纸，表面为纺织材料，也可以印花、压纹，其特点是视觉舒适、触感柔和、吸声、透气、亲和性佳、典雅、高贵。

（3）金属壁纸（见图 4-18）。金属壁纸是用铝箔制成的特殊壁纸，以金色、银色为主要色系，其特点是防火、防水、华丽、高贵。

（4）天然材质壁纸（见图 4-19）。天然材质壁纸是用天然材料纺织而成，其特点是亲切、自然、休闲、舒适、环保，主要包括植物纺织类壁纸，软木、树皮类壁纸，石材、细砂类壁纸等。

（5）防火壁纸。防火壁纸是用防火材料纺织而成，常用防火材料为玻璃纤维或石棉纤维，其特点是防火性极佳，防水、防霉，常用于机场等公共建筑的装饰。

图 4-17 壁纸装饰

（6）特殊效果壁纸

1）荧光壁纸。荧光壁纸在印墨中加有荧光剂，壁纸在夜间会发光，常用于娱乐空间的装饰（见图 4-20）。

2）夜光壁纸。夜光壁纸使用吸光印墨，白天吸收光能，在夜间发光，常用于儿童居室的装饰（见图 4-21）。

❶ 图 4-18 金属壁纸

❷ 图 4-19 天然材质壁纸

❸ 图 4-20 荧光壁纸

❹ 图 4-21 夜光壁纸

3）杀菌壁纸。杀菌壁纸经过杀菌处理，可以防止霉菌滋长，适用于医院等场所的装饰。

4）吸声壁纸。吸声壁纸使用吸声材质制成，可防止回声，适用于剧院、音乐厅、会议中心等场所的装饰。

5）防静电壁纸。防静电壁纸主要用于需要特殊防静电场所的装饰，如实验室等。

（7）新型壁纸

如今，人们在传统壁纸的基础上应用现代科学技术成就不断推陈出新，陆续研制出一系列新品种。

1）聚氯乙烯塑料壁纸。它是以纸为基材，以聚氯乙烯塑料薄膜为面层，经过复合、印合、印花、压花等工序制成的一种新型装饰材料，有非发泡普通型、发泡型等种类。聚氯乙烯塑料壁纸的优点是美观、耐用，有一定的伸缩性、耐裂强度，可制成各种图案和凹凸纹，具有很强的质感，还有强度高、抗拉拽、易于粘贴的特点，陈旧后也易于更换，且表面不吸水，可用布擦拭；缺点是透气性较差，时间一长会逐渐老化，并会对人体健康产生副作用。

2）玻璃纤维印花壁纸。它是以玻璃纤维布为基材，表面涂以耐磨树脂，印上彩色图案而制成的，具有色彩鲜艳、花色繁多、不褪色、不老化、防火、耐磨、施工简便、粘贴方便、清洁方便等特点。

3）棉质壁纸。它是以纯棉平布经过前期处理、印花、涂层制作而成，具有强度高、静电小、无光、吸声、无毒、无味、耐用、花色美丽大方等特点，适用于较高级的居室装饰。

4）织物壁纸。它是用丝、毛、棉、麻等天然纤维，经过无纺成型、上树脂、印制彩色花纹而成的一种新型贴墙材料，具有挺括、富有弹性、不易折断、纤维不老化、色彩鲜艳、粘贴方便，有一定透气性和防潮性，耐磨、不易褪色等优点。但这种壁纸表面易积尘，且不易擦拭。

5）化纤壁纸。它是以化纤为基材，经一定处理后印花而制成的，具有无毒、无味、透气、防潮、耐磨、无分层等优点，适用于一般住宅墙面的装饰。

6）天然材面壁纸。它是以纸为基材，以编织的麻、草为面层，经复合加工而制成的一种新型室内装饰材料，具有阻燃、吸声、透气、散潮湿、不变形等优点。这种壁纸具有自然、古朴、粗犷的自然之美，富有浓厚的田园气息，给人以置身田园之中的感受。

7）软木壁纸。它是以天然树皮——栓皮为原料制成的新型环保墙面装饰材料，不但具有自然、古朴、粗犷的自然之美，还具有吸声、隔振、保温、无毒、无味、不变形、不腐朽、不生虫、阻燃等特点。

8）纸基涂塑壁纸。它是以纸为基材，用高分子乳液涂布面层，经印花、压纹等工序制成的一种墙面装饰材料，具有防水、耐擦、透气性好、花色丰富多彩等特点，而且使用方便、操作简便、工期短、工效高、成本低，适用于一般家庭的墙面装饰。

9）健康型环保壁纸。它是精选天然植物粗纤维，用科学方法精制而成的一种墙面装饰材料，其表面富有弹性，且隔声、隔热、保温，手感柔软舒适。最大的特点是无毒、无害、无异味，透气性好，而且纸型稳定，随时可以擦洗，使用寿命高于普通壁纸两倍。因此，这种新型墙纸越来越受到人们的推崇，并逐渐成为今后一段时期装饰材料市场的“主角”。

10）吸湿壁纸。这种吸湿壁纸的表面布满了无数的微小毛孔，1 m^2 可吸收 100 mL 的水分，它也因此成为卫生间墙壁的理想装饰材料。

11）杀虫壁纸。这种杀虫壁纸能杀死苍蝇、蚊子、蟑螂等害虫，它的杀虫效力可保持 5 年。这种壁纸可以擦洗，不怕水蒸气和化学物质。

12）调温壁纸。这种调温壁纸的构造分为三层，靠墙的里层是绝热层，中间是调温层，是由经过化学处理的纤维所构成的，最外层有无数细孔，并印有装饰图案。这种美观的壁纸能自动调节室内温度，保持宜人的温度。

13）防霉壁纸。在日光难以照射到的房屋，如更衣室、洗浴间，以及一些低矮阴暗的房间，使用这种含有防腐剂的壁纸，能有效地防霉、防潮。

14）保温隔热壁纸。这种特殊的壁纸具有隔热和保热的性能，它只有 3 mm 厚，但保温效果相当于 27 cm 厚的石头墙。

15）暖气壁纸。这种壁纸上涂有一层特殊的油漆涂料，通电后涂料能将电能转化为热量，散发出热量，适宜寒冷地区使用。

16）戒烟壁纸。这种壁纸在制作过程中加入了几种特殊的化学物质，这些化学物质能持久地散发出一种特殊气味，若有人吸烟，这种气体就能刺激吸烟者的感觉系统，让其产生厌恶香烟的感觉。

17）阻挡 Wi-Fi 信号的壁纸。这种壁纸上面喷有银水晶，能够阻挡 Wi-Fi 信号，但却不会阻隔手机信号或者其他远程控制信号。

2. 壁纸的保养

（1）施工时，应选择空气相对湿度在 85% 以下、温度没有剧烈变化的季节，要避免在潮湿的季节和潮湿的墙面上施工。

（2）施工时，白天应打开门窗，保持通风；晚上要关闭门窗，防止潮气进入。刚贴上墙面的壁纸，禁止大风猛吹，以免影响其粘接牢度及其表面工程。

（3）粘贴壁纸时溢流出的胶黏剂，应随时用干净的毛巾擦净，尤其是接缝处的胶痕，要处理干净。施工人员或监督人员一定要仔细地查看。施工人员的手和工具应保持高度清洁，如沾有污迹，应及时用肥皂水或清洁剂清洗干净。

（4）胶面壁纸容易积灰，影响美观和整洁，每隔 3 ~ 6 个月须清扫一次。清扫时用吸尘器或毛刷蘸清水擦洗，注意不要将水渗进接缝处。

（5）粘贴好的壁纸要注意防止被硬物或尖利的东西刮碰。使用一段时间后，若壁纸有的地方接缝开裂，应及时予以补贴，不能任其发展。

（6）卫生间墙面挂水珠和有水蒸气时要及时开窗和开排气扇，或先用干毛巾擦净水珠。如果长期受潮，会使壁纸质量受损，出现白点或起泡。

（7）避免房间过于干燥，避免阳光直射时间过长，否则对深色的壁纸色彩有较大负面影响。

五、涂料

涂料是指涂布于物体表面，在一定条件下能形成薄膜而起保护、装饰或其他特殊功能（绝缘、防锈、防霉、耐热等）的一类液体或固体材料。因早期的涂料大多以植物油为主要原料，故又称作油漆。现在合成树脂已大部分或全部取代了植物油，故称为涂料（见图 4-22）。涂料并非只是液态，粉末涂料也是涂料的一大类。

图 4-22 涂料

1. 涂料的主要成分

（1）成膜物质。它是涂料的主要成分，包括油脂、油脂加工产品、纤维素衍生物、天然树脂和合成树脂。成膜物质还包括部分不挥发的活性稀释剂，它是使涂料牢固附着于被涂物面上形成连续薄膜的主要物质，是构成涂料的基础，决定着涂料的基本特性。

（2）助剂。助剂包括消泡剂、流平剂等，还有一些特殊的功能助剂，如底材润湿剂等。这些助剂一般不能成膜，但对基料形成涂膜的过程和耐久性起着相当重要的作用。

（3）颜料。颜料一般分两种，一种为着色颜料，常见的有钛白粉、铬黄等，还有一种为体质颜料，也就是常说的填料，如碳酸钙、滑石粉等。

（4）溶剂。溶剂包括烃类溶剂（如矿物油精、煤油、汽油、苯、甲苯、二甲苯等）、醇类、醚类、酮类和酯类物质。溶剂和水的主要作用在于使成膜基料分散而形成黏稠液体。它有助于施工和改善涂膜的某些性能。

2. 涂料的性质

涂料为黏稠油性颜料，未干情况下易燃，不溶于水，微溶于脂肪，可溶于醇、醛、醚、苯、烷，易溶于汽油、煤油、柴油。

3. 涂料的种类

涂料的分类方法很多，通常有以下几种分类方法：

（1）按形态可分为水性涂料、溶剂性涂料、粉末涂料、高固体分涂料等。

（2）按施工方法可分为刷涂涂料、喷涂涂料、滚涂涂料、浸涂涂料、电泳涂料等。

（3）按施工工序可分为底漆、中涂漆（二道底漆）、面漆、罩光漆等。

（4）按功能可分为不粘涂料、铁氟龙涂料、装饰涂料、防腐涂料、导电涂料、防锈涂料、耐高温涂料、示温涂料、隔热涂料、防火涂料、防水涂料等。

（5）按用途可分为建筑涂料、罐头涂料、汽车涂料、飞机涂料、家电涂料、木器涂料、桥梁涂料、塑料涂料、纸张涂料等。

（6）按漆膜性能可分为防腐漆、绝缘漆、导电漆、耐热漆等。

（7）按成膜物质可分为醇酸、环氧树脂、氯化橡胶、丙烯酸、聚氨酯、乙烯等。

（8）按基料种类可分为有机涂料、无机涂料、有机—无机复合涂料等。

（9）按使用部位可分为内墙涂料、外墙涂料、地面涂料和顶棚涂料等。

（10）按使用功能可分为普通涂料和特种功能建筑涂料（如防火涂料、防水涂料、防霉涂料、道路标线涂料等）。

（11）按使用颜色效果可分为金属漆、透明清漆等。

4. 涂料的作用

涂料具有装饰功能、保护功能和居住性改进功能，各种功能所占的比重因使用目的不同而不尽相同。装饰功能是通过对建筑物的美化来提高其外观价值的功能，主要包括平面色彩、图案和光泽方面的构思设计，以及立体花纹的构思设计，但要与建筑物本身的造型和基材本身的大小和形状相配合，才能充分发挥出来。保护功能是指保护建筑物不受环境的影响和破坏的功能。不同种类的被保护体对保护功能要求的内容也各不相同。如室内与室外涂装所要求达到的指标差别就很大，有的建筑物对防霉、防火、保温、隔热、耐腐蚀等有特殊要求。居住性改进功能主要是对室内涂装而言，即有助于改进居住环境的功能，如改善隔声性、吸声性、防结露性等。

第二节 SECTION 2 抹灰工程施工工艺

抹灰是用灰浆涂抹在房屋建筑的墙、地、顶棚表面上的一种传统装饰做法。随着新材料、新技术、新工艺和新设备的不断出现，中、高级装饰建筑日益增多，使得抹灰工程逐渐走向专业化。

按建筑物所使用的材料和装饰效果不同，抹灰工程分为一般抹灰、砂浆装饰抹灰和石渣装饰抹灰三种，这里重点讲述一般抹灰。

一、施工前准备

1. 工具准备

工具准备包括砂浆搅拌机、纸筋灰搅拌机、平锹、筛子（孔径 5 mm）、窄手推车、大桶、灰槽、灰勺、2.5 m 大杠、1.5 m 中杠、2 m 靠尺板、线坠、盒尺、方尺、托灰板、铁抹子、木抹子、塑料抹子、八字靠尺、5 ~ 7 mm 厚方口靠尺、阴阳角抹子、鸭嘴铁抹子、铁制水平尺、长毛刷、鸡腿刷、钢丝刷、扫帚、喷壶、胶皮水管、小水桶、粉线袋、白线、錾子、锤子、钳子、钉子、托线板、工具袋、捋角器等。

2. 材料准备

材料准备包括水泥、中砂、磨细石灰粉、石灰膏、纸筋、麻刀等。

二、施工操作流程

1. 施工操作步骤

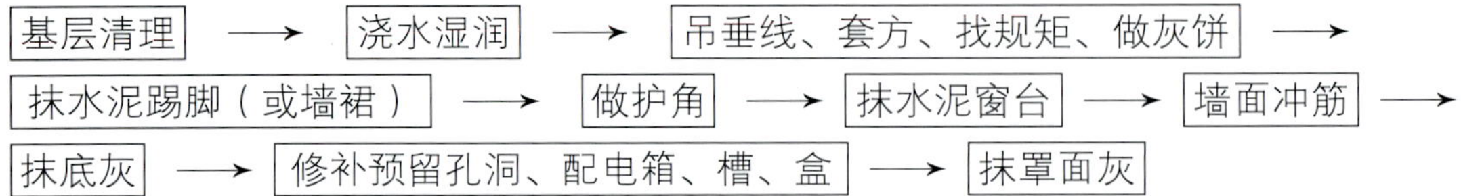

（1）基层清理

1）砖砌体。应清除表面杂物以及残留的灰浆、舌头灰、尘土等。

2）混凝土基体。表面凿毛或在表面洒水润湿后涂刷 1 ：1 水泥砂浆（加适量胶黏剂或界面处理剂）。

3）加气混凝土基体。应在湿润后，边涂刷界面剂，边抹强度不大于 M5 的水泥混合砂浆。

（2）浇水湿润。一般在抹灰前一天，用软管、胶皮管或喷壶顺墙自上而下浇水湿润，每天宜浇两次。

（3）吊垂线、套方、找规矩、做灰饼。根据设计图样要求的抹灰质量和基层表面平整垂直情况，以一面墙为基准，吊垂线、套方、找规矩，确定抹灰厚度，抹灰厚度不应小于 7 mm。当墙面凹度较大时应分层衬平，每层厚度不大于 7 mm。操作时应先抹上灰饼，再抹下灰饼。抹灰饼时，应根据室内抹灰要求确定灰饼的正确位置，再用靠尺板找好垂直和平整。灰饼宜用 1 ：3 水泥砂浆抹成 5 cm 见方形状。

房间面积较大时，应先在地上弹出十字中心线，然后按基面平整度弹出墙角线，随后在距墙阴角 100 mm 处吊垂线并弹出铅垂线，再按地上的墙角线往阴角两面墙上引弹出墙面抹灰层厚度控制线，以此做灰饼，然后根据灰饼冲筋（见图 4-23）。

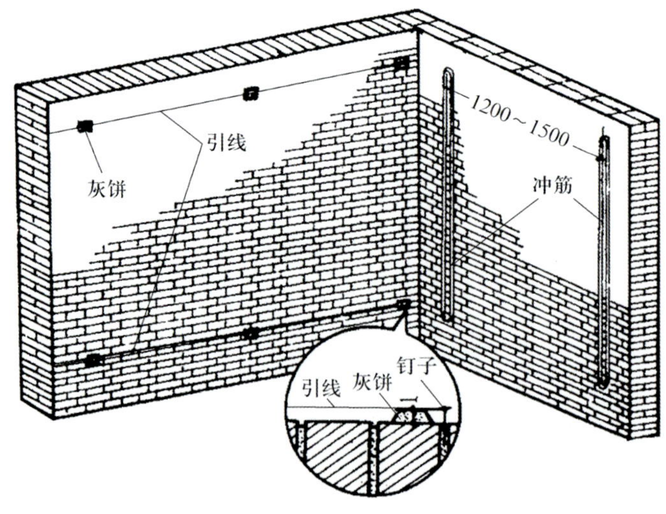

图 4-23 找规矩、做灰饼

（4）抹水泥踢脚（或墙裙）。根据已抹好的灰饼冲筋（此筋可以冲得宽一些，以 8 ~ 10 cm 为宜，筋即为抹踢脚或墙裙的依据，同时也作为墙面抹灰的依据），底层抹 1 ： 3 水泥砂浆，抹好后用大杠刮平，木抹搓毛，常温下第二天用 1 ： 2.5 水泥砂浆抹面层并压光，抹踢脚或墙裙的厚度应符合设计要求，无设计要求时以凸出墙面 5 ~ 7 mm 为宜。凡凸出抹灰墙面的踢脚或墙裙上口必须保证光洁顺直，踢脚或墙裙抹好后，将靠尺贴在大面上，与上口齐平，然后用小抹子将上口抹平、压光。凸出墙面的棱角要做成钝角，不得出现毛槎和飞棱。

（5）做护角。墙、柱间的阳角应在墙 、柱面抹灰前用 1 ： 2 水泥砂浆做护角，其高度为自地面向上 2 m。然后将墙、柱的阳角处浇水湿润。第一步，在阳角正面立上八字靠尺，靠尺突出阳角侧面，突出厚度与成活抹灰面齐平。然后在阳角侧面，依靠尺边抹水泥砂浆，并用铁抹子将其抹平，按护角宽度（不小于 5 cm）将多余的水泥砂浆铲除。第二步，待水泥砂浆稍干后，将八字靠尺移至抹好的护角面上（八字坡向外）。 在阳角的正面，依靠尺边抹水泥砂浆，并用铁抹子将其抹平，按护角宽度将多余的水泥砂浆铲除。抹完后去掉八字靠尺，用素水泥浆涂刷护角尖角处，并用捋角器自上而下捋一遍，使其形成钝角。水泥护角做法如图 4-24 所示。

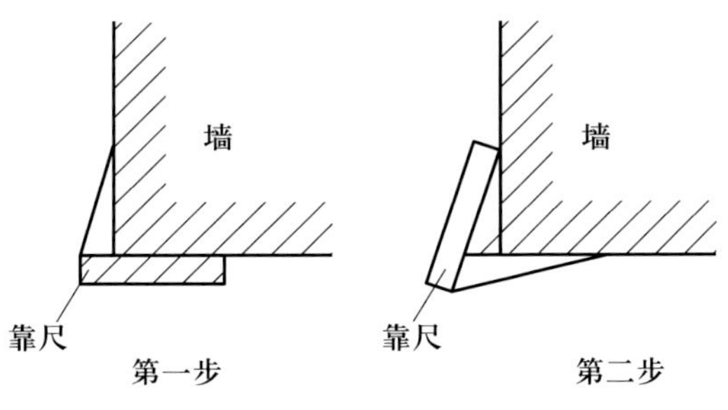

图 4-24　水泥护角做法示意图

（6）抹水泥窗台。先将窗台基层清理干净，松动的砖要重新补砌好。砖缝划深，用水润透，然后用 1 ： 2 ： 3 豆石混凝土铺实，厚度宜大于 2.6 cm，次日刷胶黏性素水泥一遍，随后抹 1 ： 2.5 水泥砂浆面层，待表面达到初凝后，浇水养护 2 ~ 3 天，窗台板下口抹灰要平直，没有毛刺。

（7）墙面冲筋。当灰饼砂浆达到七八成干时，即可用与抹灰层相同的砂浆冲筋，冲筋根数应根据房间墙面的宽度或高度确定，一般标筋宽度为 5 cm，两筋间距不大于 1.5 m。当墙面高度小于 3.5 m 时宜做立筋，大于 3.5 m 时宜做横筋，做横向冲筋时，灰饼的间距不宜大于 2 m。

（8）抹底灰。一般情况下，冲筋完成 2 h 左右可开始抹底灰，抹前应先抹一层薄灰，要求将基体抹严。抹时用力压实，使砂浆挤入细小缝隙内，接着分层装档，装档与冲筋齐平，并用木杠刮平整（见图 4-25），用木抹子搓毛。然后全面检查底子灰是否平整，阴阳角是否规矩，管道后与阴角交接处、墙顶板交接处是否光滑、平整、顺直，并用托线板检查墙面的垂直和平整情况。散热器后面的墙面抹灰作业，应在散热器安装前进行，抹灰面接槎应平顺，地面踢脚板或墙裙、管道背后应及时清理干净，做到活完底清。

图 4-25 装档示意图

（9）修抹预留孔洞、配电箱、槽、盒。底灰抹平后，要随即由专人把预留孔洞、配电箱、槽、盒周边 5 cm 宽的石灰砂刮掉，并清理干净，用大毛刷蘸水沿周边压抹平整、光滑。

（10）抹罩面灰。应在底灰六七成干时开始抹罩面灰（抹时如底灰过干应浇水湿润）。罩面灰两遍成活，厚度约 2 mm，操作时最好两人配合进行，一人先刮一遍薄灰，另一人随即抹平。依先上后下的顺序进行，然后赶实压光，压时要掌握火候，既不要出现水纹，也不可压活，压好后随即用毛刷蘸水将罩面灰污染处清理干净。施工时整面墙不宜甩“破活”，如遇有预留施工洞时，可甩下整面墙待抹。

2. 施工操作要点

（1）施工前要求抹灰部位的主体结构均已检查合格，门窗框和需要预埋的管道已安装完毕，并检查合格。

（2）施工时混凝土表面突出部分要凿平。对蜂窝、麻面、露筋、疏松部分等要凿到实处，用 1 ∶ 2.5 水泥砂浆分层补平，把外露钢筋头和铅丝等清除掉。

（3）对于加气混凝土砌块墙面，因其吸水速度较慢，应提前两天进行浇水，每天宜浇两遍以上，以保持一定的含水率。

（4）基层为混凝土时，抹灰前宜先刮素水泥一道。在加气混凝土砌块或粉煤灰砌块基层抹混合砂浆时，宜先刷 108 胶（掺量为水泥质量的 10% ~ 15%）水泥砂浆一遍。

（5）在加气混凝土砌块墙基层上抹底灰时，底灰的强度宜与加气混凝土砌块强度接近，中层灰的配合比也宜与底灰基本相同。底灰宜用粗砂，中层灰和面灰宜用中砂。

（6）纸筋灰或麻刀灰罩面，宜在底灰五六成干时进行。底灰如过于干燥，应先浇水湿润。

（7）外墙窗台、窗楣、雨篷、阳台、压顶和突出腰线等，上面应做流水坡度，下面应做滴水线或滴水槽，滴水槽的深度和宽度均不应小于 10 mm。

三、质量检验标准

1. 主控项目

（1）抹灰前基层表面的尘土、污垢、油渍等应清理干净，并应洒水润湿。

检验要求：抹灰前基层必须经过检查验收，并填写隐蔽验收记录表。

检查方法：检查施工记录。

（2）一般抹灰材料的品种和性能应符合设计要求。水泥凝结时间和安定性应合格。砂浆的配合比应符合设计要求。

检验要求：材料复验要由监理或相关单位负责见证取样，并签字认可。配制砂浆时应使用相应的量器，不得估配或采用经验配制。对配制使用的量器，使用前应进行检查标识，并进行定期检查，做好记录。

检查方法：检查产品合格证、进场验收记录、复验报告和施工记录。

（3）抹灰层与基层之间及各抹灰层之间必须黏结牢固，抹灰层无脱层、空鼓，面层应无爆灰和裂缝。

检验要求：操作时严格按规范和工艺标准操作。

检查方法：观察，用小锤轻击检查，检查施工记录。

2. 一般项目

（1）一般抹灰工程的表面质量应符合下列规定：

1）普通抹灰表面应光滑、洁净，接槎平整，分格缝清晰。

2）高级抹灰表面应光滑、洁净，颜色均匀、无抹纹，分格缝和灰线清晰美观。

检验要求：抹灰等级应符合设计要求。

检查方法：观察，手摸检查。

（2）护角、孔洞、槽、盒周围的抹灰应整齐、光滑，管道后面抹灰表面平整。

检验要求：组织专人负责孔洞、槽、盒周围、管道背后抹灰工作，抹完后应由质检部门检验，并填写工程验收记录。

检查方法：观察。

（3）抹灰总厚度应符合设计要求。水泥砂浆不得抹在石灰砂浆上。罩面石膏灰不得抹在水泥砂浆上。

检验要求：施工时要严格按施工工艺要求操作。

检查方法：检查施工记录。

（4）一般抹灰工程质量的允许偏差和检验方法应符合表 4-1 的规定。

表 4-1　一般抹灰工程质量的允许偏差和检验方法

项次	项目	允许偏差（mm）		检验方法
		普通	高级	
1	立面垂直度	3	2	用 2 m 垂直度检测尺检查
2	表面平整度	3	2	用 2 m 靠尺和塞尺检查
3	阴阳角方正	3	2	用直角检测尺检测
4	分格条（缝）直线度	3	2	拉 5 m 线，不足 5 m 的拉通线，用钢直尺检查
5	墙裙、勒脚上口直线度	3	2	拉 5 m 线，不足 5 m 的拉通线，用钢直尺检查

四、注意事项

1. 推小车或搬运物料时，要注意不要碰撞墙角、门框等。压尺和铁铲等工具不要靠在刚完成的墙面抹灰层上。

2. 要保护好墙上已安装的配件、电线槽盒等室内设施，被砂浆污染的地方要及时清刷干净。

3. 抹灰层凝结硬化前应防止水冲、撞击、振动和挤压。

4. 要保护好地漏、粪管等处，使其不被堵塞。

5. 粘在门窗框上的砂浆应及时清理干净。

五、成品保护

1. 抹灰前，必须将门、窗口与墙之间的缝隙按工艺要求嵌塞密实，对木制门、窗口应采用铁皮、木板或木架进行保护，对塑钢或金属门、窗口应贴膜保护。

2. 抹灰完成后，应对墙面和门、窗口进行清洁和保护，门、窗口原有保护层如有损坏的应及时修补，确保其完整，直至竣工交验。

3. 在施工过程中，搬运材料、机具和使用手推车时，要特别小心，防止碰、撞、磕划墙面、门、窗口等。严禁后期施工操作人员蹬踩门、窗口、窗台，以防损坏棱角。

4. 抹灰时墙上的预埋件、线槽、盒、通风箅子、预留孔洞应采取保护措施，防止施工时灰浆漏入其中或被堵塞。

5. 拆除脚手架、跳板、高马凳时要加倍小心，轻拿轻放，集中堆放整齐，以免撞坏门、窗口、墙面或棱角等。

6. 当抹灰层材料未充分凝结硬化前，防止快干、撞击、振动和挤压，以保证抹灰层不受损伤和有足够的强度。

7. 施工时不得在地面上和休息平台上拌和灰浆，对休息平台、地面和楼梯踏步要采取保护措施，以免搬运材料或运输过程中对其造成损坏。

六、安全措施

1. 室内抹灰采用高凳上铺脚手板时，不得使用单板、浮板、探头板，高凳间距不得大于 2 m，移动高凳时上面不得站人，作业人员最多不得超过 2 人。高度超过 2 m 时，应由架子工搭设脚手架。

2. 作业过程中遇有脚手架与建筑物之间拉接，未经现场负责人同意，严禁拆除。必要时由架子工采取加固措施后方可拆除。

3. 采用井子架、龙门架、外用电梯垂直运输材料时，卸料平台通道的两侧安全防护必须齐全、牢固，加装停靠装置，卸料车必须加挡车装置。不得向井内探头张望。

4. 脚手板不得搭设在门窗、暖气片、洗脸池等承重的物器上。

5. 患有高血压、心脏病、贫血病、癫痫病及不适宜高空作业的人员严禁从事高空作业。

6. 施工作业人员要熟知抹灰工程安全技术操作规程，严禁酒后操作。

7. 机械操作人员应经过专业培训合格，持证上岗。女同志操作机械时不得外露长发。学员不得独立操作。

8. 搅拌机系统运行开车前，应检查各系统是否良好。下班后应切断电源，电源箱应上锁。运行中严禁用铁铲伸入滚筒内扒料，也不得将异物伸入传动部分。发现故障应停车检修。

清理搅拌斗下的砂石，必须待送料斗提升并固定稳妥后进行。清扫闸门和搅拌器应在切断电源后进行。在送料斗提升过程中，严禁在斗下敲击斗身或从斗下通过。

9. 使用现场搅拌站时，应设置施工污水处理设施，未经处理不得随意排放。

10. 施工现场的洞口、坑、沟、升降口、漏斗、架子出入口等，应设防护设施和明显标志。

11. 淋制石灰人员要带防护眼镜和防护口罩。淋制石灰产生的灰渣不得随意销毁。

12. 施工用水泥、砂、石子、石灰要集中封闭或苫盖堆放。筛砂时要避开大风天气。

13. 水泥、砂等材料在运输过程中不得随处遗洒，应及时清扫撒落在地上的材料。清扫垃圾及砂浆拌合物的过程中要避免灰尘飞扬。

14. 施工场所应保持整洁，做到“工完、料净、场地清”，坚持文明施工。清理现场时，严禁将垃圾等杂物从窗口、洞口、阳台等处采取抛撒的方式运输，以防止造成粉尘污染。

15. 施工现场使用或维修机械时，应有防滴漏油措施，严禁将机油滴漏于地面上，造成土壤污染。清修机械时废弃的棉纱等应集中回收，严禁随意丢弃或燃烧处理。

第三节 SECTION 3 饰面砖工程施工工艺

饰面砖主要包括内墙砖、外墙砖和马赛克等，用于建筑物内、外墙面的装饰工程。饰面砖构造如图 4-26 所示。

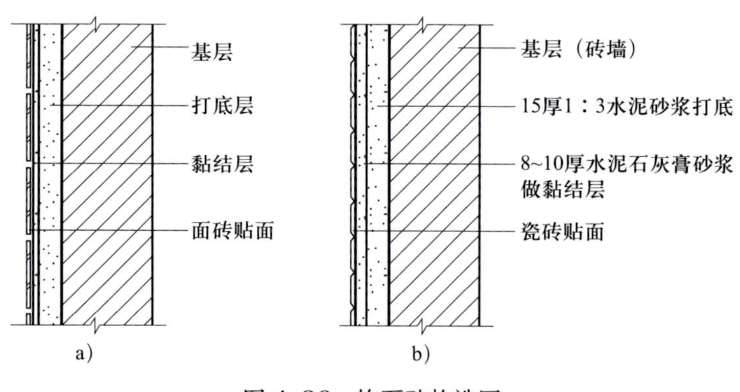

图 4-26 饰面砖构造图

a）面砖贴面 b）瓷砖贴面

一、施工前准备

1. 工具准备

工具准备包括磅秤、铁板、孔径 5 mm 筛子、手推车、大桶、小桶、平锹、木抹子、铁抹子、大杠、中杠、小杠、靠尺、方尺、铁水平尺、灰槽、灰勺、毛刷、钢丝刷、扫帚、錾子、锤子、白线、勾缝托灰板、托线板、线坠、盒尺、钉子等。

2. 材料准备

根据设计要求，备好饰面砖、水泥、砂子或胶黏剂等。以上材料的质量应符合相应的材料规范或标准，釉面瓷砖和外墙面砖应先放入清水中浸泡 2 h 以上，然后取出阴干备用。

二、施工操作流程

基层处理 → 吊垂线、套方、找规矩、贴灰饼 → 打底灰、抹找平层 → 贴砖前打底层验收 → 分格、弹线、排砖 → 贴砖前浇水，浸砖 → 粘贴饰面砖 → 擦缝、清理表面

1. 基层处理

对于墙体中的梁、柱等混凝土结构表面，首先将凸出的混凝土剔平，表面要凿毛，进行“甩浆处理”。对于砖墙基层，要将墙面残余砂浆清理干净。对于所有墙面都要提前 1 天淋水，然后在表面刷水泥砂浆（具体按设计要求做），第二天浇水养护。

2. 吊垂线、套方、找规矩、贴灰饼

在室内地面上沿内墙四周弹控制线，对房间进行套方、找规矩，然后从各转角处用线坠两面吊直，设点做灰饼，用靠尺和水平尺随时检查。

3. 打底灰、抹找平层

先将基层表面润湿，然后抹砂浆层，采用设计要求配合比的水泥砂浆。依次用木抹子搓平、木杠刮平、木抹子搓毛，终凝后浇水养护，找平层总厚度应控制在 20 mm 左右。

4. 贴砖前打底层验收

为了确保基层黏结牢固，防止其空鼓、裂缝，要求在贴砖前由现场质量监督员和施工员、施工班组一起对其进行全面的验收，对做得不好的地方应及时进行整改，直至合格为止。

5. 分格、弹线、排砖

打底层完成后，可在其上分段分格弹出控制线，并做好标记，如现场情况与排砖设计不符，则可酌情进行微调。外墙面砖排砖形式如图 4-27 所示。

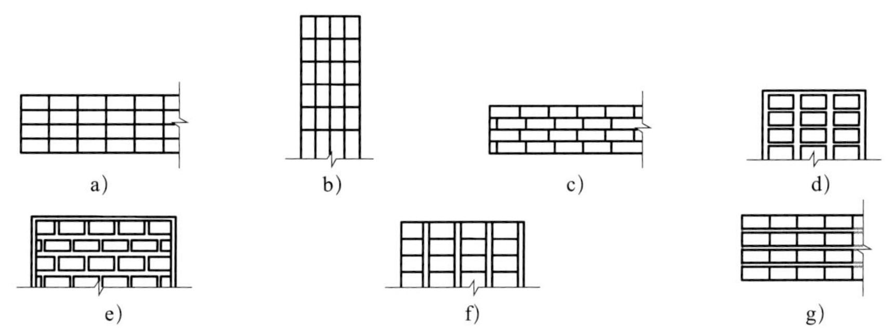

图 4-27 外墙面砖排砖形式

a）长边水平密缝 b）长边竖直密缝 c）密缝错缝 d）水平、竖直疏缝
e）疏缝错缝 f）水平密缝、竖直疏缝 g）水平疏缝、竖直密缝

第四节 SECTION 4 饰面板工程施工工艺

饰面板装饰是在建筑内墙面、外墙面、地面和柱面镶贴、挂贴饰面材料的一种装饰方法，是装饰施工的重要组成部分。饰面板材料的种类很多，这里主要介绍木饰面板、石材饰面板、软包饰面和玻璃板（镜面）饰面的施工工艺。

一、木饰面板施工工艺

1. 施工前准备

（1）工具准备。包括小台锯、小台刨、手电钻、射钉枪、空气压缩机、木刨子（大、中、小）、槽刨、木锯、细齿刀锯、斧子、锤子、平铲、冲子、旋具、方尺、割角尺、钢直尺、靠尺板、线坠、墨斗等。

（2）材料准备。包括红、白松烘干龙骨料，饰面板，防潮涂料，胶黏剂，防腐剂，射钉等。

2. 施工操作流程

找线定位 → 核查预埋件和洞口 → 铺涂防潮层 → 龙骨配制与安装 → 钉装面板 → 面板安装

（1）找线定位。木护墙、木筒子板龙骨安装前，应根据设计图样要求，先找好标高、平面位置、竖向尺寸，然后弹线。

（2）核查预埋件和洞口。弹线后检查预埋件、木砖是否符合设计和安装的要求，主要检查排列间距、尺寸、位置是否满足钉装龙骨的要求；测量门窗及其他洞口位置、尺寸是否方正、垂直，与设计要求是否相符。

（3）铺涂防潮层。设计有防潮要求的木护墙、木筒子板，在钉装龙骨时应压铺防潮卷材，或在钉装龙骨前涂刷防潮层。

（4）龙骨配制与安装

1）木护墙板龙骨

①局部木护墙板龙骨。根据房间大小和高度，可预制成龙骨架，整体或分块安装。

②全高木护墙板龙骨。首先量好房间尺寸，根据房间四角和上下龙骨的位置，将四框龙骨找位，钉装平直，然后按设计龙骨间距要求钉装横竖龙骨。当设计无要求时，一般横龙骨间距为 400 mm，竖龙骨间距为 500 mm，如面板厚度在 15 mm 以上时，横龙骨间距可扩大到 450 mm。木龙骨安装必须找方、找直，骨架与木砖间的空隙应垫以木垫，每块木垫至少用两个钉子钉牢，在钉装龙骨时预留出板面厚度。

2）木筒子板龙骨。根据洞口实际尺寸，按设计规定骨架料断面规格，可将一侧筒子板骨架分三片预制，洞顶一片，两侧各一片，每片一般为两根立杆。当筒子板宽度大于 500 mm 时，中间应适当增加立杆，横向龙骨间距不大于 400 mm；面板宽度为 500 mm 时，横向龙骨间距不大于 300 mm。龙骨必须与固定件钉装牢固，表面应刨平，安装后必须平、正、直。防腐剂配制与涂刷方法应符合有关规范的规定。

（5）钉装面板

1） 面板选色配纹。全部进场的面板材，使用前按同房间、邻近部位的原则进行挑选，使面板安装后从观感上木纹、颜色大体一致。

2）裁板配制。按龙骨排尺，在板上画线裁板，原木材板面应刨净；胶合板、贴面板的板面严禁刨光，小面皆须刮直。面板长向对接配制时，必须考虑接头位于横龙骨处。原木材的面板背面应做卸力槽，一般卸力槽间距为 100 mm，槽宽 10 mm，槽深 4 ~ 6 mm，以防板面扭曲变形。

（6）面板安装

1）面板安装前，对龙骨位置、平直度、钉接牢固情况、防潮构造要求等进行检查，合格后进行安装。

2）面板配好后进行试装，在面板尺寸、接缝、接头处构造完全合适，木纹方向、颜色观感尚可的情况下，才能进行正式安装。

3）面板接头处应涂胶，与龙骨钉牢。钉固面板的钉子规格应适宜，钉长为面板厚度的 2 ~ 2.5 倍，钉距一般为 100 mm。钉帽应砸扁，并用尖冲子将钉帽顺木纹方向冲入面板表面下 1 ~ 2 mm。

4）钉贴脸。贴脸料应进行挑选，花纹、颜色应与框料、面板近似。贴脸规格尺寸、宽窄、厚度应一致，接挂应顺平、无错槎。

3. 质量检验标准

（1）主控项目

1）胶合板、贴脸板等材料的品种、材质等级、含水率和防腐措施，必须符合设计要求以及施工和验收规范的规定。

2）细木制品与基层或木砖镶钉必须牢固、无松动。

（2）一般项目

1）制作的龙骨尺寸正确，表面平直光滑，棱角方正，线条顺直，不露钉帽，无戗槎、刨痕、毛刺和锤印。

2）安装的面板位置正确，割角整齐，交圈、接缝严密，平直通顺，与墙面紧贴，出墙尺寸一致。

3）木护墙板龙骨、木筒子板龙骨安装允许偏差符合表 4-3 的要求。

表 4-3　木护墙板龙骨、木筒子板龙骨安装允许偏差

项次	项目	允许偏差 (mm)	检查方法
1	上口平直度	3	拉 5 m 线，尺量检查
2	垂直度	2	吊线坠，尺量检查
3	表面平整度	1.5	用 1 m 靠尺检查
4	压缝条间距	2	尺量检查
5	垂直度	2	吊线坠，尺量检查
6	木筒子板表面平整度	1	用靠尺检查

二、石材饰面板施工工艺

饰面石材的安装施工，根据其装饰部位可分为水平面（地面）装饰施工和立面装饰施工。石材饰面板水平面的施工工艺相对比较简单，主要是采用水泥砂浆湿法铺贴工艺；而立面的施工工艺则要复杂得多。

1. 施工前准备

（1）工具准备。包括磅秤、铁板、大桶、小桶、铁簸箕、平锹、手推车、塑料软管、胶皮碗、喷壶、合金钢扁錾子、合金钢钻头、操作支架、台钻、铁制水平尺、方尺、靠尺板、底尺、托线板、线坠、粉线包、高凳、木楔子、小型台式砂轮、裁切大理石用砂轮、全套裁割机、灰板、木抹子、铁抹子、细钢丝刷、笤帚、大小锤子、白线、铅丝、擦布或棉丝、老虎钳子、小铲、盒尺、钉子、红铅笔、毛刷、工具袋等。

（2）材料准备。包括 32.5 级普通硅酸盐水泥、32.5 级白水泥、粗砂或中砂、大理石、磨光花岗岩、熟石膏、铜丝或镀锌铅丝、铅皮、硬塑料板条、配套挂件、各种石渣和矿物颜料、胶，以及填塞饰面板缝隙的专用塑料软管等。

2. 施工操作流程

薄型小规格块材（边长小于 40 cm）可采用粘贴方法施工，具体施工操作流程可参见饰面砖的施工操作流程。下面重点介绍普通型大规格块材（边长大于 40 cm）的施工操作流程（见图 4-28）。

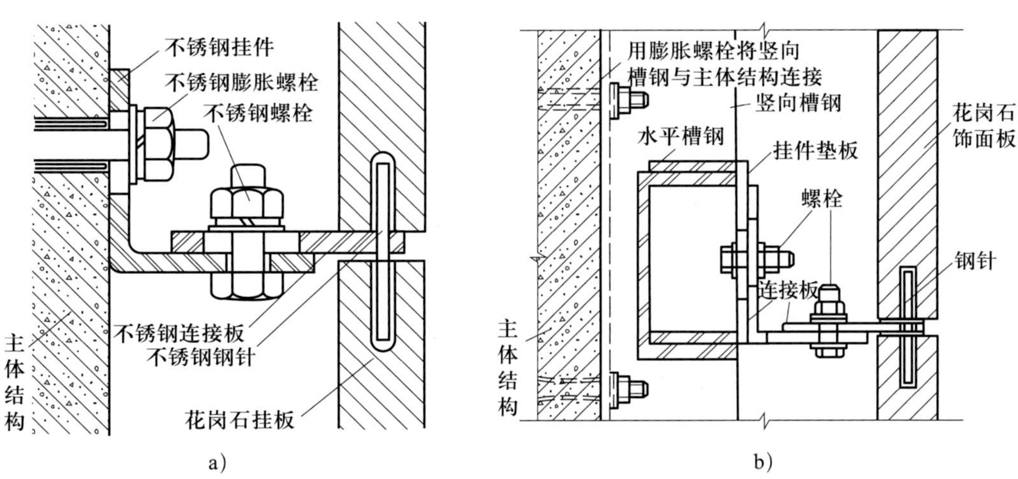

图 4-28 饰面石材干挂施工法

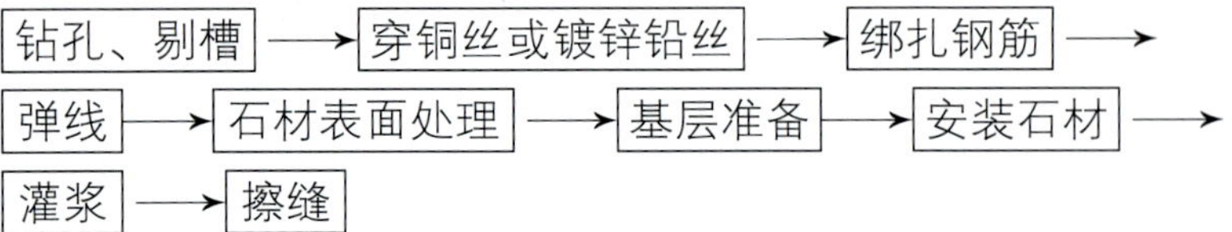

（1）钻孔、剔槽。安装前，先对饰面板按照设计要求用台钻打眼，事先应钉木架，使钻头直对板材上端面。在每块板的上、下两个面打眼，孔位打在距板宽两端 1/4 处，每个面各打两个眼，孔径为 5 mm，深度为 12 mm，孔位以距石板背面 8 mm 为宜。如大理石、磨光花岗石板材宽度较大时，可以增加孔数。钻孔后用云石机轻轻剔一道槽，深 5 mm 左右，连同孔眼形成象鼻眼，以备埋卧铜丝之用。若饰面板规格较大，下端不好拴绑铜丝或镀锌钢丝，也可在未镶贴饰面的一侧，采用手提轻便小薄砂轮，按规定在板高的 1/4 处上、下各开一槽（槽长为 3 ~ 4 cm，槽深约为 12 mm，与饰面板背面打通，竖槽一般居中，亦可偏外，但以不损坏外饰面和不泛碱为宜），只要能将铜丝或镀锌铅丝卧入槽内，即可通过拴绑与钢筋网固定。

（2）穿铜丝或镀锌铅丝。把备好的铜丝或镀锌铅丝剪成长 20 cm 左右，其一端用木楔粘环氧树脂楔进孔内，固定牢固，另一端顺孔槽弯曲并卧入槽内，使大理石或磨光花岗石板上、下端面没有突出的铜丝或镀锌铅丝，以便与相邻石板的接缝严密。

（3）绑扎钢筋。首先剔出墙上的预埋筋，把墙面镶贴大理石的部位清扫干净。先绑扎一道竖向 ϕ6 mm 钢筋，并把绑好的竖筋用预埋筋弯压于墙面。横向钢筋用于绑扎大理石或磨光花岗石板材。如板材高度为 60 cm 时，第一道横筋在地面以上 10 cm 处与主筋绑牢，用于绑扎第一层板材的下口固定铜丝或镀锌铅丝。第二道横筋绑在 50 cm 水平线上 7 ~ 8 cm，比石板上口低 2 ~ 3 cm，用于绑扎第一层石板上口铜丝或镀锌铅丝，再往上每 60 cm 绑一道横筋即可。

（4）弹线。首先将要贴大理石或磨光花岗石的墙面、柱面和门窗套用大线坠从上至下找出垂直。应考虑大理石或磨光花岗石板材厚度、灌注砂浆的空隙和钢筋网所占尺寸，一般大理石、磨光花岗石外皮距结构面的厚度以 5 ~ 7 cm 为宜。找出垂直后，在地面上顺墙弹出大理石或磨光花岗石等外廓尺寸线。此线即为第一层大理石或花岗石等的安装基准线。已编号的大理石或花岗石板等，在弹好的基准线上画出其就位线，每块留 1 mm 缝隙（如设计要求拉开缝，则按设计规定留出缝隙）。

（5）石材表面处理。石材表面充分干燥（含水率应小于 8%）后，用石材防护剂进行石材六面体防护处理，此工序必须在无污染的环境下进行，将石材平放于木方上，用羊毛刷蘸上防护剂，均匀涂刷于石材表面，涂刷必须到位，第一遍涂刷完间隔 24 h 后用同样的方法涂刷第二遍，如采用水泥或胶黏剂固定，间隔 48 h 后对石材黏结面用专用胶泥进行拉毛处理，拉毛胶泥凝固、硬化后方可使用。

（6）基层准备。清理预做饰面石材的结构表面，同时进行吊直、套方、找规矩，弹出垂直线、水平线，并根据设计图样和实际需要弹出安装石材的位置线和分块线。

（7）安装石材。按部位取石板并梳直铜丝或镀锌铅丝，将石板就位，使石板上口外仰，用手伸入石板背面，把石板下口铜丝或镀锌铅丝绑扎在横筋上。绑时不要太紧，可留余量，只要把铜丝或镀锌铅丝和横筋拴牢即可，把石板竖起，便可绑大理石或磨光花岗石板上口铜丝或镀锌铅丝，并用木楔子垫稳，块材与基层间的缝隙一般为 30 ~ 50 mm。用靠尺板检查、调整木楔，再拴紧铜丝或镀锌铅丝，依次向另一方进行。柱面可按顺时针方向安装，一般先从正面开始。第一层安装完毕再用靠尺板找垂直，水平尺找平整，方尺找阴阳角方正。在安装石板时，发现石板规格不准确或石板之间的空隙不符，应用铅皮垫牢，使石板之间缝隙均匀一致，并保持第一层石板上口的平直。找完垂直、平直、方正后，用碗调制熟石膏，把调成粥状的石膏贴在大理石或磨光花岗石板上、下之间，使这两层石板结成为一整体，木楔处可粘贴石膏，再用靠尺检查有无变形，等石膏硬化后方可灌浆（如设计有嵌缝塑料软管，应在灌浆前塞放好）。

（8）灌浆。把配合比为 1 ： 2.5 的水泥砂浆放入大桶内，加水调成粥状，用铁簸箕舀浆慢慢倒入，注意不要碰大理石，边灌边用橡皮锤轻轻敲击石板面，帮助灌入的砂浆排气。第一层浇灌高度为 15 cm，不能超过石板高度的 1/3。第一层灌浆很重要，因为既要锚固石板的下口铜丝，又要固定饰面板，所以操作要轻，防止碰撞和猛灌。如发生石板外移错位，应立即拆除并重新安装。

（9）擦缝。全部石板安装完毕后，清除所有石膏和余浆痕迹，用抹布擦洗干净，并按石板颜色调制色浆嵌缝，边嵌边擦干净，使缝隙密实、均匀、干净，颜色一致。

3. 施工操作要点

（1）安装柱面大理石或磨光花岗石，其弹线、钻孔、绑钢筋和安装等工序与镶贴墙面的方法相同，要注意灌浆前用木方钉出槽形木卡子，双面卡住大理石板，以防止灌浆时大理石或磨光花岗石板外胀。

（2）夏季安装室外大理石或磨光花岗石时，应有防止暴晒的可靠措施。

（3）冬季进行灌缝砂浆时应采取保温措施，砂浆的温度不宜低于 5 ℃。灌注砂浆硬化初期不得受冻。气温低于 5 ℃时，室外灌注砂浆可掺入能降低冻结温度的外加剂，其掺量应由试验确定。冬季施工，镶贴饰面板宜供暖，也可采用热空气或带烟囱的火炉加速干燥。采用热空气时，应设通风设备排除湿气，并设专人进行测温控制和管理，保温养护 7 ~ 9 天。

4. 质量检验标准

（1）主控项目。饰面板（大理石、磨光花岗石）的品种、规格、颜色、图案，必须符合设计要求和有关标准的规定。饰面板安装必须牢固，严禁出现空鼓、歪斜、缺棱掉角和裂缝等缺陷。石材的检测必须符合国家有关环保规定。

（2）一般项目

1）饰面板表面应平整、洁净，颜色协调一致。

2）饰面板接缝应填嵌密实、平直，宽度和深度应符合设计要求，嵌缝材料色泽应一致。

3）套割应与整板套割吻合，边缘整齐；墙裙、贴脸等上口平顺，凸出墙面的厚度一致。

4）流水坡向正确，滴水线顺直。

大理石、磨光花岗石允许偏差见表 4-4。

表 4-4　大理石、磨光花岗石允许偏差

项次	项目		允许偏差（mm）		检验方法
			大理石	磨光花岗石	
1	立面垂直度	室内	2	2	用 2 m 托线板和尺量检查
		室外	3	3	
2	表面平整度		1	1	用 2 m 靠尺和楔形塞尺检查
3	阳角方正		2	2	用 20 cm 方尺和楔形塞尺检查
4	接缝平直度		2	2	拉 5 m 线，不足 5 m 的拉通线和尺量检查
5	墙裙上口平直度		2	2	拉 5 m 线，不足 5 m 的拉通线和尺量检查
6	接缝高低差		0.3	0.5	钢直尺和楔形塞尺检查
7	接缝宽度偏差		0.5	0.5	拉 5 m 线和尺量检查

5. 成品保护

（1）要及时擦净残留在门窗框、玻璃和金属饰面板上的污物，宜粘贴保护膜，预防污染、锈蚀。

（2）严格按照顺序施工，其他工种操作时应防止损坏、污染石材饰面板。

（3）拆改架子和上料时，严禁碰撞石材饰面板。

（4）已完工的石材饰面应做好成品保护，易破损部分的棱角处要钉护角保护。

（5）在罩面剂未干燥前，严禁下渣土和翻架子脚手板等。

6. 安全措施

（1）操作前检查脚手架和跳板是否搭设牢固，高度是否满足操作要求，合格后才能上架操作，凡不符合安全之处应及时修整。

（2）禁止穿硬底鞋、拖鞋、高跟鞋在架子上工作。架子上的人不得集中站在一起。工具要搁置稳定，以防止坠落伤人。

（3）在两层脚手架上操作时，应尽量避免施工人员在同一垂直线上工作。必须同时作业时，下层施工人员必须戴安全帽，并应设置防护措施。

（4）脚手架严禁搭设在门窗、暖气管等管道上。禁止搭设飞跳板。严禁从高处往下投东西。

（5）夜晚临时用的移动照明灯，必须采用安全电压。机械操作人员须经培训后持证上岗。现场一切机械设备，非机械操作人员一律禁止乱动。

（6）材料必须符合环保要求，无污染。

（7）雨后、春季解冻时，应及时检查外架子，防止沉陷出现险情。

（8）外架子必须满搭安全网，各层设围栏。出入口应搭设人行通道。

三、软包饰面施工工艺

原则上，在房间的地、顶内装修已基本完成，墙面和细木装修底板已做完的基础上，在开始做面层装修时方可插入软包饰面装饰工序。

1. 施工前准备

（1）工具准备。包括木工工作台、电锯、电刨、电锤、手枪钻、切（裁）织物布（革）工作台、钢直尺（1 m长）、裁织革刀、毛巾、塑料水桶、塑料脸盆、油工刮板、小辊、开刀、毛刷、排笔、擦布或棉丝、砂纸、长卷尺、盒尺、锤子、各种形状的木工凿子、线锯、铝制水平尺、方尺、多用刀、弹线用的粉线包、墨斗、白线、笤帚、托线板、线坠、红铅笔、工具袋等。

（2）材料准备。包括用于木框、龙骨、底板、面板等的木材以及填充材料、压条、分格框料和木贴脸、防潮纸或油毡、乳胶、钉子、木螺钉、木砂纸、胶黏剂等。

2. 施工操作流程

基层或底板处理 → 吊直、套方、找规矩、弹线 → 计算用料、套裁填充料和面料 → 粘贴面料 → 安装贴脸或装饰边线、刷镶边油漆 → 修整软包墙面

（1）基层或底板处理。软包墙面装饰的房间基层，大都是事先在结构墙上预埋木砖、抹水泥砂浆找平层、刷（喷）冷底子油、铺贴一毡二油防潮层、安装 50 mm × 50 mm 木墙筋（中心距为 450 mm）、上铺五层胶合板（见图 4-29）。如采取直接铺贴法，基层必须进行处理，方法是先将底板拼缝用油腻子嵌平密实，

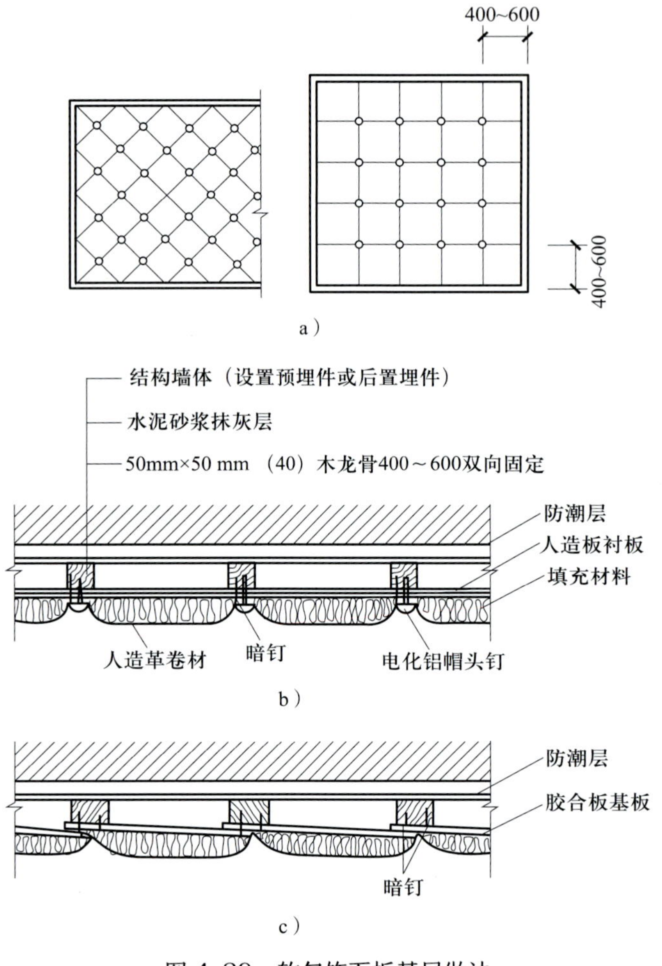

图 4-29 软包饰面板基层做法

a）饰面分格示意图 b）饰面的成卷铺装 c）分块固定安装

满刮腻子 1 ~ 2 遍，待腻子干燥后用砂纸磨平，粘贴前，在基层表面满刷清油（清漆 + 香蕉水）一道。如有填充层，此工序可以简化。

（2）吊直、套方、找规矩、弹线。根据设计图纸要求，对房间内需要软包饰面的装饰尺寸、造型等，通过吊直、套方、找规矩、弹线等工序，把实际设计的尺寸和造型落实到墙面上。

（3）计算用料、套裁填充料和面料。首先根据设计图纸的要求确定软包饰面的具体做法。一般做法有两种，一种是直接铺贴法（此法操作比较简便，但对基层或底板的平整度要求较高）。另一种是预制铺贴镶嵌法（此法有一定的难度，要求必须横平竖直、不得歪斜，尺寸必须准确等。还需要做定位标志，以利于对号入座）。然后按照设计要求进行用料计算和底衬（填充料）、面料套裁工作。要注意同一房间、同一图案和面料必须用同一卷材料和相同部位面料（含填充料）套裁。

（4）粘贴面料。如采取直接铺贴法施工时，待墙面细木装修基本完成，边框油漆达到交活条件，方可粘贴面料；如采取预制铺贴镶嵌法，则不受此限制，可事先进行粘贴面料工作。首先按照设计图纸和造型的要求先粘贴填充料（如泡沫塑料、聚苯板或矿棉、木条、五合板等），按设计用料（黏结用胶、钉子、木螺钉、电化铝帽头钉、铜丝等）把填充垫层固定在预制铺贴镶嵌底板上，然后把面料按照定位标志找好横竖坐标并上下摆正，首先把上部用木条加钉子临时固定，然后把下端和两侧位置找好，便可按设计要求粘贴面料。

（5）安装贴脸或装饰边线、刷镶边油漆。根据设计要求选择并加工好贴脸或装饰边线，刷好油漆后（达到交活条件），便可进行事先预制铺贴镶嵌装饰板的安装工作。首先经过试拼，达到设计要求和效果后，便可与基层固定并安装贴脸或装饰边线，最后刷镶边油漆成活。

（6）修整软包饰面。如软包饰面施工安排靠后，则修整软包饰面工作比较简单。如果软包饰面施工插入较早，由于增加了成品保护膜，则修整工作量较大，如增加了除尘清理及钉粘保护膜的钉眼和胶痕的处理等工作。

3. 质量检验标准

（1）主控项目

1）软包饰面木框或底板所用材料的树种、等级、规格、含水率和防腐处理，必须符合设计要求和《木结构工程施工规范》（GB/T 50772—2012）的规定。软包面料及其他填充材料必须符合设计要求，并符合建筑内装修设计防火的有关规定。

2）软包木框构造做法必须符合设计要求，钉粘严密，镶嵌牢固。

（2）一般项目

1）表面面料平整，经纬线顺直，色泽一致，无污染。压条无错台、错位。同一房间同种面料的花纹、图案位置相同。

2）单元尺寸正确，松紧适度，面层挺秀，棱角方正，周边弧度一致，填充饱满、平整，无皱褶、无污染，接缝严密，图案及拼花端正、完整、连续、对称。软包墙面装饰工程的允许偏差和检验方法应符合表4-5的要求。

表 4-5 软包饰面装饰工程的允许偏差和检验方法

项次	项目	允许偏差（mm）	检验方法
1	垂直度	3	用 1 m 垂直检测尺检查
2	边框宽度	0，-2	用钢直尺检查
3	对角线长度差	3	用钢直尺检查
4	裁口、线条接缝高低差	1	用直尺和塞尺检查

4. 注意事项

（1）切割做填塞料的海绵时，为避免海绵边缘出现锯齿形，可用较大铲刀或较锋利刀沿海绵边缘切下，以保整齐。

（2）粘接做填塞料的海绵时，避免使用含腐蚀成分的胶黏剂，以免腐蚀海绵，造成海绵厚度减少、底部发硬，导致软包饰面不饱满，所以粘接海绵时应采用中性或其他不含腐蚀成分的胶黏剂。

（3）面料裁割及粘接时，应注意花纹走向，避免花纹错乱而影响美观。

（4）软包饰面制作好后，用胶黏剂或直钉将软包饰面固定在墙面上，水平度、垂直度应达到规范要求，阴阳角应进行对角。

5. 成品保护

（1）施工过程中对已完成的其他成品应注意保护，避免损坏。

（2）施工结束后将面层清理干净，现场垃圾清理完毕后，洒水清扫或用吸尘器清理干净，避免扫起灰尘，造成软包饰面的二次污染。

（3）软包饰面相邻部位需喷涂油漆或其他涂料时，应用纸胶带或废报纸进行遮盖，避免污染。

6. 安全措施

（1）对软包面料和填塞料的阻燃性应严格把关，达不到防火要求的，不予使用。

（2）软包面料附近尽量避免使用碘钨灯或其他高温照明设备，不得动用明火。

四、玻璃板（镜面）饰面施工工艺

用玻璃进行装饰，可以使装饰面显得规整、清亮，起到营造环境氛围的作用。玻璃板（镜面）的安装方法大致可以分为螺钉固定、嵌钉固定、粘接固定、托压固定和粘接支托固定五种，每种做法都有各自的特点和使用范围。根据玻璃的大小、排列方法、使用场所等因素，可一种方法单独使用或几种方法组合使用。

1. 施工前准备

（1）工具准备。包括玻璃刀、玻璃吸盘、水平尺、托板尺、玻璃胶筒、锤子、旋具等。

（2）材料准备

1）镜面材料，如普通平镜、带凹凸线脚或花饰的单块特制镜，有时为了美观和减少玻璃镜的安装损耗，加工时可将玻璃的周边磨圆。

2）衬底材料，包括木墙筋、胶合板、沥青、油毡等，也可选用一些特制的橡胶、塑料、纤维类的衬底垫块。

3）固定用材料，包括螺钉、铁钉、玻璃胶、环氧树脂胶、盖条（木材、铜条、铝合金型材等）、橡胶垫圈。

2. 施工操作流程

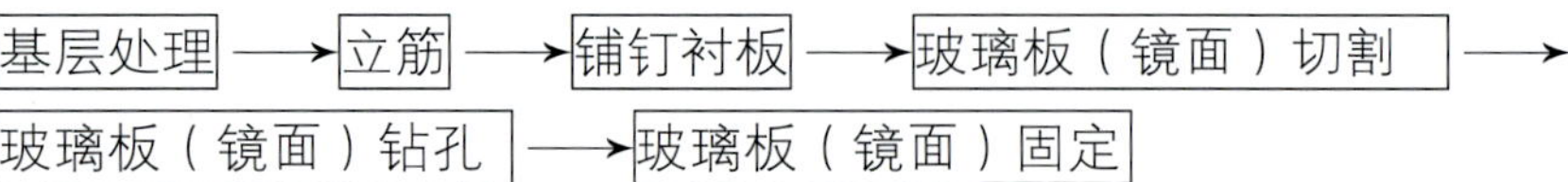

（1）基层处理。在砌筑墙体或柱子时，预先埋设木砖，其横向与玻璃板（镜面）宽相等，竖向与玻璃板（镜面）高相等，大面积的玻璃板（镜面）还需在横、竖向每隔 500 mm 埋木砖。墙面要进行抹灰，根据安装使用部位的不同，有选择地在抹灰面上烫热沥青或贴油毡，也可将油毡夹在木衬板和玻璃板（镜面）之间，主要是为了防止潮气使木衬板变形，或使玻璃板（镜面）镀层脱落，失去光泽。也可使用新型防水、防雾镜片。

（2）立筋。墙筋为 40 mm 或 50 mm 见方的小木方，以铁钉固定。安装小块玻璃板（镜面）时多采用双向立筋；安装大块玻璃板（镜面）时可以单向立筋，横竖墙筋的位置须与木砖一致。由于立筋要求横平竖直，以利于木衬板和玻璃板（镜面）的固定。所以，在立筋时要挂水平线、垂直线。安装前要检查防潮层是否做好，立筋钉好后，要用长靠尺检查平整度。

（3）铺钉衬板。木衬板为 15 mm 厚木板或 5 mm 厚胶合板，用小铁钉与墙筋钉接，钉头没入板内。衬板的尺寸可以大于立筋间距尺寸，这样可以减少裁剪工序、提高施工速度。要求木衬板无翘曲、起皮，且表面平整、清洁，板与板之间的接缝应在立筋处。

（4）玻璃板（镜面）切割。安装一定尺寸的玻璃板（镜面）时，要从大片玻璃板（镜面）上切割下来，切割时应在台案或平整地面上铺胶合板或地毯。按照设计尺寸，用靠尺板做依托，用玻璃刀一次性从头划到尾，将玻璃板（镜面）切割线移到台案边缘，一手按住靠尺板，另一手握住玻璃板（镜面）边，迅速向下扳裂。切割和搬运玻璃板（镜面）时，操作者要戴手套。

（5）玻璃板（镜面）钻孔。若选择螺钉固定，则需进行玻璃板（镜面）钻孔。孔的位置一般在玻璃板（境面）的边角处。首先将玻璃板（镜面）放在操作台案上，按钻孔位置量好尺寸，并标注清楚，然后在拟钻孔位置浇水，钻头钻孔直径应大于螺钉直径。钻孔时，应不断往玻璃板（镜面）上浇水，直至钻透为止，注意在要钻透时减轻用力。

（6）玻璃板（镜面）固定。常用以下五种固定方法：

1）螺钉固定（见图 4-30）。螺钉固定方式适用于 1 m^2 以下的小玻璃板（镜面）。墙面为混凝土基底时，预先插入木砖和埋入锚塞，或在木砖、锚塞上再设置木墙筋，再用直径 3 ~ 5 平头或圆头螺钉，透过钻孔钉在墙筋上，对玻璃板（镜面）起固定作用。

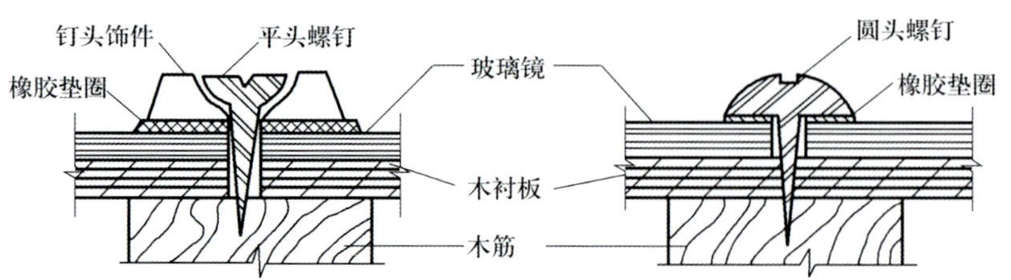

图 4-30　螺钉固定

2）嵌钉固定（见图 4-31）。嵌钉固定是将嵌钉钉在墙筋上，将玻璃板（镜面）的四个角压紧的一种固定方法。

3）粘接固定。粘接固定是将玻璃板（镜面）用环氧树脂或玻璃胶粘接在木衬板（镜垫）上的固定方法，适用于 1 m^2 以下的玻璃板（镜面），在柱子上镶贴玻璃板（镜面）时，多采用这种方法，较为简便易行。

4）托压固定（见图 4-32）。这种固定方法主要靠压条压和边框托将玻璃板（镜面）托压在墙上。压条和边框有木材、塑料和金属型材［如专门用于玻璃板（镜面）安装的铝合金型材］，也可采用支托五金件，适用于 2 m^2 左右的玻璃板（镜面）。这种方法无须开孔，完全凭借五金件支托玻璃板（镜面）质量，是一种最安全的方法。

5）粘接支托固定。较大面积的单块玻璃板（镜面），以托压做法为主，也可结合粘贴做法固定。玻璃板（镜面）本身质量主要落在下部边框或砌体上，其他边框主要起防止玻璃板（镜面）倾斜以及装饰的作用。

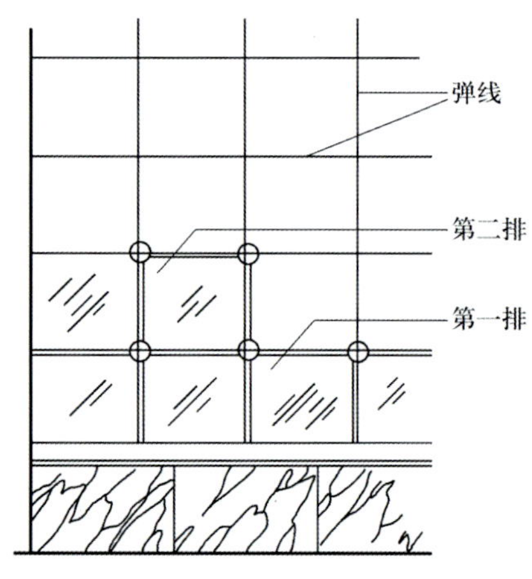

图 4-31　嵌钉固定

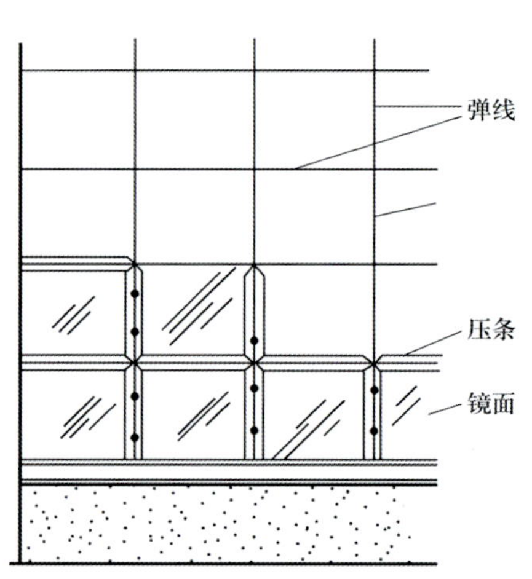

图 4-32　托压固定

3. 几种特殊情况的处理

（1）粘接组合玻璃板（镜面）。在墙面组合粘接小块玻璃板（镜面）时，应从下边开始，按照弹线位置，从上而下逐块粘贴。在块与块之间的接缝处涂上少许玻璃胶。

（2）墙柱面角位收边方式

1）线条压边法。在玻璃板（镜面）的黏结面上，留出一定的位置，以利于线条压边收口固定。

2）玻璃胶收边法。可将玻璃胶注在线条的角位，或注在两块玻璃板（镜面）的对角口处。

（3）玻璃板（镜面）与建筑基面的结合。如玻璃板（镜面）直接安装在建筑物基面上，应检查基面平整度，如不够平整，要重新批刮或加装木夹板基面。玻璃板（镜面）与基面安装时，通常用线条嵌压或用玻璃钉固定［安装前，通常应在玻璃板（镜面）背面粘贴一层牛皮纸做保护层］，线条和玻璃钉都是钉在埋入墙面的木楔上的。

4. 注意事项

（1）按照设计图纸施工，选用的材料规格、品种、色泽应符合设计要求。

（2）浴室或易积水处，应选用防水性能好、耐酸碱腐蚀的玻璃板（镜面）。

（3）在同一墙面上安装同色玻璃板时，最好选用同一批次产品，以免因色差影响装饰质量。

（4）为确保玻璃板（镜面）的耐久性，面积较大的玻璃板（镜面）应固定在有承载能力、干燥、平整的墙面上。

（5）玻璃板（镜面）类材料应存放在干燥通风的室内，每箱都应立放，防止压碎、折裂。

（6）安装后的玻璃板（镜面）应平整、洁净，接缝顺直、严密，不得有翘曲、松动、裂隙、掉角等质量问题。

5. 质量检验标准

（1）主控项目

1）玻璃板（镜面）工程所用材料、品牌、规格、色彩、图案、花纹朝向和安装方法等，必须符合设计要求和国家产品标准的规定。单块玻璃大于 1.5 m^2 和落地玻璃应使用安全玻璃。

2）与主体结构连接的预埋件、连接件和金属框架必须安装牢固，其数量、规格、位置、连接方法和防腐处理应符合设计要求。

第五节 SECTION 5 壁纸工程施工工艺

壁纸和壁布是室内装饰中常用的一种装饰材料，因其色彩丰富、质感多样、图案装饰性强，且有高、中、低多档次供人们选择，并且耐用、易清洗，有极好的装饰效果，因此被广泛应用于墙面、柱面和天棚裱糊装饰中。

一、施工前准备

1. 工具准备

工具准备包括裁纸工作台、毛胶辊、活动裁纸刀、钢板抹子、塑料刮板、毛刷、钢直尺、钢卷尺、普通剪刀、注射用的针管和针头，以及排笔、板刷、大小塑料桶等。

2. 材料准备

材料准备包括壁纸、胶黏剂或专业壁纸胶粉等。

二、施工操作流程

基层处理 → 吊直、套方、找规矩、弹线 → 计算用料、裁纸 → 刷胶 → 裱贴

1. 基层处理

根据基层的不同材质，可采用不同的处理方法。

（1）混凝土及抹灰基层处理。裱糊壁纸的基层是混凝土面、抹灰面（如水泥砂浆、水泥混合砂浆、

石灰砂浆等），要满刮一遍腻子并用砂纸打磨。当有的混凝土面、抹灰面有气孔、麻点、凸凹不平时，为了保证质量，应增加满刮腻子和用砂纸打磨遍数。刮腻子时，将混凝土或抹灰面清扫干净，使用胶皮刮板满刮一遍腻子。刮时要有规律，要一板排一板，两板中间顺一板。既要刮严，又不得有明显接槎和凸痕，做到凸处薄刮，凹处厚刮，大面积找平。待腻子干固后，用砂纸打磨并扫净。需要增加满刮腻子遍数的基层表面，应先将表面裂缝和凹面部分刮平，然后用砂纸打磨、扫净，再满刮一遍后用砂纸打磨，处理好的底层应该平整光滑，阴阳角线通畅、顺直，无裂痕、崩角，无砂眼、麻点。

（2）木质基层处理。木质基层要求接缝不显接槎，接缝、钉眼应用腻子补平，并满刮油性腻子一遍（第一遍），用砂纸磨平。木夹板的不平整主要是钉接造成的，在钉接处木夹板往往下凹，非钉接处向外凸。所以第一遍满刮腻子主要是找平大面。第二遍可用石膏腻子找平，腻子的厚度应减薄，可在腻子五六成干时，用塑料刮板有规律地压光，最后用干净的抹布轻轻将表面灰粒擦净。

对要贴金属壁纸的木质基面处理，刮第二遍腻子时应采用石膏粉调配猪血料的腻子，其配比为 10 ： 3。金属壁纸对基面的平整度要求很高，稍有不平处或有粉尘，都会在金属壁纸裱贴后明显地看出来。所以金属壁纸的木质基面处理，应与木家具打底方法基本相同，批抹腻子的遍数要求在三遍以上。批抹最后一遍腻子并打平后，用软布擦净。

（3）纸面石膏板基层处理。纸面石膏板比较平整，批抹腻子主要是在对缝处和螺钉孔位处。对缝批抹腻子后，还需用棉纸带贴缝，以防止对缝处开裂。在纸面石膏板上，应用腻子满刮一遍，找平大面，再刮第二遍腻子进行修整。

（4）不同基层对接处的处理。不同基层材料的相接处，如石膏板与木夹板、水泥或抹灰基面与木夹板、水泥基面与石膏板之间的对缝，应用棉纸带或穿孔纸带粘贴封口，以防止裱糊后的壁纸面层被拉裂撕开。

（5）涂刷防潮底漆和底胶。为了防止壁纸受潮脱胶，一般对要裱糊塑料壁纸和壁布、纸基塑料壁纸、金属壁纸的墙面，涂刷防潮底漆。防潮底漆用酚醛清漆与汽油或松节油来调配，其配比为 1 ： 3。该底漆可涂刷，也可喷刷，漆液不宜厚，而且要均匀一致。涂刷底胶是为了增加黏结力，防止处理好的基层受潮污染。底胶一般用 108 胶配少许甲醛纤维素加水调成，其配比为 108 胶：水：甲醛纤维素 =10 ： 10 ： 0.2。

底胶可涂刷，也可喷刷。在涂刷防潮底漆和底胶时，室内应无灰尘，且防止灰尘和杂物混入底漆或底胶中。底胶一般一遍成活，但不能漏刷、漏喷。

若面层贴波音软片，基层处理最后要做到硬、干、光。在做完通常的基层处理工作后，还需再打磨和刷第二遍清漆。

（6）基层处理中的底灰腻子有乳胶腻子与油性腻子之分，其配合比如下：

乳胶腻子：

白乳胶（聚醋酸乙烯乳液）：滑石粉：甲醛纤维素（2% 溶液）=1 ：10 ：2.5

白乳胶：石膏粉：甲醛纤维素（2% 溶液）=1 ：6 ：0.6

油性腻子：

石膏粉：熟桐油：清漆（酚醛）=10 ：1 ：2

复粉：熟桐油：松节油 =10 ：2 ：1

2. 吊直、套方、找规矩、弹线

（1）顶棚。首先应通过吊直、套方、找规矩的办法弹出顶棚的中心线，以便施工时从中间向两边对称进行控制。墙顶交接处的处理原则是：凡有挂镜线的按挂镜线弹线，没有挂镜线的则按设计要求弹线。

（2）墙面。首先应将房间四角的阴阳角吊直、套方、找规矩，并确定从哪个阴角开始按照壁纸的尺寸进行分块弹线控制（习惯做法是进门左阴角处开始铺贴第一张），有挂镜线的按挂镜线弹线，没有挂镜线的按设计要求弹线控制。

具体操作方法如下：

按壁纸的标准宽度找规矩，每个墙面的第一条纸都要弹线找垂直，第一条线距墙阴角约 15 cm 处，作为裱糊时的准线。

在第一条壁纸位置的墙顶处敲进一个墙钉，将有粉锤线系上，铅锤下吊到踢脚板上缘处。锤线静止不动后，一手紧握锤头，按锤线的位置用铅笔在墙面上画一短线，再松开铅锤头查看锤线是否与铅笔短线重合。如果重合，就用一只手将锤线按在铅笔短线上，另一只手把锤线往外拉，放手后使其弹回，便可得到墙面的基准垂线（见图 4-33）。弹出的基准垂线越细越好。

每个墙面的第一条垂线，应该定在距墙角距离约 15 cm 处。墙面上有门窗口的应增加门窗两边的垂直线。

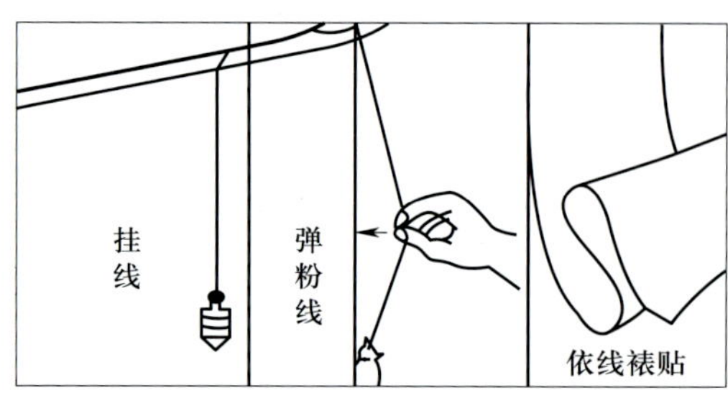

图 4-33　挂锤线找直

3. 计算用料、裁纸

按基层实际尺寸进行测量，计算所需用量，并在每边增加 2 ~ 3 cm 作为裁纸量（见图 4-34）。

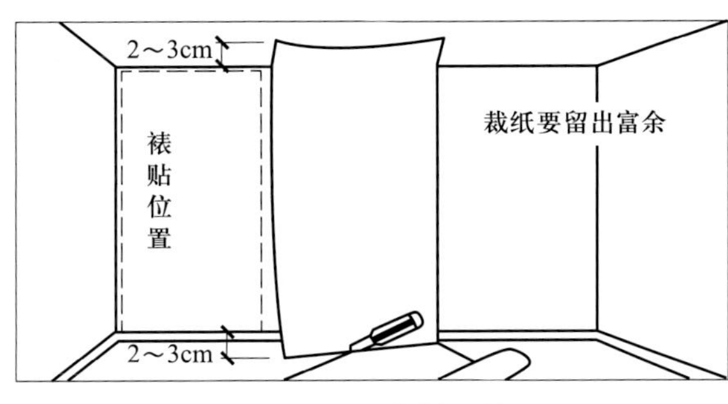

图 4-34 裁割下料

裁剪在工作台上进行。对有图案的材料，无论是顶棚还是墙面，均应从粘贴的第一张开始对花。墙面从上部开始，边裁边编顺序号，以便按顺序粘贴。

对于对花壁纸，为减少浪费，应事先计算。例如一间房需要 5 卷纸，则用 5 卷纸同时展开裁剪，可大大减少壁纸的浪费。

4. 刷胶

由于现在的壁纸一般质量都较好，所以不必进行润水，在进行施工前将 2 ~ 3 块壁纸进行刷胶，对壁纸起到湿润、软化的作用，塑料纸基背面和墙面都应涂刷胶黏剂，刷胶应厚薄均匀，从刷胶到最后上墙的时间一般控制在 5 ~ 7 min。

刷胶时，基层表面刷胶的宽度要比壁纸宽约 30 mm。刷胶要全面、均匀、不裹边、不起堆，以防胶溢出，弄脏壁纸。但也不能刷得过少，甚至刷不到位，以免壁纸黏结不牢。一般抹灰墙面用胶量为 0.15 kg/m^2 左右，纸面为 0.12 kg/m^2 左右。壁纸背面刷胶后，应将胶面与胶面反复对叠，以避免胶干得太快，这样做也便于壁纸上墙，并能使裱糊的墙面整洁平整。

金属壁纸应使用专用的壁纸粉胶。刷胶时，准备一卷未开封的发泡壁纸或一个长度大于壁纸宽的圆筒，一边在裁剪好的金属壁纸背面刷胶，一边将刷过胶的部分向上卷在发泡壁纸卷上。

5. 裱贴

（1）吊顶裱贴。在吊顶面上裱贴壁纸，第一段通常要贴近主窗，与墙壁平行。长度过短（小于 2 m）时，则可与窗户成直角贴。

在裱贴第一段前，须先弹出一条直线，其方法为：在距吊顶面两端的主窗墙角 10 mm 处用铅笔做两个记号，在其中的一个记号处敲一个钉子，按照前述方法在吊顶上弹出一道与主窗墙面平行的粉线。按上述方法裁纸、浸水、刷胶后，将整条壁纸反复折叠。然后用一卷未开封的壁纸卷或长刷撑起折叠好的一段壁纸，将边缘靠齐弹线，用排笔敷平一段，展开下摺的端头部分，将边缘靠齐弹线，用排笔敷平一段，再展开弹线敷平，直到整截贴好为止。剪去两端多余的部分，如有必要，应沿着墙顶线和墙角修剪整齐。

（2）墙面裱贴（见图 4-35）。裱贴壁纸时，首先要垂直，然后对花纹拼缝，再用刮板用力抹压平整。原则是先垂直面后水平面，先细部后大面。贴垂直面时先上后下，贴水平面时先高后低，先将上过胶的壁纸下半截向上折一半，然后握住顶端的两角展开上半截，凑近墙壁，使边缘靠着垂线成一直线，轻轻压平，由中间向外用刷子将上半截敷平，在壁纸顶端做出记号，用剪刀修齐，或用壁纸刀将多余的壁纸割去。再按上述方法同样处理下半截，修齐踢脚板与墙壁间的角落。用海绵擦掉沾在踢脚板上的胶液。壁纸贴平后，3 ~ 5 h 内，在其微干时，用小滚轮（中间微起拱）均匀用力滚压接缝处，这样做比传统的用有机玻璃片抹刮更能有效地减少对壁纸的损坏。

裱贴壁纸时，注意在阳角处不能拼缝，阴角边壁纸搭缝时，应先裱糊压在里面的转角壁纸，再粘贴非转角处的正常壁纸。搭接面应根据阴角垂直度而定，搭接宽度一般不小于 3 cm，并且要保持垂直、无毛边（见图 4-36）。

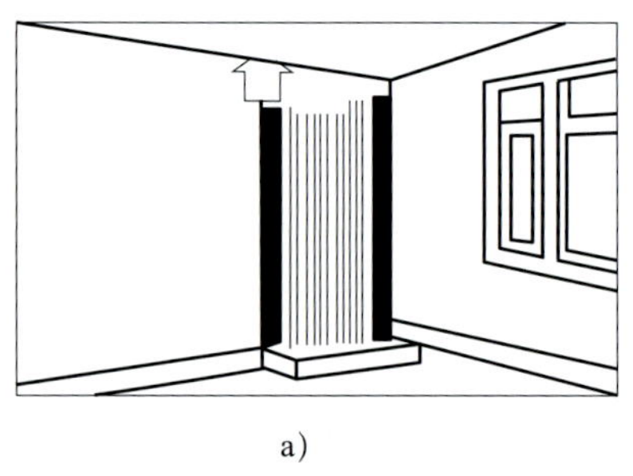

a）

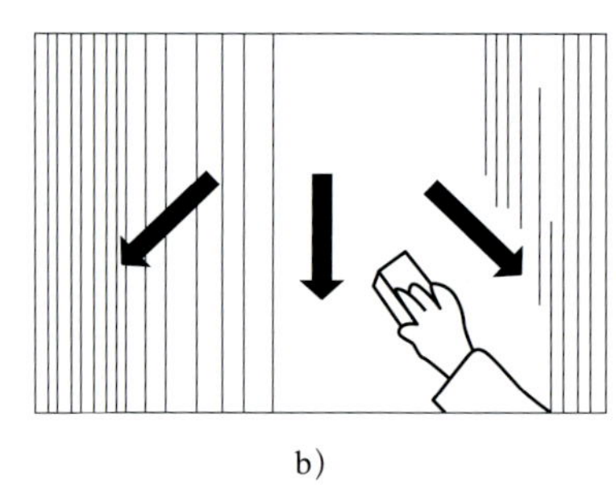

b）

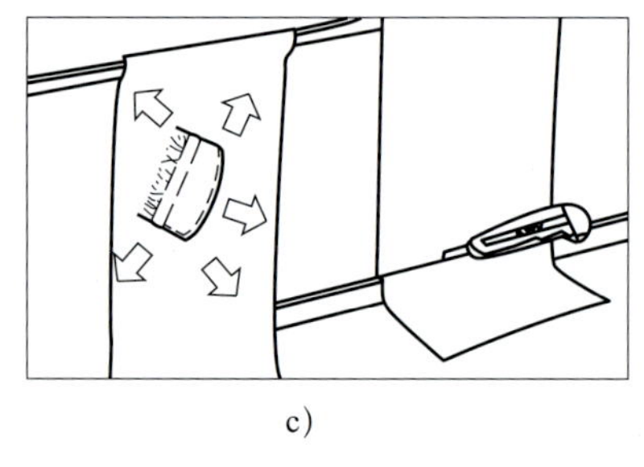

c）

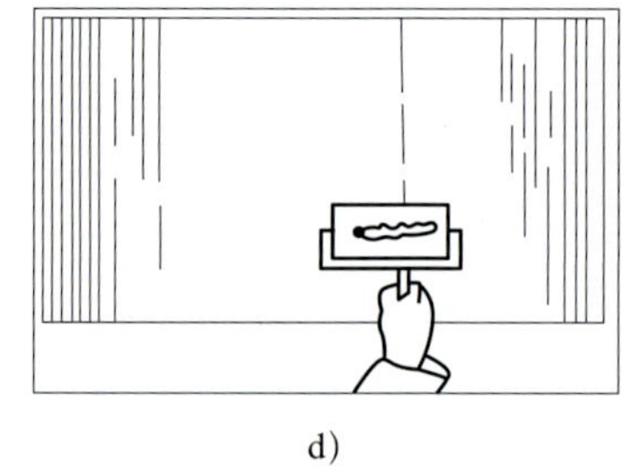

d）

图 4-35　墙面裱贴

a）对准墙面上端　b）向外赶气泡　c）切割壁纸　d）滚压接缝处

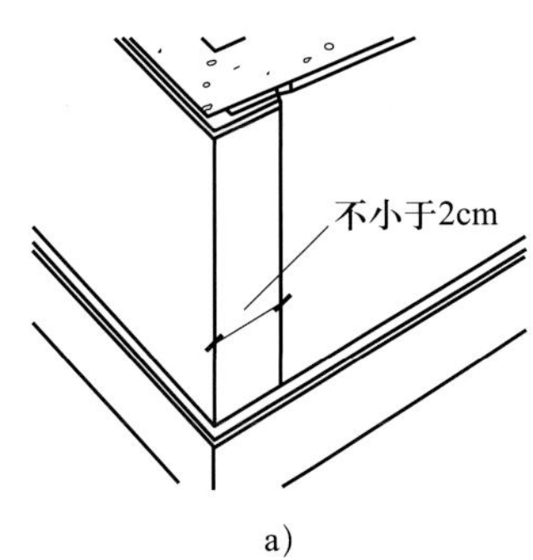

a)

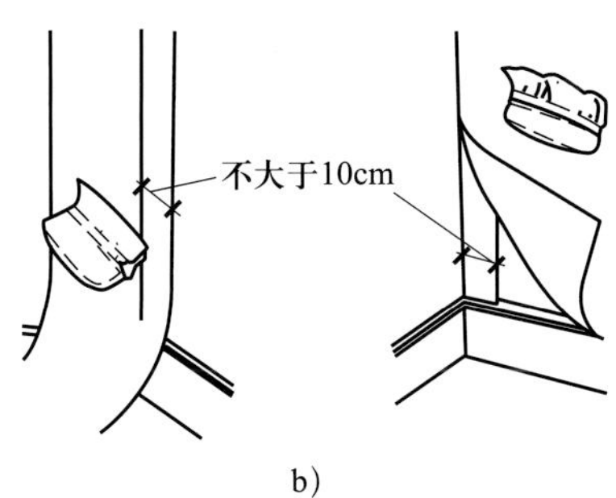

b)

图 4-36 阴阳角处理

a）阳角贴法 b）阴角贴法

裱糊前，应尽可能卸下墙上电灯等的开关，首先要切断电源，用火柴棒或细木棒插入螺孔内，以便在裱糊时识别和在裱糊后切割留位。不易拆下的配件，不能在壁纸上剪口再裱上去。操作时，将壁纸轻轻糊于电灯开关上面，并找到中心点，从中心开始切割十字，一直切到墙体边。然后用手按出开关体的轮廓位置，慢慢拉起多余的壁纸，剪去不需要的部分，再用橡胶刮子刮平，并擦去刮出的胶液。

除了常规的直式裱贴外，还有斜式裱贴。若设计要求斜式裱贴，则在裱贴前的找规矩中增加找斜贴基准线这一工序。具体做法是：先在一面墙两墙角间的中心墙顶处标明一点，由这点往下在墙上弹上一条垂直的粉线。从这条线的底部，沿着墙底，测出与墙高相等的距离。由这一点再与墙顶中心点连接，弹出另一条粉线，这条线就是一条确实的斜线。斜式裱贴壁纸比较浪费材料，在估计数量时，应预先考虑到这一点。

当墙面的壁纸完成 40 m^2 左右或自裱贴施工开始 40 ~ 60 min 后，需安排一人用滚轮从第一张壁纸开始滚压或抹压，直至将已完成的壁纸面滚压一遍。这是因为壁纸胶液的特性为开始时润滑性好，利于壁纸对缝裱贴，当胶液内水分被墙体和壁纸逐步吸收后但还没干时，时间约为 40 ~ 60 min 时胶性逐渐增大，这时对壁纸面进行滚压，可使壁纸与基面更好地贴合，使对缝处的缝口更加密合。

（3）特殊壁纸裱贴

1）金属壁纸的裱贴。金属壁纸的收缩量很少，在裱贴时可采用对缝裱，也可采用搭缝裱。

金属壁纸对缝时，都有对花纹拼缝的要求。裱贴时，先从顶面开始对花纹拼缝，操作时需要两个人配合，一人负责对花纹拼缝，另一人负责手托金属壁纸卷，逐渐展开。一边对缝一边用橡胶刮子刮平金属壁纸，由纸的中部往两边压刮，让胶液向两边滑动而使壁纸粘贴均匀。刮平时用力要均匀、适中，刮子面要放平，不可用刮子的尖端来刮金属壁纸，以防刮伤纸面。若两幅壁纸间有小缝，则应用刮子在刚粘的这幅壁纸面上，向先粘好的壁纸那边刮，直到无缝为止。裱贴操作的其他要求与普通壁纸相同。

2）锦缎的裱贴。由于锦缎柔软光滑、极易变形，难以直接裱糊在木质基层面上。所以裱糊时，应先在锦缎背后上浆，并裱糊一层宣纸，使锦缎挺括，以便于裁剪和裱贴上墙。

3）波音软片的裱贴。波音软片是一种自黏性饰面材料，因此，当基面做到硬、干、光后，不必刷胶。裱贴时，只要将波音软片的自粘底纸层撕开一个口即可。在墙壁面的裱贴中，首先对好垂直线，然后将撕开口的波音软片粘贴在饰面的上沿口，自上而下，一边撕开底纸层，一面用木块或有机玻璃夹片贴在基面上。如表面不平，可用吹风机或电熨斗加热，用干净布在加热的表面处摩擦，可恢复平整。

三、质量检验标准

1. 主控项目

（1）壁纸、壁布的种类、规格、图案、颜色、燃烧性能等级必须符合设计要求和国家现行的有关规定。

（2）裱贴工程基层处理质量应符合要求。

（3）裱贴后各幅拼接应横平竖直，拼接处花纹、图案应吻合，不离缝，不搭接，不显拼缝。

（4）壁纸、壁布应粘贴牢固，不得有漏贴、补贴、脱层、空鼓和翘边。

2. 一般项目

（1）复合压花壁纸的压痕和发泡壁纸的发泡层应无损伤。

（2）壁纸、壁布与各种装饰线、设备线盒应交接严密。

（3）壁纸、壁布边缘应平直整齐，不得有纸毛、飞刺。

（4）壁纸、壁布阴角处搭接应顺光，阳角处应无接缝。

四、注意事项

1. 壁布、锦缎裱贴时，在斜视壁面上有污斑时，应将两布对缝时挤出的胶液及时擦干净，已经干的胶液要用温水擦洗干净。

2. 裱贴前一定要重视对基层的清理工作。因为基层表面有积灰、积尘、腻子包、小砂粒、胶浆疙瘩等，会造成壁纸表面不平，斜视有疙瘩。

3. 裱贴时，应重视边框、贴脸、装饰木线、边线的制作工作。制作要精细，套割要认真、细致，拼装时钉子和涂胶要适宜，木材含水率不得大于 8%，以保证装修质量和效果。

五、成品保护

1. 已裱贴完壁纸的房间应及时清理干净，不准做临时料房或休息室，避免其被污染和损坏。应设专人负责管理，如及时锁门，定期通风换气、排气等。

2. 在整个壁纸裱贴施工过程中，严禁非操作人员随意触摸成品。

3. 严禁在已裱贴完壁纸的房间内剔眼打洞。若纯属设计变更所致，也应采取可靠、有效的措施进行成品保护，施工时要仔细，施工后要及时认真修补成品损坏处，以保证成品完整。

4. 裱贴壁纸时，各道工序必须严格按照规程施工，操作时要做到干净利落，边缝要切割整齐、到位，胶液痕迹要擦干净。

5. 冬季在采暖条件下施工，要派专人负责看管，严防发生跑水、渗漏水等事故。

六、安全措施

1. 操作前检查脚手架和跳板是否搭设牢固，高度是否满足操作要求，合格后才能上架操作，凡不符合安全之处应及时修整。

2. 禁止穿硬底鞋、拖鞋、高跟鞋在架子上工作。架子上的人员不得集中站在一起。工具要搁置稳定，以防止坠落伤人。

3. 在两层脚手架上操作时，应尽量避免施工人员在同一垂直线上工作。

4. 夜间临时用的移动照明灯，必须采用安全电压。

5. 选择材料时，必须选择符合国家规定的材料。

第六节 SECTION 6 涂饰工程施工工艺

涂饰工程与其他墙面构造技术相比，有施工简单、省工省料、工期短、工效高、作业面积大、便于维护和更新、造价低等优点，因此，涂饰成为广泛运用的饰面做法。

一、水溶型涂料涂饰工程施工工艺

1. 施工前准备

（1）工具准备。包括手压泵或电动喷浆机、大小浆桶、人造毛滚子、刷子、排笔、开刀、胶皮刮板、0 号和 1 号砂纸、大小水桶、胶皮管，以及配件、腻子板、擦拭布、手套、胶鞋等。

（2）材料准备。包括涂料、水、颜料等。

2. 施工操作流程

基层清理 → 喷、刷胶水 → 局部刮腻子 → 轻隔墙拼缝处理 → 满刮腻子 → 刷浆

（1）基层清理。新建筑的混凝土或抹灰基层在涂料涂饰前应刷抗碱封闭底漆。旧墙面在涂饰涂料前应清除疏松的旧装修层，并涂刷界面剂。混凝土或抹灰基层涂刷水溶型涂料时，含水率不得大于 10%。基层腻子应平整、坚实、牢固，无粉化、起皮和裂缝；内墙腻子的黏结强度应符合《建筑室内用腻子》（JG/T 298—2010）的规定。厨房、卫生间墙面必须使用耐水腻子。

（2）喷、刷胶水。刮腻子之前在混凝土墙面上先喷、刷一道胶水（质量配合比为水：乳液 = 5：1），要喷、刷均匀，不得有遗漏。

（3）局部刮腻子。用石膏腻子将缝隙和坑洼不平处找平，应将腻子填实补平，并将多余的废腻子收净。腻子干后，用砂纸磨平，并把浮尘扫净。如发现还有腻子塌陷处和凹坑，应重新用腻子补平。石膏腻子质量配合比为石膏粉：乳液：纤维素水溶液 = 100 ：45 ：60，其中纤维素水溶液质量分数为 3.5%。

（4）轻隔墙拼缝处理。石膏板和轻隔墙上糊一层玻璃网格布或绸布条，用浆料将布条粘在缝上，粘条时应把布条拉直糊平，并刮石膏腻子一道。

（5）满刮腻子。根据墙体基层的不同和浆活等级要求不同，刮腻子的遍数和材料也不同。如混凝土墙应刮 2 道石膏腻子和 1 ~ 2 道大白腻子；抹灰墙及石膏板墙刮 2 道大白腻子即可达到喷浆的基层要求。刮腻子时应横竖刮，并应注意接槎和收头时腻子要刮净，每道腻子干后，应用砂纸打磨，将腻子磨平后将浮尘擦净。如面层要涂刷带颜色的浆料时，在腻子中要掺入适量相同颜色的颜料。腻子质量配合比为乳液：滑石粉（或大白粉）：20% 纤维素 = 1 ：5 ：3.5。

（6）刷浆。刷浆次序为顶棚，后由上而下刷四面墙壁。刷浆方法有刷涂、喷涂、滚涂三种。刷涂是以排笔、扁刷、圆刷等工具人工进行，操作简单但工效较低；喷涂是用手压式或电动式喷浆机进行，工效高、质量好，适于大面积刷浆；滚涂是用毛长 12 mm 左右人造毛滚子，蘸浆后进行滚涂，具有涂布较均匀、拉毛短、表面平整、无接头排痕、减轻体力劳动、省浆（30%）等优点。在具体实施中根据工程实际情况，灵活使用以上三种方法。

使用刷涂方法刷浆时，头遍应横着刷，浆宜稠些，晾干后找补腻子（刷石灰水时不用），打磨平，第二遍和第三遍宜稀些，再竖着刷，做到轻刷、快刷，距离不要拉得太大，每遍一气呵成。接头处不得重叠，做到颜色均匀、厚度一致，不带刷痕、刷毛，不漏刷、不漏底。

使用喷涂方法刷浆时，应将门窗用纸盖好。每刷一次检查一遍，漏刷应补刷，末遍要均匀。每个房间要一次做完，干后如不均匀，再找补一次腻子，打磨后再刷一遍。如基层表面过干，应适当喷水湿润。冬季每刷一遍须隔 3 h。

使用滚涂方法刷浆时，腻子要干燥，浆的黏度不要太高，涂浆厚薄要一致，如基层不平应用短滚子滚涂。第一遍干后再滚涂第二遍，滚涂不到处，用排笔补刷。

5. 成品保护

（1）刷浆施工前应采取防污染门窗和已做完的饰面层成品保护的措施。

（2）对已完成的刷浆成品做好保护，防止其他工序对产品的污染和损坏。

（3）室内浆活进行修理时，应注意已装好的电气开关、插销座等电气产品和设备管道的保护，防止刷浆时造成污染。

（4）应先将门窗口圈用排笔刷出后，再进行大面积浆活的施工，以减少污染。

（5）刷浆前应对已完成的地面面层进行保护，防止落浆造成污染。

（6）施工人员施工时严禁蹬踩已施工完部位，并防止因油桶被碰翻而使涂料污染墙面、地面。

（7）施工人员的料房地、墙应先进行遮挡和保护后再施工。

（8）严禁在地面上拖拉移动浆桶、喷浆机等施工用具，以防止损坏地面面层。

（9）严禁施工人员污染的手和施工工具等碰撞已施工完的墙面、墙角。

6. 安全措施

（1）用石灰水刷（喷）浆时，操作人员应在手、脸上抹凡士林或护肤膏，并戴上防护眼镜和口罩，以免灼伤皮肤。在室外喷浆时，操作人员应站在上风向。

（2）使用易燃涂料，操作时不允许吸烟，不能接触明火。

（3）各种易燃、有毒材料应放在专用库房内，不宜与其他材料混放。具有挥发性的涂料应装入密闭容器内，妥善保管。

（4）雨后高空作业应先检查脚手架。大风时不应进行高空作业，以免发生事故。

（5）料房与建筑物必须保持一定的安全距离；要有严格的管理制度，专人负责；料房内严禁烟火，并有明显的标志；配备足够的消防器材。

（6）沾染涂料的棉丝、破布、油纸等废物，应收集存放在有盖的金属容器内，及时处理，不得乱扔。

（7）料房内的稀释剂和易燃涂料必须堆在安全处，切勿放在门口和人员经常走动的地方。

（8）工作完毕，未用完的涂料和稀释剂应及时清理入库。

（9）在掺入稀释剂、快干剂时，禁止烟火，以免引起燃烧。

（10）喷涂场地的照灯应用玻璃罩保护，以防灯泡沾上漆雾而爆炸。

（11）木地板、门窗铲下的油皮应及时火烧、水泡或土埋，以免其自燃。

（12）熬胶、熬油时，应清除周围的易燃物和火源，并应配备相应的消防设施。

二、溶剂型涂料涂饰工程施工工艺

1. 施工前准备

（1）工具准备。包括手压泵或电动喷浆机、大小浆桶、人造毛滚子、刷子、排笔、开刀、胶皮刮板、0 号和 1 号砂纸、大小水桶、胶皮管等零星配件、腻子板、擦拭布、手套、胶鞋等。

（2）材料准备。包括涂料、溶剂、颜料等。

2. 施工操作流程

基层处理 → 修补腻子 → 刮腻子 → 施涂第一遍乳液薄涂料 → 施涂第二遍乳液薄涂料 → 施涂第三遍乳液薄涂料

（1）基层处理。首先将墙面等基层上起皮、松动和鼓包等清除、凿平，将残留在基层表面上的灰尘、污垢、溅沫和砂浆流痕等清除、扫净。

（2）修补腻子。用水石膏将墙面等基层上磕碰的坑凹、缝隙等处分遍找平，干燥后用 1 号砂纸将凸出部位磨平，并将浮尘等扫净。

（3）刮腻子。刮腻子的遍数可由基层或墙面的平整度来决定，一般情况为三遍，腻子一般有两种，一种是适用于室内的腻子，其质量配合比为聚醋酸乙烯乳液（即白乳胶）：滑石粉或大白粉 =1 ： 5，另一种是适用于外墙、厨房、卫生间的腻子，其质量配合比为聚醋酸乙烯乳液：水泥：水 =1 ： 5 ： 1。具体操作方法：第一遍用胶皮刮板横向涂刮，一刮板接着一刮板，接头不得留槎，每刮一刮板最后收头时，要注意收得干净利落。干燥后用 1 号砂纸打磨，将浮腻子和斑迹磨平、磨光，再将墙面清扫干净。第二遍用胶皮刮板竖向涂刮，所用材料和方法同第一遍腻子，干燥后用 1 号砂纸磨平，并清扫干净。第三遍用胶皮刮板找补腻子，用腻子板满刮腻子，将墙面等基层刮平、刮光，干燥后用细砂纸磨平、磨光，注意不要漏磨或将腻子磨穿。

（4）施涂第一遍乳液薄涂料。施涂顺序是先刷顶板后刷墙面，刷墙面时应先上后下。先将墙面清扫干净，再用布将墙面粉尘擦净。乳液薄涂料使用前，应搅拌均匀，适当加水稀释，以防止头遍涂料因过稠涂不开，涂刷不匀。干燥后复补腻子，复补腻子干燥后用砂纸磨光，并清扫干净。

（5）施涂第二遍乳液薄涂料。操作要求同第一遍，使用前要充分搅拌，如不很稠，不宜加水或尽量少加水，以防露底。漆膜干燥后，用细砂纸将墙面小疙瘩和排笔毛打磨掉，并清扫干净。

（6）施涂第三遍乳液薄涂料。操作要求同第二遍。由于涂料漆膜干燥较快，应连续、迅速操作，涂刷时从一端开始，逐渐涂刷向另一端，要注意上下顺刷、互相衔接，后一排笔紧接前一排笔，避免出现干燥后再处理接头。复层涂料的涂饰质量和检验方法见表 4-11。

表 4-11 复层涂料的涂饰质量和检验方法

项次	项目	质量要求	检验方法
1	颜色	均匀一致	观察
2	泛碱、咬色	允许少量轻微	观察
3	喷点疏密程度	均匀，不允许连片	观察

3. 质量检验标准

（1）主控项目

1）溶剂型涂料涂饰工程所选用涂料的品种、型号和性能应符合设计要求。

检查方法：检察产品合格证书、性能检测报告和进场验收记录。

2）溶剂型涂料涂饰工程的颜色、光泽、图案应符合设计要求。

检查方法：观察。

3）溶剂型涂料涂饰工程应涂饰均匀、黏结牢固，不得漏涂、透底、起皮和泛锈。

检查方法：观察，手摸检查。

4）溶剂型涂料涂饰工程的基层处理应符合规范要求。

（2）一般项目

1）色漆的涂饰质量和检验方法应符合表 4-12 的规定。

2）清漆的涂饰质量和检验方法应符合表 4-13 的规定。

3）涂层与其他装修材料和设备衔接处应吻合，界面应清晰。

表 4-12 色漆的涂饰质量和检验方法

项次	项目	普通涂饰	高级涂饰	检验方法
1	颜 色	均匀一致	均匀一致	观察
2	光泽、光滑	光泽基本均匀，光滑无挡手感	光泽均匀一致，光滑	观察，手摸检查
3	刷纹	刷纹通顺	无刷纹	观察
4	裹棱、流坠、皱皮	明显处不允许	不允许	观察
5	装饰线、分色线直线度允许偏差（mm）	2	1	拉 5 m 线，不足 5 m 的拉通线，用钢直尺检查

表 4-13 清漆的涂饰质量和检验方法

项次	项目	普通涂饰	高级涂饰	检验方法
1	颜色	基本一致	均匀一致	观察
2	木纹	棕眼刮平，木纹清楚	棕眼刮平，木纹清楚	观察
3	光泽、光滑	光泽基本均匀，光滑无挡手感	光泽均匀一致，光滑	观察，手摸检查
4	刷纹	无刷纹	无刷纹	观察
5	裹棱、流坠、皱皮	明显处不允许	不允许	观察

注：无光色漆不检查光泽。

4. 注意事项

（1）漏刷。漏刷一般多发生在门窗的上、下冒头和靠合页小面，以及门窗框、压缝条的上、下端部和衣柜门框的内侧等处。

（2）缺腻子、缺砂纸。缺腻子、缺砂纸一般多发生在合页槽、上中下冒头、榫头、打孔、裂缝、节疤和棱残缺处等。

（3）流坠、裹棱。油漆流坠、裹棱的主要原因一是由于油漆料太稀、漆膜太厚或环境温度高、油漆干燥较慢等，二是由于操作顺序和手法不当，尤其是门窗边棱分色处，一旦油量大和操作不注意，往往容易造成流坠、裹棱。

（4）刷纹明显。主要是油刷小或油刷未泡开、刷毛发硬所致。应使用相适应的刷子，并把油刷用稀料泡软后再使用。

（5）粗糙。主要原因是基层不干净，油漆内有杂质或在尘土飞扬时施工，造成油漆表面出现粗糙现象。应注意用湿布擦净，油漆要过箩，严禁刷油时扫地扬尘或在大风天气刷油。

（6）皱纹。主要是漆质不好，兑配不均匀，溶剂挥发快或催干剂过多等原因造成的。

（7）五金污染。除了操作要细，还宜将门锁、拉手、插销等五金后装（但可以事先把位置和门锁孔眼钻好），以确保五金洁净、美观。

5. 成品保护

（1）每遍油漆前，都应将地面、窗台清扫干净，防止尘土飞扬影响油漆质量。

（2）每遍油漆后，都应将门窗扇用梃钩钩住，防止门窗扇、框油漆黏结，破坏漆膜，造成修补和操作困难，以及风吹门窗扇撞击门框造成门窗扇或玻璃损坏。

（3）刷油后应将滴在地面或窗台上和污染在墙上的油点清刷干净。

（4）油漆完成后，应派专人负责看管成品。

6. 安全措施

（1）用石灰水刷（喷）浆时，操作人员应在手、脸上抹凡士林或护肤膏，并戴上防护眼镜和口罩，以免灼伤皮肤。在室外喷浆时，操作人员应站在上风向。

（2）使用易燃涂料，操作时不允许吸烟，不能接触明火。

（3）各种易燃、有毒材料应放在专用库房内，不宜与其他材料混放。具有挥发性的涂料应装入密闭容器内，妥善保管。

（4）雨后高空作业应先检查脚手架。大风时不应进行高空作业，以免发生事故。

（5）料房与建筑物必须保持一定的安全距离；要有严格的管理制度，专人负责；料房内严禁烟火，并有明显的标志；配备足够的消防器材。

（6）沾染涂料的棉丝、破布、油纸等废物，应收集存放在有盖的金属容器内，及时处理，不得乱扔。

（7）料房内的稀释剂和易燃涂料必须堆在安全处，切勿放在门口和人员经常走动的地方。

（8）工作完毕，未用完的涂料和稀释剂应及时清理入库。

（9）在掺入稀释剂、快干剂时，禁止烟火，以免引起燃烧。

（10）喷涂场地的照灯应用玻璃罩保护，以防灯泡沾上漆雾而爆炸。

（11）木地板、门窗铲下的油皮应及时火烧、水泡或土埋，以免其自燃。

（12）熬胶、熬油时，应清除周围的易燃物和火源，并应配备相应的消防设施。

三、彩色涂料涂饰工程施工工艺

1. 施工前准备

（1）工具准备。包括油刷、腻子槽、排笔、棕刷、开刀、牛角板、油画笔、毛笔、砂纸、砂布、腻子板、腻子托板、钢皮刮板、橡胶刮板、油桶、水桶、大浆桶、小浆桶、油勺、擦布、棉丝、小色碟、喷斗、喷枪、高压胶管、长毛绒辊、压花辊、印花辊、硬质塑料、橡胶辊、不锈钢抹子、塑料抹子、托灰板、铜丝箩、纱箩、高凳、脚手板、安全带、钢丝钳子、指套、砂纸、砂布、小锤子、小铁锹、小笤帚、手压泵、空气压缩机（最高气压 10 MPa，排气室 0.6 m^3）、高压无气喷涂机（含配套设备）、手持式电动搅拌器、电动弹涂器和配套设备等。

（2）材料准备。包括涂料、溶剂、颜料等

2. 施工操作流程

基层处理 → 分格缝 → 施涂封底涂料 → 喷、滚、弹主层涂料 → 喷、滚、弹复层涂料 → 涂料修整

（1）基层处理。将混凝土或水泥混合砂浆抹灰表面上的灰尘、污垢、溅沫和砂浆流痕等清除干净。同时将基层缺棱掉角处，用 1 ∶ 3 水泥砂浆修补好；表面麻面和缝隙应用聚醋酸乙烯乳液、水泥和水按质量配合比 1 ∶ 5 ∶ 1 调和成的腻子填补齐平，并用同样质量配合比的腻子进行局部刮腻子，待腻子干后，用砂纸磨平。

（2）分格缝。首先根据设计要求进行吊垂直、套方、找规矩、弹分格

缝。此项工作必须严格按标高控制好，必须保证建筑物四周要交圈，还要考虑外墙涂料工程分段进行时，应以分格缝、墙的阴角处或水落管等为分界线和施工缝，垂直分格缝则必须进行吊直，缝格必须平直、光滑、粗细一致等。

（3）施涂封底涂料。涂刷方向、距离应一致，接槎应在分格缝处。如所用涂料干燥较快时，应缩短刷距。刷涂一般不少于 2 道，应在前一道涂料表干后再刷下一道。两道涂料的间隔时间一般为 2 ~ 4 h。

（4）喷、滚、弹主层涂料

1）喷涂。喷涂施工应根据所用涂料的品种、黏度、稠度、最大粒径等，确定喷涂机具的种类、喷嘴口径、喷涂压力、与基层之间的距离等。一般要求喷枪运行时，喷嘴中心线必须与墙面垂直，喷枪与墙面有规则地平行移动，运行速度应保持一致。涂层的接槎应留在分格缝处。门窗和不喷涂料的部位，应认真遮挡。喷涂操作一般应连续进行，一次成活。

2）滚涂。滚涂操作应根据涂料的品种、要求的花饰确定滚子的种类。操作时在滚子上蘸少量涂料后，在预涂墙面上上下垂直来回滚动，应避免扭曲蛇行。

3）弹涂。先在基层刷涂 1 ~ 2 道底色涂层，待其干燥后进行弹涂。弹涂时，弹涂器的机口应垂直、对正墙面，距离保持为 30 ~ 50 cm，按一定速度自上而下、由左向右弹涂。选用压花型弹涂时，应适时将彩点压平。

（5）喷、滚、弹复层涂料。这是由底层涂料、主涂层、面层涂料组成的涂层。底层涂料可采用喷、滚、刷涂的任一方法施工。主涂层用喷斗喷涂，喷涂花点的大小、疏密根据需要确定。花点如需压平时，则应在喷点后适时用塑料或橡胶辊蘸汽油或二甲苯压平。主涂层干燥后，即可涂饰面层涂料。面层涂料一般为 2 道，间隔时间为 2 h 左右。复层涂料的三个涂层可以采用同一材质的涂料，也可由不同材质的涂料组成。

（6）涂料修整。涂料修整工序很重要，修整的主要形式有两种，一种是边施工边修整，它贯穿于班前班后和每完成一步工序；另一种是整个分部、分项工程完成后，进行全面检查，如发现有“漏涂”“透底”“流坠”等问题，立即修整和处理。

3. 注意事项

（1）喷、滚、弹面层空鼓、裂缝。主要原因是结构基底不平，底层抹灰厚薄不匀，没按规程分层打底和分格施工，由于大面积水泥

砂浆抹后不分格、不分层，干燥收缩不一，会形成空鼓、裂缝。此外，在做面层时，由于基层清理得不干净，基层比较干燥，同样会将面层拉裂。

（2）颜色不匀，二次修补接槎明显。主要原因是质量配合比掌握不准，掺加料不匀；喷、滚、弹手法不一，或涂层厚度不一；采用单排外脚手架施工，边拆架子，边修堵脚手眼，边抹灰，边喷、滚、弹，因底层二次修补灰层与原抹灰层含水率不一，面层施工后含水率高，造成面层二次修补接槎明显。解决办法是：设专人掌握质量配合比和统一配料，且计量要准；喷、滚、弹面层施工要指定专人负责，以使操作手法一致、面层厚度掌控均匀；严禁采用单排外架子，如采用双排外架子施工时，也要禁止将支杆压在墙上，以防造成二次修补，影响涂层美观。

（3）底灰抹得不平，或抹纹明显。主要原因是喷、滚、弹涂层较薄，底灰上的弊病要想通过面层来掩盖又掩盖不了，所以要求底灰抹好后，应按水泥砂浆抹面交验的标准检验，否则，会影响面层的质感和观感。

（4）面层施工接槎明显。主要原因是面层施工时没将施工槎子留在不显眼的地方，而是无计划乱甩槎，形成面层花感。解决办法是：施工中间留槎必须留在分格条、伸缩缝或管后、水落管等不显眼的地方，严禁在分块中间甩槎。二次接槎施工时注意涂层的厚度，避免重叠施涂，形成局部花感。

（5）施工时颜色很好，交工时污染不清。主要原因是涂层内的颜色选择不好，施工完到竣工，经风吹、雨打、日晒，颜色变化，交竣工时面层污染。解决办法是：选用抗紫外线、抗老化的无机颜料，施工时严格控制加水量，中途不得随意加水，以保持颜色一致；要防止面层的污染，可在涂层完工 24 h 后喷有机硅一道，并注意喷的厚度一致，既要防止漏喷，又要防止流淌或过厚，形成花感。

4. 成品保护

（1）施工前应将不进行喷涂和弹涂的门窗面遮挡保护好，以防沾污。

（2）喷、滚、弹完成后，应及时用木板将洞口保护好，防止碰撞损坏。

（3）拆、翻架子时，要严防碰撞墙面和污染涂层。

（4）施工人员在施工操作时严禁蹬踩已施工完毕的部位，还应注意防止油桶、涂料污染墙面。

（5）室内施工时一律不准从内往外清倒垃圾，严防污染喷、滚、弹涂饰面面层。

（6）阳台、雨罩等出水口宜采用硬质塑料管做排水管，防止因使用铁管造成对面层的锈迹污染。

（7）涂料干燥前，应防止雨淋、尘土沾污和热空气的侵袭，一旦发生，应及时进行处理。

（8）施涂工具使用完毕，应及时清洗或浸泡在相应的溶剂中，以确保下次继续使用。

5. 安全措施

（1）用石灰水刷（喷）浆时，操作人员应在手、脸上抹凡士林或护肤膏，并戴上防护眼镜和口罩，以免灼伤皮肤。在室外喷浆时，操作人员应站在上风向。

（2）使用易燃涂料，操作时不允许吸烟，不能接触明火。

（3）各种易燃、有毒材料应放在专用库房内，不宜与其他材料混放。具有挥发性的涂料应装入密闭容器内，妥善保管。

（4）雨后高空作业应先检查脚手架。大风时不应进行高空作业，以免发生事故。

（5）料房与建筑物必须保持一定的安全距离；要有严格的管理制度，专人负责；料房内严禁烟火，并有明显的标志；配备足够的消防器材。

（6）沾染涂料的棉丝、破布、油纸等废物，应收集存放在有盖的金属容器内，及时处理，不得乱扔。

（7）料房内的稀释剂和易燃涂料必须堆在安全处，切勿放在门口和人员经常走动的地方。

（8）工作完毕，未用完的涂料和稀释剂应及时清理入库。

（9）在掺入稀释剂、快干剂时，禁止烟火，以免引起燃烧。

（10）喷涂场地的照灯应用玻璃罩保护，以防灯泡沾上漆雾而爆炸。

（11）木地板、门窗铲下的油皮应及时火烧、水泡或土埋，以免其自燃。

（12）熬胶、熬油时，应清除周围的易燃物和火源，并应配备相应的消防设施。

四、美术涂料涂饰工程施工工艺

1. 施工准备

（1）工具准备。包括油刷、腻子槽、排笔、棕刷、开刀、牛角板、油画笔、毛笔、砂纸、砂布、腻子板、腻子托板、钢皮刮板、胶皮刮板、油桶、水桶、大浆桶、小浆桶、油勺、擦布、棉丝、小色碟、喷斗、喷枪、高压胶管、长毛绒辊、压花辊、印花辊、橡胶辊、不锈钢抹子、塑料抹子、托灰板、铜丝箩、纱箩、高凳、脚手板、安全带、钢丝钳子、指套、小锤子、小铁锹、小笤帚、手压泵、空气压缩机（最高气压 1 MPa，排气室 0.6 m^3）、高压无气喷涂机（含配套设备）、手持式电动搅拌器、电动弹涂器和配套设备等。

（2）材料准备。包括涂料、溶剂、颜料等。

2. 施工操作流程

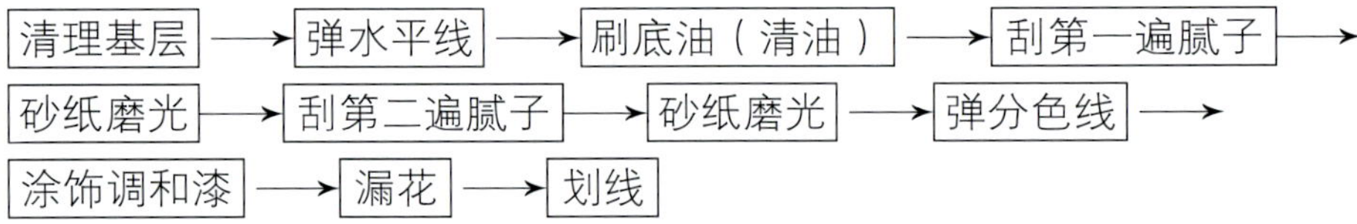

3. 施工操作要点

（1）操作时，漏花板必须注意找好垂直，每一套色为一个板面，每个板面四角均有标准孔（俗称规矩），必须对准，不应有位移，更不得将板子翻用。

（2）漏花的配色，应以墙面油漆的颜色为基色，每一板的颜色深浅适度，才能使组成的图案色调协调、柔和，并呈现立体感和真实感。

（3）宜按喷印方法进行，并按分色顺序喷印。套色漏花时，第一遍油漆干透后，再涂第二遍色油漆，以防混色。各套色的花纹要组织严密，不得有漏喷（刷）和漏底子的现象。

（4）配料的稠度适当，稀了易流坠污染墙面，干了则易堵塞喷油嘴影响质量。

（5）漏花板每漏 3 ~ 5 次，应用干燥、洁净的布抹去背面和正面的油漆，以防污染墙面。

4. 质量检验标准

（1）主控项目

1）美术涂料涂饰所用材料的品种、型号和性能应符合设计要求。

检验方法：观察，检查产品合格证书、性能检测报告和进场验收记录。

2）美术涂料涂饰工程应涂饰均匀、黏结牢固，不得漏涂、透底、起皮、掉粉和反锈。

检验方法：观察。

3）美术涂料涂饰工程的基层处理应符合规范要求。

检验方法：观察，手摸检查，检查施工记录。

4）美术涂料涂饰的套色、花纹和图案应符合设计要求。

检验方法：观察。

（2）一般项目

1）美术涂料涂饰表面应洁净，不得有流坠现象。

检验方法：观察。

2）仿花纹涂料涂饰的饰面应具有被模仿材料的纹理。

检验方法：观察。

3）套色涂料涂饰的图案不得移位，纹理和轮廓应清晰。

检验方法：观察。

5. 注意事项

（1）分格时应注意横、竖木纹板的尺寸比例关系，使之比例和谐，竖木纹约为横木纹的 4 倍。

（2）底子的颜色，以浅黄色或浅米色为宜，力求底子油漆的颜色和木料的本色接近。

（3）面层油漆的颜色要比底子油漆深，且不得掺快干油，宜选用结膜较慢的清漆，以满足工作黏度的要求。

（4）第二遍腻子应加少量石黄，以便与第二遍腻子颜色有区别，可以防止漏刷。但第二遍腻子应比第一遍腻子略稀一点。

6. 成品保护

（1）每遍油漆前，都应将地面、窗台清扫干净，防止尘土飞扬影响油漆质量。

（2）每遍油漆后，都应将门窗扇用梃钩钩住，防止门窗扇、框油漆黏结，破坏漆膜，造成修补和操作困难，以及风吹门窗扇撞击门框造成门窗扇或玻璃损坏。

（3）刷油后应将滴在地面或窗台上和污染在墙上的油点清刷干净。

（4）油漆完成后，应派专人负责看管成品。

7. 安全措施

（1）用石灰水刷（喷）浆时，操作人员应在手、脸上抹凡士林或护肤膏，并戴上防护眼镜和口罩，以免灼伤皮肤。在室外喷浆时，操作人员应站在上风向。

（2）使用易燃涂料，操作时不允许吸烟，不能接触明火。

（3）各种易燃、有毒材料应放在专用库房内，不宜与其他材料混放。具有挥发性的涂料应装入密闭容器内，妥善保管。

（4）雨后高空作业应先检查脚手架。大风时不应进行高空作业，以免发生事故。

（5）料房与建筑物必须保持一定的安全距离；要有严格的管理制度，专人负责；料房内严禁烟火，并有明显的标志；配备足够的消防器材。

（6）沾染涂料的棉丝、破布、油纸等废物，应收集存放在有盖的金属容器内，及时处理，不得乱扔。

（7）料房内的稀释剂和易燃涂料必须堆在安全处，切勿放在门口和人员经常走动的地方。

（8）工作完毕，未用完的涂料和稀释剂应及时清理入库。

（9）在掺入稀释剂、快干剂时，禁止烟火，以免引起燃烧。

（10）喷涂场地的照灯应用玻璃罩保护，以防灯泡沾上漆雾而爆炸。

（11）木地板、门窗铲下的油皮应及时火烧、水泡或土埋，以免其自燃。

（12）熬胶、熬油时，应清除周围的易燃物和火源，并应配备相应的消防设施。

思考与练习

1. 去建筑装饰施工工地现场了解墙面装饰的材料和施工工艺。

2. 简述装饰工程上常用的饰面装饰材料的种类、适用范围和施工机具。

3. 简述抹灰的施工工艺。

4. 壁纸装饰材料主要有什么特点？目前有哪些新的品种？

5. 简述壁纸裱贴饰面工程施工的主要施工工艺。

6. 简述软包饰面工程施工操作步骤。

7. 木饰面板的施工准备工作和材料要求有哪些？

8. 简述石材饰面板干挂法的施工工艺。

9. 涂饰工程施工对基层处理有哪些一般要求？如何对基层进行清理、修补和复查？

10. 简述水溶型涂料和溶剂型涂料的施工工艺。

11. 玻璃板（镜面）固定的基本方法有哪几种？

12. 到校内实习基地或工地动手进行各类墙面的装饰施工，并记录施工过程。

第五章

轻质隔墙工程材料与施工工艺

学习目标

◆掌握常用轻质隔墙工程材料，如板材隔墙、骨架隔墙、活动隔墙、玻璃砖隔墙和空心砖隔墙的性质、特点、用途。同时通过对各种不同类型轻质隔墙安装施工工序的重点学习，能够对其完整施工过程有一个全面的认识

◆通过对各种不同类型轻质隔墙施工工艺的深刻理解，学会正确选择材料和施工工艺，并能合理地组织施工，以达到保证工程质量的目的，培养解决现场施工常见工程质量问题的能力

◆在掌握各种不同类型轻质隔墙施工工艺的基础上，领会工程质量验收标准

隔墙是分割空间的构件，是非承重墙体的一种。隔墙一般都跟普通墙一样，是到顶的立面。但跟传统墙体不同的是，大多数隔墙都是可拆散重装的，也就是说隔墙是可重复利用的。隔墙具有密度小、强度高、墙体厚薄适中、易安装、可重复利用，以及隔声、防潮、防火、环保等特点。

隔墙的类型按构造方式不同分为砌块隔墙、骨架隔墙、板材隔墙、活动隔墙等，按使用材料不同分为木质隔墙、石膏板隔墙、玻璃隔墙、金属隔墙等，按使用功能不同分为拼装式隔墙、推拉式隔墙、折叠式隔墙、卷帘式隔墙等。

第一节 SECTION 1 常用隔墙材料

一般来讲，隔墙材料有板材隔墙材料、骨架隔墙材料、活动隔墙材料、玻璃砖和空心砖隔墙材料等（常用的有轻质砖、玻璃砖、玻璃、木材和石膏板）。

一、板材隔墙材料

板材隔墙是指轻质的条板用胶黏剂拼合在一起形成的隔墙，即指不需要设置隔墙龙骨，由隔墙板材自承重，将预制或现制的隔墙板材直接固定于建筑主体结构上的隔墙工程。

板材隔墙是用轻质材料制成的大型板材，施工中直接拼装而不依赖骨架，具有自重轻、墙身薄、拆装方便、节能环保、施工速度快、工业化程度高的特点。目前多采用条板，如加气混凝土条板、石膏空心条板以及各种复合板。条板厚度大多为 60 ~ 100 mm，宽度为 600 ~ 1 000 mm，长度略小于房间净高。安装时，条板下部先用一对对口木楔顶紧，然后用细石混凝土堵严，板缝用黏结砂浆或胶黏剂进行粘接，并用胶泥刮缝，平整后再做表面装修。

1. 加气混凝土条板

加气混凝土是以硅质材料（砂、粉煤灰及含硅尾矿等）和钙质材料（石灰、水泥）为主要原料，掺加发气剂（铝粉），通过配料、搅拌、浇筑、预养、切割、蒸压、养护等工艺过程制成的轻质多孔硅酸盐制品（见图 5-1）。因其经发气后含有大量均匀而细小的气孔，故名加气混凝土。

图 5-1　加气混凝土条板

加气混凝土条板的特点是：

（1）质轻。孔隙率达 70% ~ 85%，体积密度一般为 500 ~ 900 kg/m^3，为普通混凝土的 1/5、黏土砖的 1/4、空心砖的 1/3，与木质差不多，能浮于水；可减轻建筑物自重，大幅度降低建筑物的综合造价。

（2）防火。主要原材料大多为无机材料，因而具有良好的耐火性能，并且遇火不散发有害气体；耐火 650 ℃，为一级耐火材料，90 mm 厚墙体耐火性能达 245 min，300 mm 厚墙体耐火性能达 520 min。

（3）隔声。因具有特有的多孔结构，因而具有一定的吸声能力，10 mm 厚墙体吸声能力可达到 41 dB。

（4）保温。由于材料内部具有大量的气孔和微孔，因而有良好的保温隔热性能，导热系数为 0.11 ~ 0.16 W/（m · K），是黏土砖的 1/5 ~ 1/4，通常 20 cm 厚加气混凝土墙的保温隔热效果相当于 49 cm 厚的普通实心黏土砖墙。

（5）抗渗。因材料由许多独立的小气孔组成，吸水导湿缓慢，同体积吸水至饱和所需时间是黏土砖的 5 倍。用于卫生间时，墙面进行界面处理后即可直接粘贴瓷砖。

（6）抗震。同样的建筑结构，比黏土砖提高两个抗震级别。

（7）环保。制造、运输、使用过程无污染，可以保护耕地、节能降耗，属绿色环保建材。

（8）耐久。材料强度稳定，在对试件大气暴露一年后测试，强度提高了 25%，10 年后仍保持稳定。

（9）快捷。具有良好的可加工性，可锯、刨、钻、钉，并可用适当的黏结材料粘接，为建筑施工创造了有利的条件。

2. 石膏空心条板

石膏空心条板是石膏板的一种，是主要用于建筑的非承重内墙，其特点是无须龙骨（见图 5-2）。

石膏空心条板形状与混凝土空心条板类似，规格尺寸一般为（2 400 ~ 3 000）mm × 600 mm ×（60 ~ 120）mm、7 孔或 9 孔。

石膏空心条板是以建筑石膏为主要材料，掺加适量水泥或粉煤灰，同时加入少量增强纤维（如玻璃纤维、纸筋等），也可以加入适量的膨胀珍珠岩及其他掺加料，经料浆拌和、浇筑成型、抽芯、干燥等工序制成。

图 5-2 石膏空心条板

与传统的实心黏土砖或空心黏土砖相比，用石膏空心条板做建筑内隔墙，除具有与石膏砌块相同的优点外，其单位面积内的质量更轻，从而使建筑物自重减轻，基础承载变小，可有效降低建筑造价；且条板长度随建筑物的层高确定，因此施工效率也更高。石膏空心条板具有质量轻、强度高、隔热、隔声、防水等性能，可锯、可刨、可钻、施工简便。与纸面石膏板相比，石膏用量少，不用纸和胶黏剂，不用龙骨，工艺设备简单，所以比纸面石膏板造价低。石膏空心条板墙面可进行喷浆、涂料、贴瓷砖、贴壁纸等各种饰面工程。

3. 复合板

复合板一般分为金属复合板、木材复合板、彩钢复合板、岩棉复合板等。

（1）金属复合板。金属复合板是在一层金属板上覆以另外一种金属板，以达到在不降低使用效果（防腐性能、机械强度等）的前提下节约资源、降低成本的效果；复合方法通常有爆炸复合法、爆炸轧制复合法、轧制复合法等；复合材料可分为复合板、复合管、复合棒等；主要应用在防腐、压力容器制造、电建、石化、医药、轻工、汽车等行业（见图 5-3）。

图 5-3 金属复合板

（2）木材复合板。木材复合板是在一块木板上覆以另外一块木板，中间刷胶黏剂的一种板材（见图 5-4）。

（3）彩钢复合板。彩钢复合版是面板及底板与保温芯材通过胶黏剂（或发泡）复合而成的保温复合板材（见图 5-5），主要板材有彩涂板、镀锌板、不锈钢板、铝箔纸、PVC 发泡板、三合板等。

1）彩涂板。业内又称彩钢板、彩板。彩涂板是以冷轧钢板和镀锌钢板为基板，经过表面预处理（脱脂、清洗、化学转化处理），以连续的方法涂上涂料（辊涂法），经过烘烤和冷却制成的产品。彩涂板具有轻质、美观和防腐蚀的特性，又可直接加工，广泛应用于建筑业、造船业、车辆制造业、家具行业、电气行业等，起到了以钢代木、高效施工、节约能源、防止污染等良好效果。彩涂板的特性如下：

图 5-4 木材复合板

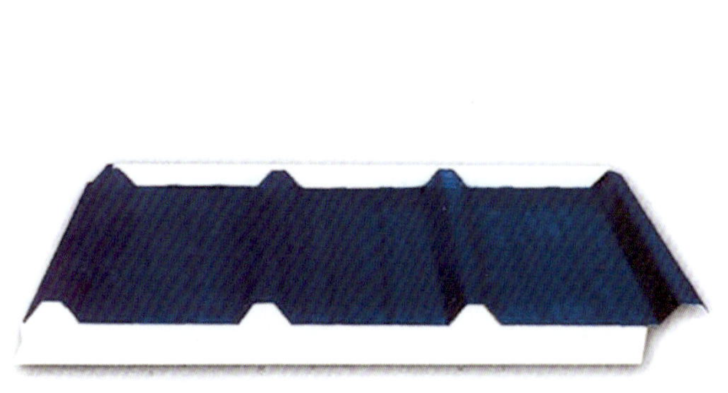

图 5-5 彩钢复合板

① 无污染，经济性。彩涂板生产过程对环境危害较小，可以回收利用，大大减轻了对环境的污染，而且自重较轻，可以节省承重结构用料，降低造价。

② 加工方便，便于施工。彩涂板可根据需要辊压成各种形状、长度的压型钢板，中间一般无搭接，施工简单，防水效果好。

2）镀锌板。为防止钢板表面遭受腐蚀，在钢板表面涂一层金属锌，这种涂锌的钢板称为镀锌板。

3）不锈钢板。不锈钢板耐腐蚀性好，韧度大、难加工，但粘接效果有时不好，需处理。

4）铝箔纸。铝箔纸是一种在铝箔与牛皮纸间夹有玻璃丝纤维加强筋的复合材料，具有阻燃、防火等功能特性，而且美观、经久耐用。

5）PVC 发泡板。PVC 发泡板的主要原材料是聚氯乙烯（PVC），其特点是表面平整美观、质量轻、难燃、防潮、隔声、防腐蚀、易裁剪、耐候性好、耐酸碱并方便清洗等。

6）三合板。三合板由于每一张的长度受限，紧凑效果不是很好，裂缝现象难解决。

（4）岩棉复合板。岩棉复合板是以玄武岩及其他天然矿石等为主要原料，经高温熔融成纤维，加入适量胶黏剂，固化加工而制成的（见图 5-6）。岩棉复合板主要应用于墙体保温、屋面保温、房门保温以及地面保温和隔声等几个方面。

图 5-6 岩棉复合板

二、骨架隔墙材料

骨架隔墙也称龙骨隔墙，是指在隔墙龙骨两侧安装面板以形成轻质的隔墙，即先用木料或钢材构成骨架，再在两侧做面层。骨架有木骨架、轻钢骨架、石膏骨架、石棉水泥骨架和铝合金骨架等。骨架分别由上槛、下槛、竖筋、横筋（又称横档）、斜撑等组成。竖筋的间距取决于所用材料的规格，再用同样断面的材料在竖筋间沿高度方向，按板材规格设定横筋，两端撑紧、钉牢，以增加稳定性。面层材料通常有纤维板、纸面石膏板、胶合板、钙塑板、塑铝板、纤维水泥板等轻质薄板。面板和骨架的固定方法，可根据不同材料，采用钉子固定、膨胀螺栓固定、铆钉固定、自攻螺钉或金属夹子固定等方法。

1. 木龙骨隔墙材料

木龙骨隔墙主要指采用木龙骨和木质饰面板组成的小型隔墙。木龙骨隔墙由上槛、下槛、立柱、横档或斜撑组成骨架，然后在两侧铺钉饰面板（见图 5-7）。

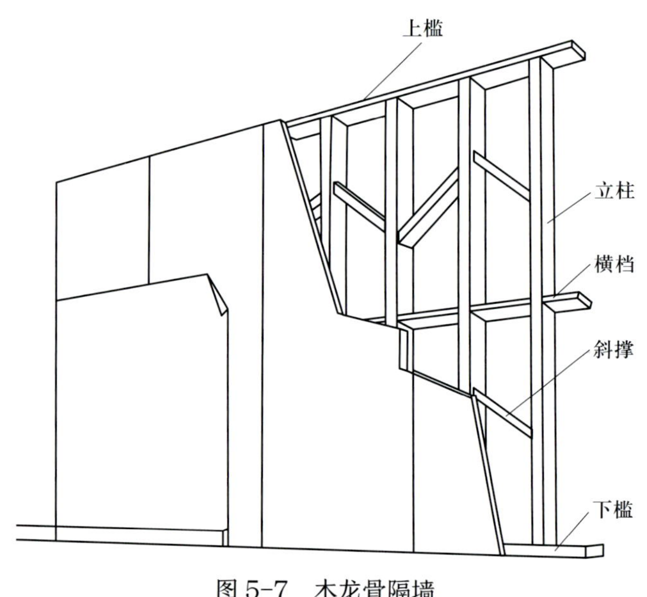

图 5-7　木龙骨隔墙

木龙骨隔墙常用骨架材料有落叶松、云杉、硬木松、水曲柳、桦木等。木龙骨有单层和双层两种形式。

单层木龙骨以单层方木为骨架，其厚度一般不小于 100 mm；其上槛、下槛、立柱及横撑的断面可取 50 mm × 70 mm、50 mm × 100 mm、45 mm × 90 mm；立筋间距由面板规格来定，一般为 400 ~ 600 mm；横档间距为 1.2 ~ 1.5 m。为加强骨架的整体性，可增设横档或把横档改为斜撑。

双层木龙骨用两层方木组成骨架，骨架之间用横档进行连接，其厚度一般为 120 ~ 150 mm。常用 25 cm × 30 cm 带凹槽方木做双层骨架的框体，每片规格为 300 mm × 300 mm 或 400 mm × 400 mm。

2. 轻钢龙骨隔墙材料

轻钢龙骨隔墙用轻钢结构做骨架，轻质墙填充隔声、减噪、阻燃岩棉做内部结构，外表面是以氧化镁、氯化镁为胶凝材料，以中碱性玻纤网为增强材料，以锯末、农作物秸秆为填充材料复合而成的新型不燃性装饰材料，预制时可做涂饰、暗纹等装饰图案。轻钢龙骨隔墙是轻钢建筑的支撑件，与钢筋混凝土框架结构一样，既承受所有竖向荷载，又承受水平和振动荷载，其支撑构件主要由厚度 1.5 ~ 3 mm 的薄钢板经冷弯或冷轧成型的薄壁型钢及其制品构成。

轻钢龙骨具有轻便、精确、成型方便，便于工业化生产、运输，施工和安装较方便，外形美观，布局灵活，结构自重轻，抗震性能好，符合环保和可持续发展要求的特性，适用于工业与民用建筑的非承重隔墙、隔断和框架结构内填充墙。

3. 石膏龙骨隔墙材料

石膏龙骨隔墙是用石膏做龙骨，两侧粘接纸面石膏板、水泥刨花板等制成。

4. 纸面石膏板隔墙材料

纸面石膏板隔墙主要用于建筑物内隔墙，有普通纸面石膏板、耐水纸面石膏板和耐火纸面石膏板三类。普通纸面石膏板是以重磅纸为护面纸。耐水纸面石膏板采用耐水的护面纸，并在建筑石膏料浆中掺入适量耐水外加剂制成耐水芯材。耐火纸面石膏板的芯材是在建筑石膏料浆中掺入适量无机耐火纤维增强材料后制作而成。

三、活动隔墙材料

活动隔墙材料有木质、金属、玻璃、复合材料等（见图 5-8）。

图 5-8　活动隔墙

1. 木质活动隔墙材料

（1）装饰人造板。装饰人造板是利用木质人造板做基材进行贴面、涂饰或其他表面加工而制成的一类装饰人造板材。装饰人造板种类极多，限于篇幅，仅对常见的一些品种做简单介绍。

1）贴面装饰人造板

① 薄木贴面装饰人造板。薄木贴面是一种高级装饰，它由天然纹理的木材制成各种图案的薄木与人造板基材胶贴而成，装饰自然而真实、美观而华丽，其装饰板材在建筑装饰、家具、车船装修等方面得到广泛应用。

② 镁铝合金贴面装饰板。这种装饰板以硬质纤维板或胶合板做基材，表面胶贴各种花色的镁铝合金薄板（厚度为 0.12 ~ 0.2 mm）。该板材可弯、可剪、可卷、可刨，加工性能好，可凹凸面转角，圆柱可贴面，施工方便，经久耐用，不褪色，用于室内装饰装修，能获得美丽、豪华、高雅的装饰效果。

③ 树脂浸渍纸贴面装饰板。树脂浸渍纸贴面装饰板木纹逼真、色泽鲜艳，耐磨、耐热、耐水、耐冲击、耐腐蚀，广泛用于建筑、车船、家具等装饰中。

2）涂饰人造板

① 印刷木纹装饰板。印刷木纹装饰板是 20 世纪 60 年代兴起的一种饰面板，它是用凹板花纹胶辊转印套色印刷机，在人造板基材上直接印以各种花纹制成，其花纹色泽鲜艳，深浅均匀，层次清晰，质感强烈。这种板的优点是不需要任何贴面材料，生产设备较简单，适用于各种基材的装饰处理。

② 大漆装饰板。大漆装饰板是一种不透明涂饰装饰板，为我国特有的品种之一，它以我国独特的大漆技术，将中国大漆漆于各种木材或人造板基材上制成。大漆装饰板漆膜明亮，花色繁多，美观大方，而且不怕水烫、火烫。有的品种在油漆中掺入各种宝砂，漆成各种花色，更是辉煌别致、美不胜收。

3）表面加工装饰板

① 模压浮雕装饰纤维板。模压浮雕装饰纤维板是通过刻有花纹的模辊或模板对人造板进行压制，使其表面出现立体花纹的装饰材料。这类材料具有图案清晰，经涂饰后色泽美观、立体感强等特点，可直接用于护墙板、天花板、车船内部和家具方面的装饰装修。

② 木纹烙印装饰板。木纹烙印装饰板是利用一种特殊的木纹

烙印机在人造板基材上连续烙印出各种图案花纹的装饰材料。这类材料具有成本低，耐用性能好，图案精美、逼真等特点。

③ 装饰吸声板。装饰吸声板是在板材上打孔或植绒，以达到增强吸声的效果，是一种具有特殊功能的装饰人造板，它不仅具有装饰性，而且比普通装饰板具有更好的吸声功能，可以用在一些特殊的装饰装修工程中。

2. 金属活动隔墙材料

（1）铝合金花纹板。铝合金花纹板是采用防锈铝合金等坯料，用特制的花纹轧制而成的，通过表面处理可以得到不同的颜色，花纹美观大方，不易磨损，防滑性能好，防腐蚀性强，便于冲洗，便于安装，广泛用于墙面装饰和楼梯及楼梯踏板处。

（2）不锈钢装饰制品。建筑装饰用不锈钢制品包括薄钢板、管材、型材及各种异型材等，其中厚度小于 2 mm 的薄钢板用得最多。

不锈钢装饰制品的主要特点是耐腐蚀性好，经不同表面加工可形成不同的光泽度和反射能力，安装方便，装饰效果好，具有时代感。

（3）彩色不锈钢板。彩色不锈钢板是在不锈钢板上进行技术性和艺术性加工，使其表面具有各种绚丽色彩，颜色包括蓝、灰、紫、红、青、绿、金黄、橙、茶色等多种。

彩色不锈钢板具有抗腐蚀性强、机械性能较高、彩色层面经久不褪色、色泽随光照角度不同会产生色调变化等特点，而且彩色层面能耐 200 ℃的温度，耐盐雾腐蚀性能比一般不锈钢好，耐磨性能相当于箔层涂金的性能。

3. 玻璃活动隔墙材料

玻璃是以石英砂、纯碱、石灰石等无机氧化物为主要原料，与某些辅助性原料在高温熔融、成型后经过冷却而成的固体。玻璃按制品结构与形状分类，有平板玻璃和玻璃制品两类。

平板玻璃有普通平板玻璃、钢化玻璃、夹层玻璃等。玻璃制品有平板玻璃制品、不透明玻璃制品、异型玻璃制品、绝热玻璃、隔声材料等。

（1）平板玻璃。平板玻璃是一种钠玻璃，它是熔炼后直接成型的平板玻璃制品。成型方法分为拉引法、浮法、对滚法、平拉法四种。普通平板玻璃大量用于建筑物内、外门窗及和各种室内隔断中以及作为深加工玻璃制品的基础材料。

（2）钢化玻璃。普通平板玻璃脆性大、易碎裂，玻璃碎块有尖锐棱角容易伤人。当采用物理或化学方法处理平板玻璃后，其强度、抗冲击性、耐温度急变性显著提高，并且破碎后碎片呈圆钝形，这种新型安全玻璃就是钢化玻璃。

钢化玻璃机械强度高，抗弯强度可达 200 MPa，抗冲击力强，弹性好。一块 1 200 mm × 350 mm × 6 mm 的钢化玻璃受力后可产生 100 mm 的挠度而不破碎，外力撤销后仍能恢复原状。钢化玻璃的另一个优点是热稳定性好，在受到急冷、急热时不会炸裂，最高安全工作温度为 228 ℃，可用来制造灯具和其他受热制品。钢化玻璃不能进行切削、磨削加工，其边角也不能碰击，应尽量选用现有规格成品或按图样加工定做。

（3）夹层玻璃。夹层玻璃是将两片或多片平板玻璃之间夹入一层热塑性透明树脂薄片，热压黏合而成的复合玻璃制品。生产夹层玻璃的原片可以采用普通平板玻璃、浮法玻璃、钢化玻璃、彩色玻璃、吸热玻璃和热反射玻璃等。夹层玻璃的抗冲击性能比普通平板玻璃高几倍，玻璃破碎时不飞溅，只有辐射状裂纹和少量碎玻璃屑。这是因为在冲击力作用下，表层玻璃的碎片粘在薄塑料膜上，不致飞溅伤人。因此，夹层玻璃也属于安全玻璃，通常用于有特殊安全要求的建筑门窗、隔墙等。

4. 复合隔墙材料

（1）珍珠岩植物复合板。珍珠岩植物复合板具有防火、防水、防震、防蛀、吸声、隔热、装饰性强、可锯、可钉等性能，可用于内外墙板、天花板、地板、门板、框架建筑挂板、组合式轻体多功能商品房、车船用板等。

（2）矿渣石膏装饰板。石膏是气硬性胶凝材料，抗水性差，掺入一定比例的矿渣，可以大大提高石膏硬化的抗水性，使制品的一些物理性能得到改善。矿渣石膏装饰板的特点是防水性较好，在受潮湿状态下的强度较好，故可用于比较潮湿的装饰部位。

四、玻璃砖隔墙材料

玻璃砖是用透明或颜色玻璃制成的块状、空心的玻璃制品或块状表面施釉的制品，其品种主要有玻璃饰面砖、玻璃锦砖（马赛克）、实心玻璃砖、空心玻璃砖等。

1. 玻璃砖的主要性能

玻璃砖是一种以玻璃为基材、透明中空的小型砌块，也是一种高雅的新型建筑装饰与承重材料，可用于非承重外墙、内隔墙、采光屋顶等部位的装饰，近年来，玻璃砖有用做承重墙、小柱网屋面板和楼板的趋势。玻璃砖的主要性能有以下几个方面：

（1）较好的装饰性。玻璃砖能够将自然的光线和室外的景色带入室内，营造宽敞明亮的居室空间，同时又解决了私密性，具有一定的美观性和高透光不透视性。

（2）保温隔热性。玻璃砖具有封闭的空腔，有较大的热阻值，且隔热性好，当玻璃砖内外两面温差低于 40 ℃时，难于在室内砖面结霜、结露，因此不会影响室内的空气湿度。

（3）隔声性。由于每一块玻璃砖都是部分中空的，能够有效隔绝外部的噪声，其隔声效果比普通玻璃高出一倍多。

（4）防火性能。玻璃砖属于不燃烧体，耐火等级为 GB 甲级，耐火极限为 2 h。

（5）承载性能。玻璃砖的抗压强度大大高于普通玻璃砖的抗压强度，一般与中低强度的普通砖和混凝土空心砌块的抗压强度相近。

（6）抗冲击性能。玻璃砖的自身抗冲击性能和抗枪弹穿透性能均较好。

（7）耐久性。玻璃砖强度高、耐久性好，能经受住风、雨的袭击，不需要额外的维护结构就能保障安全性。

（8）易于清洗。用湿布就很容易将玻璃砖擦拭干净。

（9）透明性。透明玻璃砖能透射光线，节约电能。

2. 玻璃饰面砖

玻璃饰面砖又叫作“三明治瓷砖”，设计灵感来源于三明治。它采用两块透明的聚合材料制成的抗压玻璃板做“面包”，中间的夹层可以随意搭配，放入其他材料，这样整个饰面砖就“活”了起来，特别适合设计师的自由发挥。

玻璃饰面砖离不开墙体或者框架结构的依托，必须依靠某一载体才能使用，因此，应用量不是很大，一般都用在家装或者一些有特殊要求的娱乐场所（见图 5-9）。

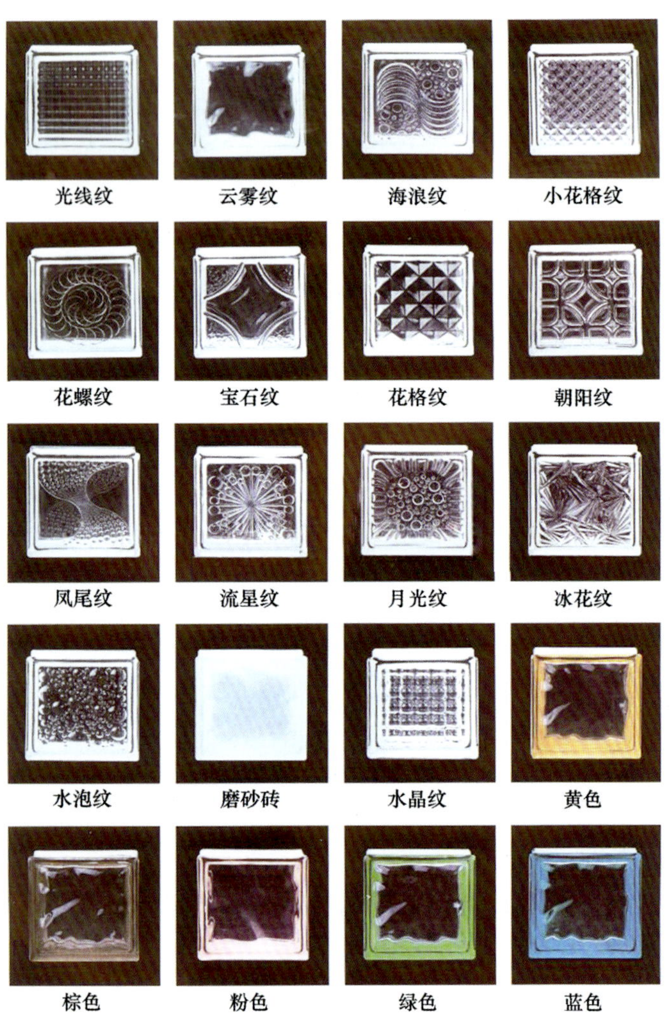

图 5-9　玻璃饰面砖

3. 玻璃锦砖

玻璃锦砖也称马赛克，是一种小规格的材料，主要应用于外墙面、地面的装饰，其特点详见本教材第四章第一节相关内容。

4. 实心玻璃砖

实心玻璃砖由两块中间圆形凹陷的玻璃体粘接而成。由于这种砖比较重，一般只能粘贴在墙面上或依附在其他加强的框架结构上才能使用，通常只能作为室内装饰墙体使用，所以用量相对较小。

实心玻璃砖的颜色比较多，大多没有内部花纹，大多用在 KTV、酒吧等娱乐场所。

5. 空心玻璃砖

空心玻璃砖是一种隔声、隔热、防水、节能、透光良好的非承重装饰材料，由两块半坯在高温下熔接而成，可依玻璃砖的尺寸、大小、花样、颜色来做不同的设计表现(见图 5-10)。

空心玻璃砖的化学成分是高级玻璃砂、纯碱、石英粉等硅酸盐无机矿物。原料高温熔化，并经精加工而成，无放射性物质及烃类、醛类等刺激性气味元素，不含对人体有侵害的物质，属于绿色建材。

空心玻璃砖图案精美、典雅华贵、光洁明亮、富丽堂皇，可使生活空间高度艺术化并富于现代风格，适用于各种公用、民用、商业、文化娱乐等建筑内外墙体、顶棚、地面、隔墙、隔断、门窗、屏风、柜台、楼梯间等的装饰中，既可用于全部墙体、地面，又可做局部点缀，装饰艺术效果极佳。

图 5-10　空心玻璃砖

五、空心砖隔墙材料

空心砖是近年内建筑行业常用的墙体主材，由于具有质轻、消耗原材少等优势，而成为国家建筑部门推荐的产品。与红砖一样，空心砖的常见制造原料是黏土和煤渣灰，一般规格是 390 mm × 190 mm × 190 mm（见图 5-11）。

空心砖的孔洞总面积占其所在砖面积的百分率（即空心砖的孔洞率）一般应在 15% 以上。空心砖和实心砖相比，可节省大量的土地用土和烧砖燃料，减轻运输重量；减轻制砖和砌筑时的劳动强度，加快施工进度；减轻建筑物自重，加高建筑层数，降低造价。

图 5-11　空心砖

1. 页岩空心砖

页岩空心砖是以页岩为主体添加煤矸石，以水泥为黏合物质，经机械加压而制成的空体保温建筑方型材料。

2. 烧结空心砖

烧结空心砖简称多孔砖，是指以页岩、煤矸石或粉煤灰为主要原料，经焙烧而成的具有竖向孔洞（孔洞率不小于 25%，孔的尺寸小且数量多）的砖，其外形长度为 290 mm、240 mm、190 mm，宽度为 240 mm、190 mm、180 mm、175 mm、140 mm、115 mm，高度为 90 mm，由两两相对的顶面、大面及条面组成直角六面体，在中部开设有至少两个均匀排列的条孔，条孔之间由肋相隔，条孔与大面、条面平行，其间为外壁，条孔的两开口分别位于两顶面上，在所述的条孔与条面之间分别开设有若干孔径较小的边排孔，边排孔与其相邻的边排孔或相邻的条孔之间为肋（见图 5-12）。

图 5-12　烧结空心砖

3. 黏土空心砖

黏土空心砖的长方形砖体上、下端面之间设置有一条贯穿整个砖体厚度的长条形通孔，长条形通孔沿长方形砖体长度方向设置，且位于长方形砖体宽度方向的中间，长条形通孔两端部与长方形砖体四角之间分别设置有一组斜向通孔，斜向通孔贯穿整个砖体厚度。长方形砖体前、后、左、右四个端面的边缘处均设置有卡槽和彩釉层。黏土空心砖设计新颖合理，整体强度高，受力面积大，便于制作。

4. 免烧空心砖

免烧空气砖是一种由机器直接压制成型的空心砖，规格与普通空心砖相差不多。

第二节 SECTION 2 板材隔墙工程施工工艺

一、施工前准备

1. 工具准备

工具准备包括手电钻、电焊机、云石切割机、老虎钳、旋具、气动钳、手锯、靠尺、腻子刀、托线板、线坠、棕毛刷子、钢丝刷、宽口特制撬棍、橡皮锤、钢卷尺、木楔子、刮板、灰槽、射钉枪等。

2. 材料准备

材料准备包括板材隔墙用板材、水泥强度等级为 32.5 级或 42.5 级的普通硅酸盐水泥、建筑石膏或高强度石膏、胶黏剂、圆钉、膨胀螺栓、镀锌铅丝等。

3. 作业条件

（1）主体结构已完工，并已通过验收合格。

（2）屋面防水层已施工完毕，吊顶及墙面已粗装饰。

（3）管线已全部安装完毕，水管已试压。

（4）墙面已弹出标高线。

（5）材料已进场，并已验收，均符合设计要求。

（6）冬季施工时操作温度不低于 5 ℃。

二、施工操作流程

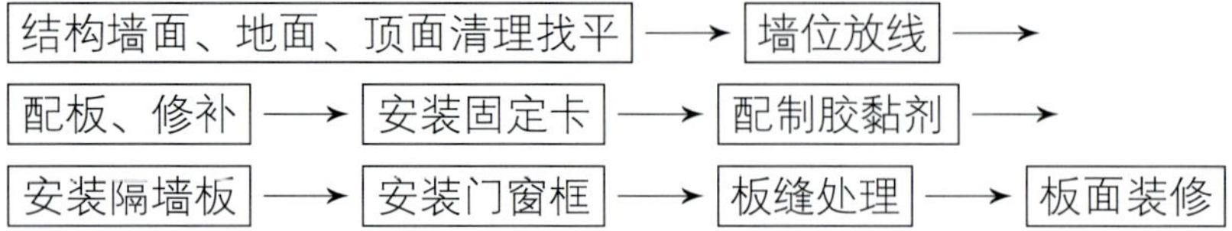

1. 结构墙面、地面、顶面清理找平

清理隔墙板与顶面、地面、墙面的结合部位，将浮灰、沙、土、酥皮等物清除干净，凡凸出墙面的砂浆、混凝土块等必须剔除并扫净，结合部位用尺量找平。

2. 墙位放线

在主体结构楼地面、墙面及顶面根据建筑设计图定隔墙位置，弹好隔墙水平双面边线及门窗洞口线，弹出水平中心线和竖向中心线，弹出立面垂直线、顶面连接线，并按板宽分档。

3. 配板、修补

板的长度应按楼层结构净高尺寸减 20 mm。计算并测量门窗洞口上部及窗口下部的隔板尺寸，按此尺寸配备预埋件的门窗框板（口板）。当板的宽度与隔墙的长度不相适应时，应将部分隔墙板预先拼接加宽（或锯窄）成合适的宽度，放置在阴角处。

4. 安装固定卡

电焊将 U 型卡子固定在结构梁和板上，每块板不少于两个焊点。

5. 配制胶黏剂

胶黏剂要随配随用。配制的胶黏剂应在 3 min 内用完。

6. 安装隔墙板

可选用下楔法、上楔法及导板靠铺法安装。下楔法（或称“下楔顶板固定法”）是将条板对准安装标线立起，在板与板之间的接缝或板的顶部侧面与建筑结构的结合部位涂黏结料；在条板下部塞入斜楔（或垫块），调整好位置使条板就位，垂直向上顶紧于梁板底面并固定；条板拼接时，接缝部位应挤满黏结料，并及时用小刮刀勾缝。上楔法（或称“上顶螺栓固定法”）即采用下定位、上调差的安装方法，在条板底部及边部槽榫处铺布黏结料，将条板下端对准安装标线，坐浆立起；

将螺栓带螺母的一端对准梁、板底部，带有垫片的一端对准条板顶端；边调整墙体的垂直度、水平度，边用扳手拧动螺母，将垫片顶紧，固定条板；空心条板顶端的孔洞，应事先堵塞或封盖；条板顶部与梁、板之间的空隙，用黏结料或细石混凝土填充密实，将紧固螺栓埋入其中。导板靠铺法是先沿墙体一侧上下边线设置导板，通过支撑力将导板固定在建筑顶、地基面上；墙板立起紧靠导板，然后按下楔法的做法，用下楔顶板进行拼装；条板安装完毕，拆除导板及临时支撑。注意拆除时不要碰撞隔墙体。

7. 安装门窗框

一般采用先留门窗洞口，后安门窗框的做法。钢门窗框必须与门窗框板中的预埋件焊接。木门窗框用L形连接件连接，一边用木螺钉与木框连接，另一端与门窗框板中预埋件焊接。门窗框与门窗框板之间缝隙不宜超过3 mm，超过3 mm时，应加木垫片过渡。将缝隙中的浮灰清理干净，用胶黏剂嵌缝。嵌缝要嵌满、嵌密实，以防止门扇开关时碰撞门框造成裂缝。

8. 板缝处理

隔墙板安装三天后，检查所有缝隙是否粘接良好，有无裂缝。如出现裂缝，应查明原因后进行修补。已粘接良好的所有板缝、阴角缝，应先清理浮灰，刮胶黏剂，再贴50 mm宽玻纤网格带，转角隔墙在阳角处粘贴200 mm宽（每边各100 mm宽）玻纤布一层，压实、粘牢表面后再用胶黏剂刮平。

9. 板面装修

一般居室墙面直接用腻子刮平，打磨后再刮第二道腻子，再打磨，最后做饰面层。隔墙踢脚待板缝凝固7天后，将板下端距地200 mm高度范围内先刷一遍腻子，再做各种踢脚。

如遇板面局部有裂缝，在做饰面前应先进行处理，才能进行下一道工序。在铺设电线管、安装接线盒、管卡、埋件时，所有电线管必须沿条板的孔铺设，严禁横铺和斜铺。

下面是常见的板材隔墙安装构造示意图（见图5-13～图5-18）。

图 5-13 水泥玻纤空心条板（GRC 板）安装示意图一

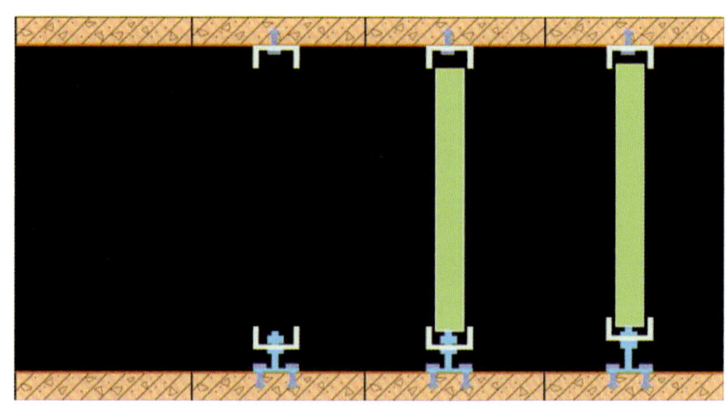

图 5-14 水泥玻纤空心条板（GRC 板）安装示意图二

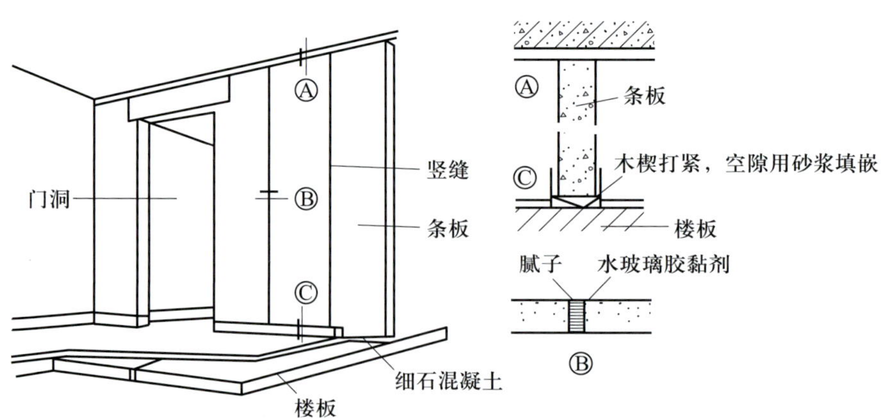

图 5-15 条板隔墙安装构造示意图

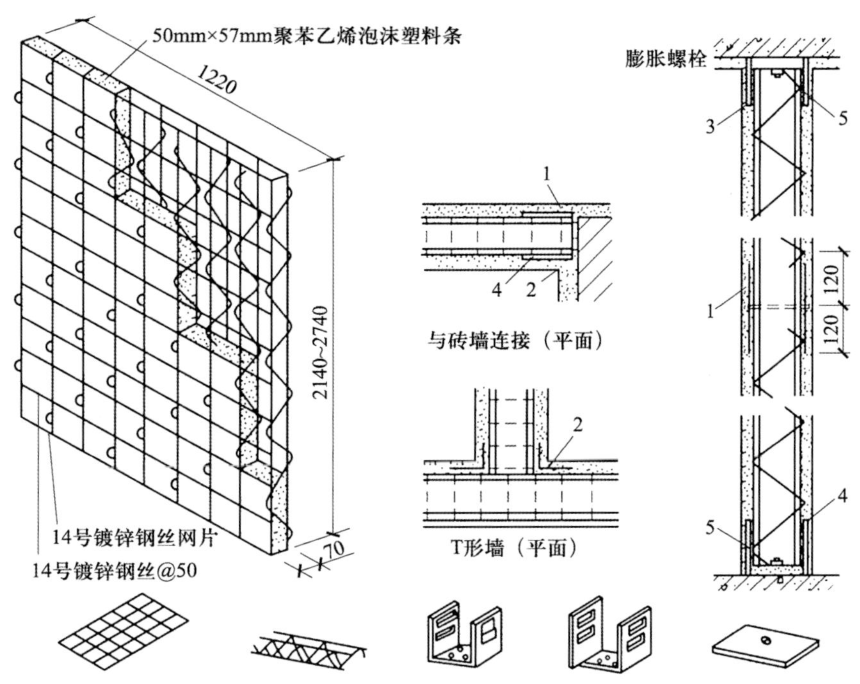

图 5-16 泰柏板隔墙安装构造示意图

1—抹面砂浆 2—扎丝 3—钢丝骨架 4—钢筋码 5—膨胀螺栓

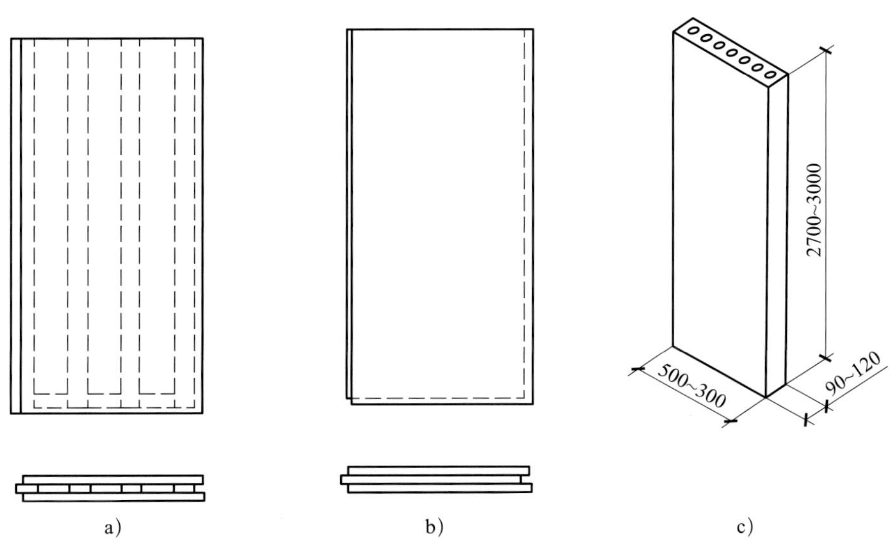

图 5-17 石膏条板的三种类型

a）用石膏条板做骨架的盒子式石膏空心板 b）带企口的多层石膏平板 c）一次成型的石膏空心板

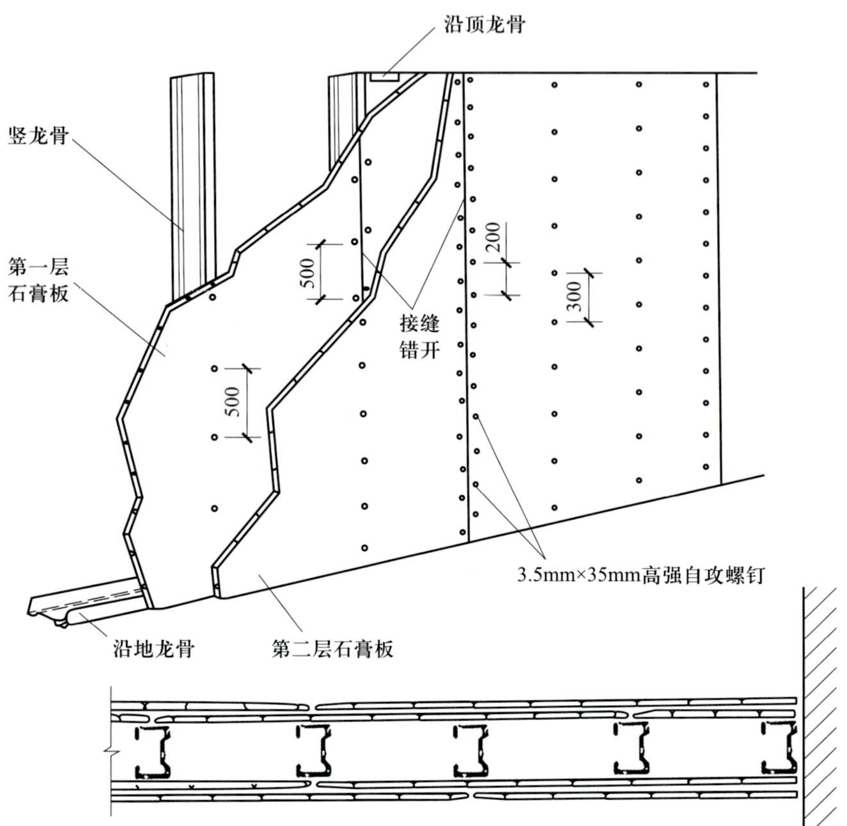

图 5-18 双层石膏板隔墙安装构造示意图

三、质量检验标准

1. 主控项目

（1）隔墙板材的品种、规格、性能、颜色应符合设计要求。有隔声、隔热、阻燃、防潮等特殊要求的工程，板材应有相应性能等级的检测报告和产品合格证书。

（2）安装隔墙板材所需预埋件、连接件的位置、数量以及连接方法应符合设计要求。通过观察、尺量检查、检查隐蔽工程验收记录来验收。

（3）隔墙板材安装必须牢固。隔墙板材与周边墙体的连接方法应符合设计要求，并应连接牢固。

（4）隔墙板材所用接缝材料的品种及接缝方法应符合设计要求，通过观察、检查产品合格证书和施工记录来验收。

2. 一般项目

（1）隔墙板材安装应垂直、平整、位置正确，板材不应有裂缝或缺损。

（2）板材隔墙表面应平整光滑、色泽一致、洁净，接缝应均匀、顺直。

（3）隔墙上的孔洞、槽、盒应位置正确、套割方正、边缘整齐。

3. 检验方法

板材隔墙安装的允许偏差和检验方法应符合表 5-1 的规定。

表 5-1 板材隔墙安装的允许偏差和检验方法

<table>
<tr><th rowspan="3">项次</th><th rowspan="3">项目</th><th colspan="4">允许偏差 (mm)</th><th rowspan="3">检验方法</th></tr>
<tr><th colspan="2">复合轻质墙板</th><th rowspan="2">石膏空心板</th><th rowspan="2">钢丝网水泥板</th></tr>
<tr><th>金属夹心板</th><th>其他复合板</th></tr>
<tr><td>1</td><td>立面垂直度</td><td>2</td><td>3</td><td>3</td><td>3</td><td>用 2 m 垂直检测尺检查</td></tr>
<tr><td>2</td><td>表面平整度</td><td>2</td><td>3</td><td>3</td><td>3</td><td>用 2 m 靠尺和塞尺检查</td></tr>
<tr><td>3</td><td>阴阳角方正</td><td>3</td><td>3</td><td>3</td><td>4</td><td>用直角检测尺检查</td></tr>
<tr><td>4</td><td>接缝高低差</td><td>1</td><td>2</td><td>2</td><td>3</td><td>用钢直尺和塞尺检查</td></tr>
</table>

四、注意事项

1. 板材在运输中应轻拿轻放，不得损害板材边角，侧抬、侧立并相互绑牢，不得平抬、平放，应侧 75° 码放，不得露天堆放，堆放场地应平整，下垫木方，木方距板端 500 mm。严格禁止踩踏、蹬、坐、撞击、雨淋受潮等。板材如有明显变形、无法修补的过大孔洞、断裂、裂缝或破损，不得使用。

2. 板缝开裂是较常见的质量通病，首先要选择好相应的胶黏剂，在施工中对板缝处理要严格按照操作工艺认真操作。

3. 隔墙使用的板材应符合防火要求。

4. 墙位放线应清晰，位置应准确，隔墙上下基层应平整、牢固。

5. 板材隔墙安装拼接应符合设计和产品构造要求。

6. 安装板材隔墙时，宜使用简易支架。

7. 安装板材隔墙所用的金属件应进行防腐处理。木楔应做防腐、防潮处理。

8. 在板材隔墙上开槽、打孔应用云石机切割或用电钻钻孔，不得直接剔凿和用力敲击。

9. 板材隔墙的踢脚线部位应做防潮处理。

五、成品保护

1. 施工中各个专业工种应紧密配合，合理安排工序，严禁颠倒工序施工。隔墙板粘接后 3 天内不得碰撞、敲打，不得进行下道工序施工。

2. 隔墙板安装预埋件时，宜用电钻钻孔、扩孔，用扁铲扩方孔，不得对隔墙用力敲击。对刮完腻子的隔墙，不得进行任何剔凿。

3. 施工过程中和施工完成后，应防止运输小车或其他物体碰撞隔墙板及门窗口。

4. 板材隔墙施工时，不得损坏其他成品。

5. 物料不得从窗口内搬进、搬出，以防损坏窗框。

六、安全措施

1. 现场搅拌水泥砂浆时，宜采用喷水降尘措施，设置排水沟和沉淀池，废水必须经沉淀后排放。

2. 在运输和施工过程中有遗洒时，应及时清理落地灰，做到“活完料净、场地清”。

3. 裁切板材产生的碎料和施工垃圾应装袋清运，统一消纳。

4. 在城区或靠近居民生活区施工时，对施工噪声要有控制措施，夜间运输车辆不得鸣笛，减少噪声扰民。

5. 所用材料应符合现行国家标准《民用建筑工程室内环境污染控制规范》（GB 50325—2020）的规定。

6. 机电设备安装人员应经安全、技术培训，经考核合格发证，持证上岗。无证人员不准安装机电设备。

7. 操作人员进入现场应戴安全帽，不准吸烟。

8. 安装搭设的脚手架或高凳，应经专业安全监察员检查合格后方可使用。

第三节 SECTION 3 骨架隔墙工程施工工艺

一、施工前准备

1. 工具准备

（1）电动机具。包括电圆锯、角磨机、电锤、板锯、手电钻、切割机、电动剪、电动自攻钻、电动无齿锯、直流电焊机等。

（2）手动工具。包括拉铆枪、射钉枪、刮刀、线坠、靠尺、水平尺、扳手等。

2. 材料准备

（1）轻钢龙骨。

通常隔墙使用的轻钢龙骨为 C 型隔墙龙骨，分为三个系列，与轻质板材组合即可组成隔断墙体。C 型装配式龙骨系列：

1）C50 系列可用于层高 3.5 m 以下的隔墙（见图 5-19）。

2）C75 系列可用于层高 3.5 ~ 6 m 的隔墙（见图 5-20）。

3）C100 系列可用于层高 6 m 以上的隔墙（见图 5-21）。

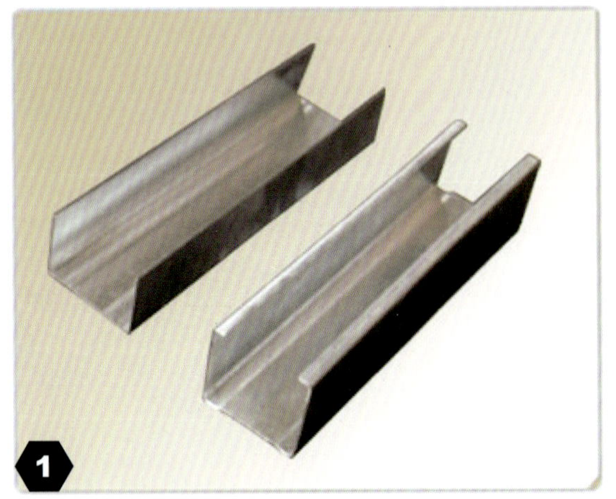

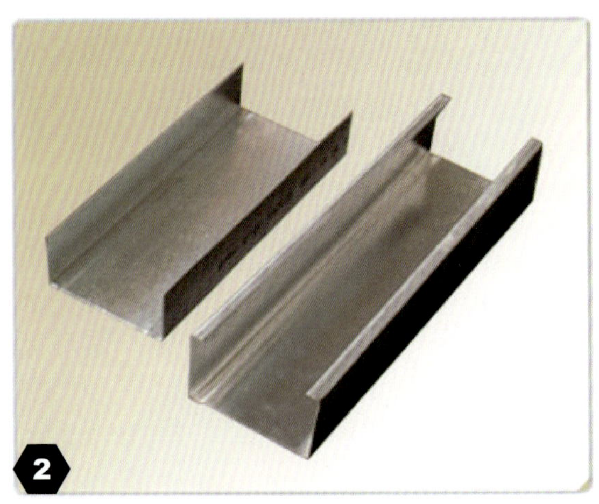

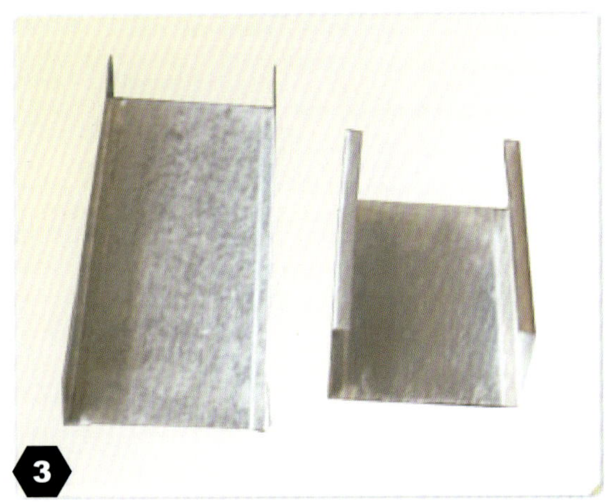

❶ 图 5-19 C50 系列龙骨
❷ 图 5-20 C75 系列龙骨
❸ 图 5-21 C100 系列龙骨

轻钢龙骨主件有沿顶沿地龙骨、加强龙骨、竖（横）向龙骨、横撑龙骨。轻钢龙骨配件有支撑卡、卡托、角托、连接件、固定件、护角条、压缝条等。轻钢龙骨的配置应符合设计要求；龙骨应有产品质量合格证；龙骨外观应表面平整、棱角挺直，过渡角及切边不允许有裂口和毛刺，表面不得有严重的污染、腐蚀和机械损伤。

（2）紧固材料。包括拉锚钉、射钉、膨胀螺栓、镀锌自攻螺钉（2 mm 厚石膏板用 25 mm 长螺钉，两层 12 mm 厚石膏板用 35 mm 长螺钉）、木螺钉等，应符合设计要求。

（3）填充材料。包括玻璃棉、矿棉板、岩棉板等，按设计要求选用。

（4）罩面板。表面平整、边缘整齐，不应有污垢、裂纹、缺角、翘曲、起皮、色差、图案不完整等缺陷。胶合板、木质纤维板不应脱胶、变色和腐朽。

纸面石膏板应有产品合格证，规格应符合设计图样的要求。一般规格如下：

长度：根据工程需要确定。

宽度：1 200 mm、900 mm。

厚度：9.5 mm、12 mm、15 mm、18 mm、25 mm。常用的为 12 mm。

（5）接缝材料。包括 WKF 接缝腻子、玻纤带（布）、107 胶等。

3. 作业条件

（1）主体结构已验收，屋面已做完防水层，并经有关单位、部门验收合格，办理完工种交接手续。

（2）室内弹出 +50 cm 标高线。

（3）作业的环境温度不低于 5 ℃。

（4）熟悉图样，并向作业班组做详细的技术交底。

（5）根据设计图和提出的备料计划，查实隔墙全部材料，使其配套齐全。

（6）主体结构墙、柱为砖砌体时，应在隔墙交接处，按 1 000 mm 间距预埋防腐木砖。

（7）设计要求隔墙有地枕带时，应先将 C20 细石混凝土地枕带施工完毕，强度达到 10 MPa 以上，方可进行轻钢龙骨的安装。

（8）先做样板墙一道，经鉴定合格后再大面积施工。

（9）安装各种系统的管、线盒弹线及其他准备工作已到位。

二、施工操作流程（以轻钢龙骨为例）

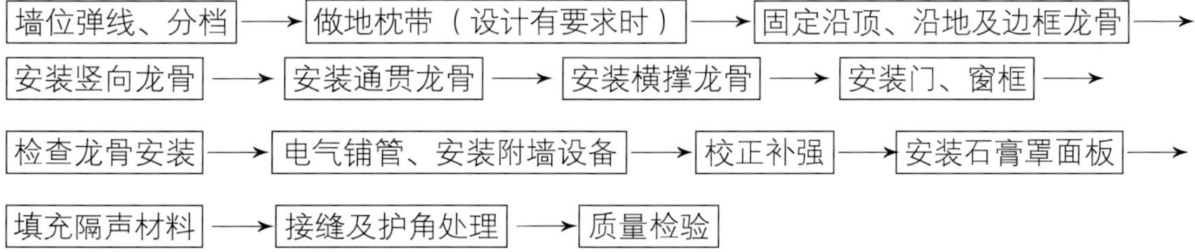

1. 墙位弹线、分档

根据设计图纸确定的隔墙位置，结合墙面板的长、宽分档，以确定竖向龙骨、横撑及附加龙骨的位置。在隔墙与上、下及两边基体的相接处，按龙骨的宽度弹线，弹线应清楚，位置应准确。

2. 做地枕带（设计有要求时）

当设计有要求时，应先对楼面基层进行清理，并涂刷界面处理剂一道。

3. 固定沿顶、沿地及边框龙骨

（1）沿地（顶）龙骨与墙基（垫）、顶连接和边龙骨与墙、柱连接宜加设扁铁垫片，用射钉、膨胀螺栓与混凝土基体固定。砌体上不得用射钉固定。用射钉或电锤打孔，间距宜为 900 mm，最大不应超过 1 000 mm。梁底、柱表面固定龙骨时不得使用射钉和膨胀螺栓，应根据设计要求在梁底、柱面特制固定件连接。

（2）轻钢龙骨与建筑基体表面接触处，应在龙骨接触面的两边各粘贴一根通长的橡胶密封条，以起防水和隔声作用。

4. 安装竖向龙骨

（1）按设计确定的间距就位竖向龙骨，或根据墙面板的宽度尺寸而定。

1）墙面板材较宽者，应在其中间加设一根竖向龙骨，竖向龙骨间距最大不应超过 600 mm。

2）隔断墙的面层质量较大时（如贴瓷砖）的竖向龙骨间距，应不大于 420 mm。

3）隔断墙体的高度较大时，其竖向龙骨布置也应加密。

（2）由隔断墙的一端开始排列竖向龙骨，有门窗者要从门窗洞口开始分别向两侧排列。当最后一根竖向龙骨距离沿墙（柱）龙骨的尺寸大于设计规定时，必须增设一根竖向龙骨。

1）竖向龙骨推向沿顶、沿地龙骨之间就位。竖向龙骨的上、下端连接，宜用自攻螺钉或抽芯铆钉与横向龙骨固定。

2）当采用有冲孔的竖向龙骨时，其上、下方向不能颠倒。竖向龙骨现场截断时一律从其上端切割，并应保证各条龙骨的贯通孔高度在同一水平上。

（3）门窗洞口处的竖向龙骨安装应依照设计要求，采用双根并用或是扣盒子加强龙骨。如果门规格大或门扇较重，应在门框外的上下左右增设斜撑龙骨。

5. 安装通贯龙骨

（1）对通贯龙骨横穿各条竖向龙骨进行贯通连接，通贯龙骨需接长时应使用配套的连接件。

（2）在竖向龙骨开口面安装卡托或支撑卡与通贯横撑龙骨连接锁紧。根据需要，在竖向龙骨背面可加设角托与通贯龙骨固定。

（3）采用支撑卡系列的龙骨时，应先将支撑卡安装于竖向龙骨开口面，卡距为 400 ~ 600 mm，距龙骨两端的距离为 20 ~ 25 mm。

（4）选用通贯系列龙骨时，低于 3 m 的隔断安装一道，3 ~ 5 m 的隔断安装两道，5 m 以上安装三道。

6. 安装横撑龙骨（见图 5-22）

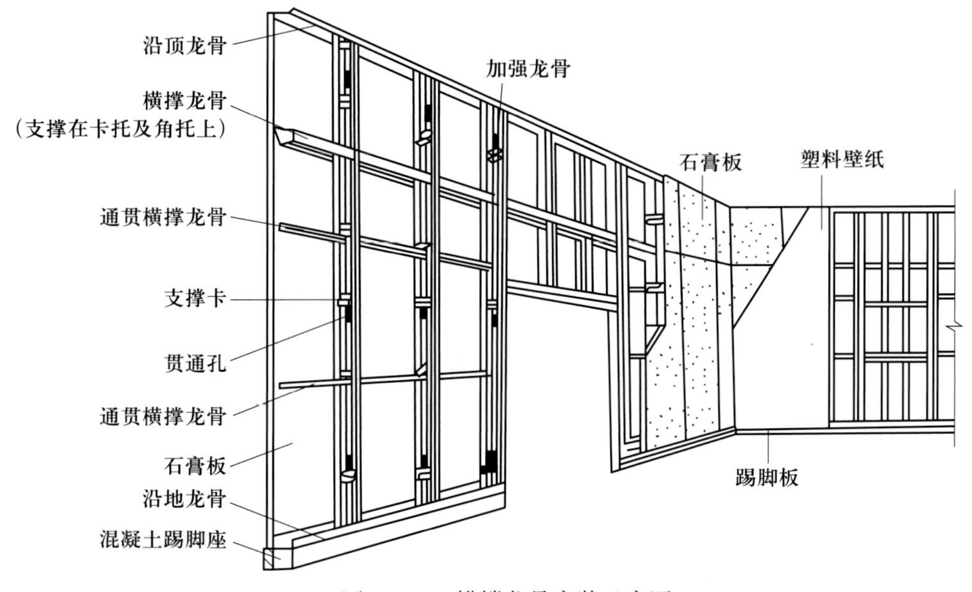

图 5-22　横撑龙骨安装示意图

（1）墙骨架高度超过 3 m 时，应设横向龙骨。

（2）U 型横向龙骨或 C 型竖向龙骨做横向布置，利用卡托、支撑卡（竖向龙骨开口面）及角托（竖向龙骨背面）与竖向龙骨连接固定。

（3）有的系列产品，可采用其配套的金属嵌缝条做横、竖向龙骨的连接固定件。

7. 安装门、窗框

门窗或特殊节点处，使用附加龙骨，安装应符合设计要求。

8. 检查龙骨安装

横、竖向龙骨布置完后，检查与设计图样是否一致，龙骨的垂直度、平整度是否达到要求。

9. 电气铺管、安装附墙设备

按图样要求预埋管道和附墙设备。要求与龙骨的安装同步进行，或在另一面石膏板封板前进行，并采取局部加强措施，固定牢固。电气设备在墙中铺设管线时，应避免切断横、竖向龙骨，同时避免在沿墙下端设置管线。

10. 校正补强

安装罩面板前，应检查隔断骨架的牢固程度，门窗框、各种附墙设备、管道的安装和固定是否符合设计要求。如有不牢固处，应进行加固，保证隔墙龙骨平整、牢固。龙骨的立面垂直偏差应≤ 3 mm，表面不平整应≤ 2 mm。

11. 安装石膏罩面板

（1）石膏板宜竖向铺设，长边（即包封边）接缝应落在竖向龙骨上。如果隔墙为防火墙，石膏板应竖向铺设。曲面墙所用石膏板宜横向铺设。

（2）龙骨两侧的石膏板及龙骨一侧的内外两层石膏板应错缝排列，接缝不得落在同一根龙骨上。

（3）石膏板铺设应符合设计要求。安装前对预埋隔墙中的管道和有关附墙设备等，采取局部加强措施。

（4）石膏板材就位后，上端与顶板、下端与墙基面之间分别留出 3 mm 的间隙。用 ϕ 3.5 mm × 25 mm 的自攻螺钉将板材与轻钢龙骨紧密连接（严禁使用气钉固定）。将 3 mm 缝隙用嵌缝膏抹平。

（5）石膏板宜使用整板。如需对接时，应紧靠，但不得强压就位。沿石膏板周边螺钉间距不应大于 200 mm，中间部分螺钉间距不应大于 300 mm，螺钉与板边缘的距离应为 10 ~ 16 mm，自攻螺钉进入轻钢龙骨内的长度以不小于 10 mm 为宜。安装石膏板时，应从板的中部向板的四边固定，钉头略埋入板内，但不得损坏板面。钉眼用嵌缝膏抹平。

（6）安装防火墙石膏板时，石膏板不得固定在沿顶、沿地龙骨上，应另设横撑龙骨加以固定。

（7）隔墙板的下端如用木踢脚板，罩面板应离地面 20 ~ 30 mm；用大理石、水磨石踢脚板时，罩面板下端应与踢脚板上口齐平，接缝严密（见图 5-23）。

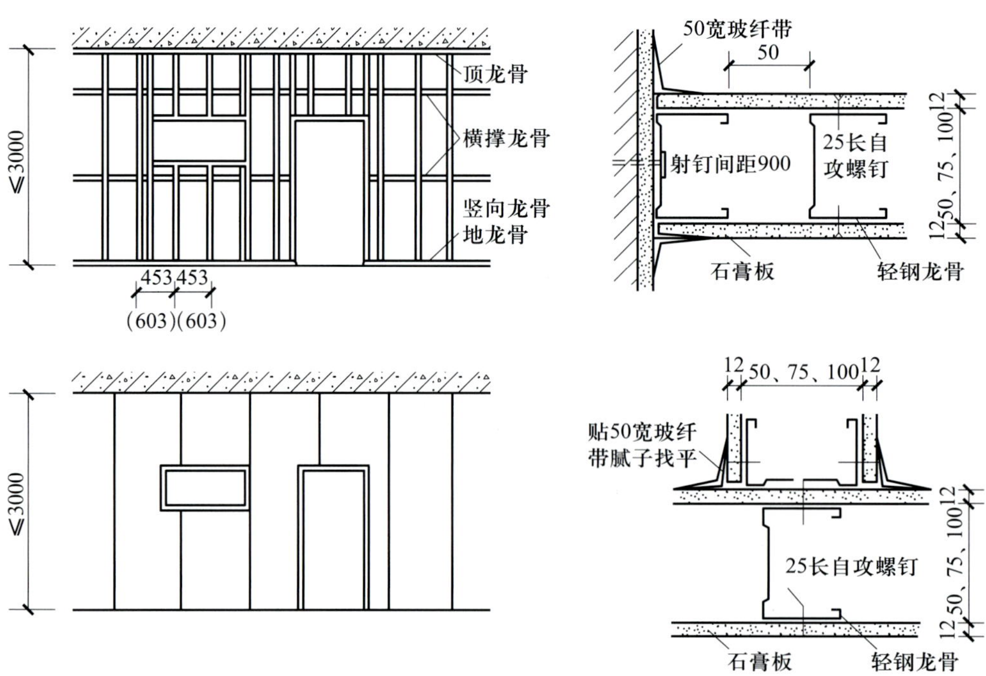

图 5-23　轻钢龙骨石膏板隔墙

12. 填充隔墙材料

当设计有保温或隔声材料时，应按设计要求进行铺设。铺放墙体内的玻璃棉、矿棉板、岩棉等填充材料，应固定并避免受潮。安装时尽量与另一侧纸面石膏板的安装同时进行，填充材料应铺满、铺平。

13. 接缝及护角处理

（1）纸面石膏板墙接缝做法有三种形式，即平缝、凹缝和压条缝。一般做平缝较多，可按以下方法处理：

1）纸面石膏板安装时，其接缝处应适当留缝（一般为 3 ~ 6 mm），并必须坡口与坡口相接。接缝内浮土清除干净后，刷一道 50% 浓度的 107 胶水溶液。

2）用小刮刀把 WKF 接缝腻子嵌入板缝，板缝要嵌满、嵌实，与坡口刮平。待腻子干透后，检查嵌缝处是否有裂纹产生，如产生裂纹要分析原因，并重新嵌缝。

3）在接缝坡口处刮约 1 mm 厚的 WKF 接缝腻子，然后粘贴玻纤带，压实刮平。

4）当腻子开始凝固又尚处于潮湿状态时，再刮一道 WKF 接缝腻子，将玻纤带埋入腻子中，并将板缝填满刮平。

5）阴角的接缝处理方法同平缝。

（2）阳角可按以下方法处理：

1）阳角粘贴两层玻纤布条，角两边均拐过 100 mm，粘贴方法同平缝处理，表面亦用 WKF 接缝腻子刮平。

2）当用做金属护角条时，按设计要求的部位、高度，先刮一层腻子，随即用镀锌钉固定金属护角条，并用腻子刮平。

14. 质量检验

待板缝腻子干燥后，检查板缝是否有裂缝产生，如发现裂纹，必须分析原因，并采取有效的措施，否则不能进入板面装饰施工工序。

三、质量检验标准

1. 主控项目

（1）轻钢龙骨和石膏罩面板材质必须有产品合格证，其品种、型号、规格应符合设计要求和施工规范的规定。

（2）轻钢龙骨使用的紧固材料，应满足设计要求及构造功能。安装轻钢骨架应保证刚度，不得弯曲变形。骨架与基体结构的连接应牢固，无松动现象。

（3）墙体构造及纸面石膏板的纵、横向铺设应符合设计要求，安装必须牢固。纸面石膏板不得受潮、翘曲变形、缺棱掉角，无脱层、折裂，厚度应一致。

2. 基本项目

（1）轻钢骨架沿顶、沿地龙骨应位置正确、相对垂直。竖向龙骨应分档准确、定位正直，无变形，按规定留有伸缩量（一般竖向龙骨长度比净空短 30 mm），钉固间距应符合要求。

（2）罩面板表面平整、洁净，无锤印，钉固间距、钉位应符合设计要求。

（3）罩面板接缝形式应符合设计要求，接缝和压条宽窄一致，平缝应表面平整，无裂纹。

3. 允许偏差项目

骨架隔墙允许偏差见表 5-2。

表 5-2 骨架隔墙允许偏差

项次	项目	允许偏差（mm）					检验方法
		纸面石膏板	埃特板	多层板	硅钙板	人造木板	
1	立面垂直度	3	3	2	3	2	用 2 m 托线板检查
2	表面平整度	3	3	2	2	2	用 2 m 靠尺和塞尺检查
3	阴阳角方正	2	2	2	2	2	用直角检测尺、塞尺检查
4	接缝直线度	—	—	—	—	2	拉 5 m 线，不足 5 m 拉通线，用钢直尺检查
5	压条直线度	—	—	—	—	2	拉 5 m 线，不足 5 m 拉通线，用钢直尺检查
6	接缝高低差	0.5	0.5	0.5	0.5	0.5	用钢直尺和塞尺检查

四、成品保护

1. 轻钢骨架隔墙施工中，各工种间应保证已安装项目不受损坏，墙内电线管及附墙设备不得碰动、错位及损伤。

2. 轻钢龙骨及纸面石膏板入场，在进场、存放、使用过程中应妥善保管，保证不变形、不受潮、不污染、无损坏。

3. 施工部位已安装的门窗、地面、墙面、窗台等应注意保护，防止损坏。

4. 已安装好的墙体不得碰撞，保持墙面不受损坏和污染。

五、安全措施

1. 在运输和施工过程中有遗洒时，应及时清理落地灰，做到“活完料净、场地清”。

2. 在城区或靠近居民生活区施工时，对施工噪声要有控制措施，夜间运输车辆不得鸣笛，减少噪声扰民。

3. 机电设备安装人员应经安全、技术培训，经考核合格发证，持证上岗。无证人员不准安装机、电设备。

4. 操作人员进入现场应戴安全帽，不准吸烟。

5. 安装搭设的脚手架或高凳，应经专业安全监察员检查合格后方可使用。

第四节 SECTION 4 活动隔墙工程施工工艺

一、施工前准备

1. 材料要求

（1）活动隔墙所用墙板、配件等材料的品种、规格、性能和木材的含水率应符合设计要求。

（2）产品应有合格证书、进场验收记录、性能检测报告和复验报告。

（3）有阻燃、防潮等特性要求的工程，材料应有相应性能等级的检测报告。

（4）材料应符合国家有关建筑装饰装修材料有害物质限量标准的规定，并按设计要求进行防火、防腐和防虫处理。

2. 主要机（工）具

主要机（工）具包括电动圆锯、电锤、手电钻、电焊机、切割机、水平尺、吊线锤和木工工具等。

3. 作业条件

（1）施工前提出施工大样图，经发包方、监理签字认可后方能制造，施工大样图应包括以下内容：

1）基本结构组合及说明（隔墙形式、材料使用、表面处理）。

2）配合水电、空调开口留设及防火、防潮、隔声填塞说明。

3）与柱、墙、玻璃外墙、窗台等界面的做法及详图。

4）工程的施工平面图、施工立面图、隔墙断面详图。

（2）施工前应先进行工地现场测量及放样，经监理签字认可后方能施工。

（3）该项工程应在室内天、地、墙装饰基本完成后进行。

（4）按设计规定隔墙的位置，在墙体砌筑时预埋防腐木砖，非砖砌体墙安装好加强龙骨，现浇钢筋混凝土楼板的锚件（预埋钢筋或铁板）已预埋，其间距符合设计要求。

（5）已对操作班组及有关人员进行施工技术交底，各种材料准备齐全并已验收，质量合格。

二、施工操作流程

弹放墨线 → 滑槽、滑轨安装 → 隔墙板制作 → 隔墙板安装 → 检查、清理

1. 弹放墨线

按设计要求先在房间地面弹放出闭合的隔墙墨线，随即把位置线引至两侧结构墙面和楼板底。弹线时先弹出中心线，后接立筋或上槛料截面尺寸，弹出边线，弹线应清晰，位置应准确。

2. 滑槽、滑轨安装

按弹出的隔墙墨线安装天、地滑槽和滑轨，并将滑轮安装就位，试调滑轨的活动性能，使其能够自由滑动。

3. 隔墙板的制作

根据实际放线结果，结合设计的隔墙板材，制作隔墙板，将隔墙板组合拼装打磨成成品安装。

4. 隔墙板安装

隔墙板制作后，将制成的隔墙板油漆（油漆按操作标准施工）后上好铰链与滑轮连接，归入滑槽中，调试隔墙的活动性能，直到能够自由滑动，关闭严密（见图 5-24 ~ 图 5-27）。

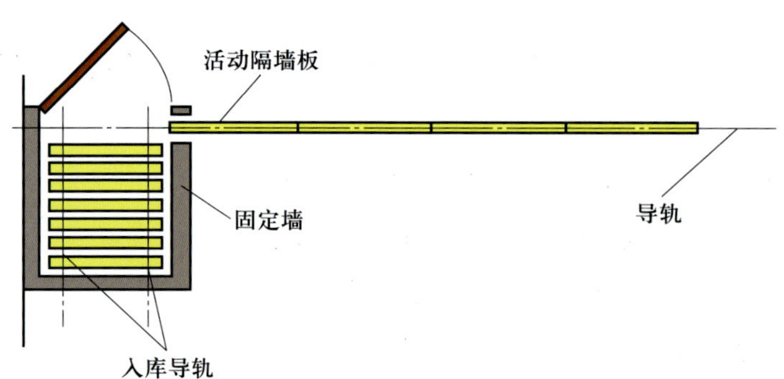

图 5-24　推拉直滑式（平移入库）活动隔墙平面示意图

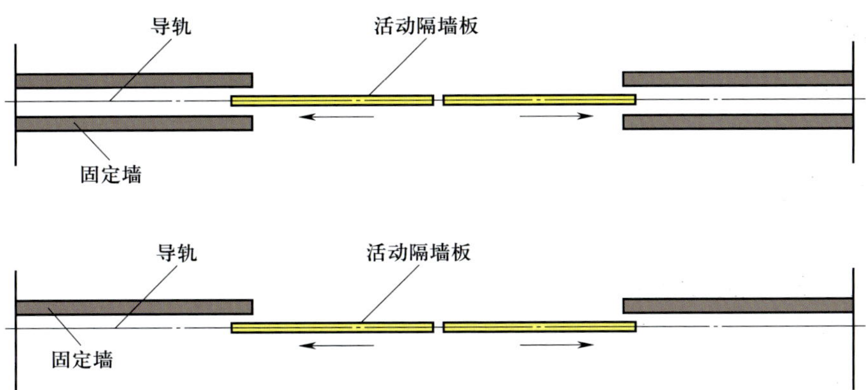

图 5-25 推拉直滑式（直线滑行）活动隔墙平面示意图

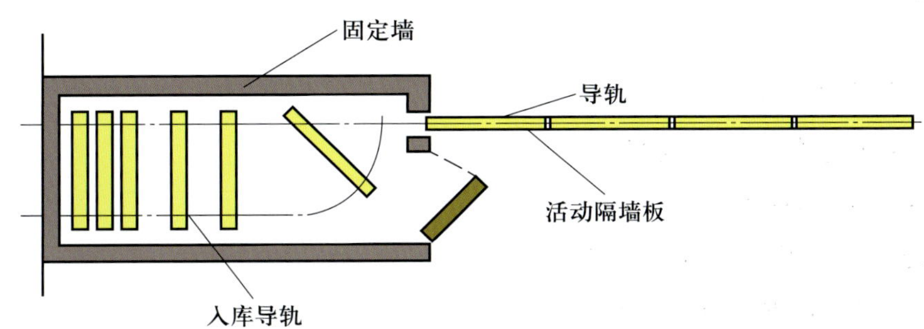

图 5-26 推拉直滑式（转向入库）活动隔墙平面示意图

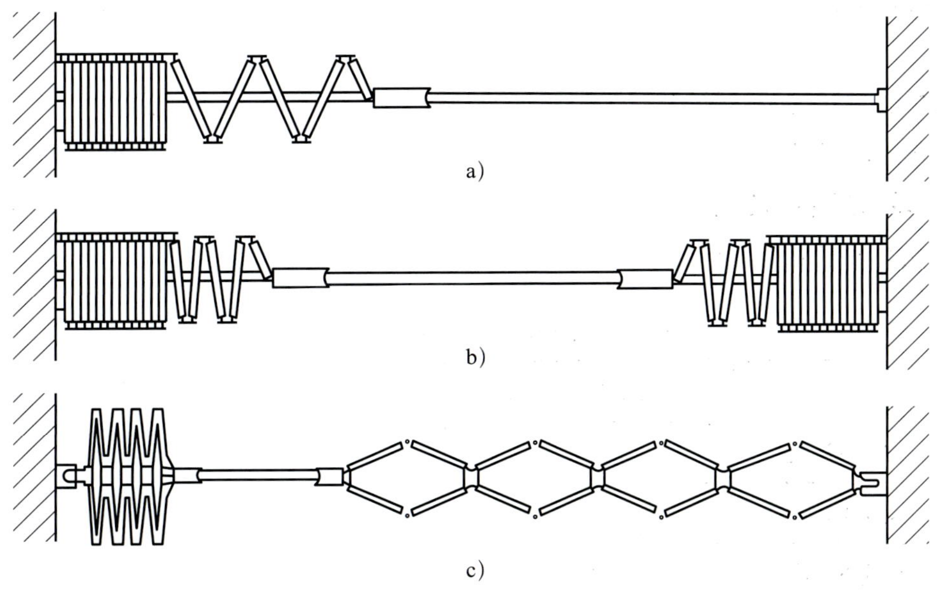

图 5-27 折叠式活动隔墙平面示意图

a）单侧推拉直滑式隔断 b）双侧推拉直滑式隔断 c）双侧折叠式隔断

5. 检查、清理

做好隔墙板的清洁、保护，待验收。

三、质量标准

1. 检验批的划分与检查数量

（1）同品种的隔墙工程每 50 间（大面积房间和走廊按轻质隔墙的墙面 30 m^2 为一间）应划分为一个检验批，不足 50 间也应划分为一个检验批。

（2）检查数量。每个检验批应至少抽查 20%，并不得少于 6 间，不足 6 间时应全数检查。

2. 主控项目

（1）活动隔墙所用的墙板、配件等材料的品种、规格、性能和木材的含水率应符合设计要求。有阻燃、防潮等特性要求的工程，材料应有相应性能等级的检测报告，有产品合格证。

（2）活动隔墙轨道必须与基体结构连接牢固，并应位置正确。

（3）活动隔墙用于组装、推拉和制动的构配件必须安装牢固、位置正确，推拉必须安全、平稳、灵活。

（4）活动隔墙制作方法、组合方式应符合设计要求。

3. 一般项目

（1）活动隔墙表面应色泽一致、平整光滑、洁净，线条应顺直、清晰。

（2）活动隔墙上的空洞、槽、盒应位置正确，套割吻合，边缘整齐。

（3）活动隔墙推拉应无噪声。

4. 允许偏差和检验方法

活动隔墙允许偏差和检验方法见表 5-3。

表 5-3 活动隔墙允许偏差和检验方法

项次	项目	允许偏差（mm）	检验方法
1	立面垂直度	3	用 2 m 垂直检测尺检查
2	表面平整度	2	用 2 m 靠尺和塞尺检查
3	接缝直线度	3	拉 5 m 线，不足 5 m 拉通线，用钢直尺检查
4	接缝高低差	2	用钢直尺和塞尺检查
5	接缝宽度	2	用钢直尺检查

5. 质量验收资料

（1）活动隔墙工程的施工图、设计说明及其他设计文件。

（2）材料的产品合格证书、性能检测报告、进场验收记录和复验报告。

（3）隐蔽工程验收记录。

（4）施工记录。

四、成品保护

1. 隔墙隔板安装时，应注意保护室内顶棚已安装好的各种线管。

2. 施工部位已安装的门窗，已施工完的地面、墙面、窗台等应注意保护，防止损坏。

3. 隔墙墙板材料在进场、存放、使用过程中应妥善管理，使其不变形、不碰撞、不损坏、不污染。

4. 注意保护滑轮，应使滑轮有油浸润，保持滑轮能自由转动。

5. 隔墙墙板安装后，要有专人覆盖保护，以防后续施工人员损坏或污染隔墙板。

五、安全措施

1. 隔断工程的脚手架搭设应符合建筑施工安全标准。

2. 施工现场必须“工完场清”，安排专人洒水、清扫，不得扬尘污染环境。

3. 使用电钻等手持电动工具时，应安设漏电自动保护装置。

4. 遵守操作规程，非操作人员严禁动用机具，以防伤人。

不小于 35 mm。玻璃砖之间的接缝控制在 10 ~ 15 mm（见图 5-28）。

3. 勾缝

划缝过 2 ~ 3 h 后，即可勾缝。勾缝砂浆内掺入水泥质量为 2% 的石膏粉，以加速凝结。

具体操作流程如图 5-29 所示。

用砂浆砌玻璃砖。自下而上，逐层叠加

砌完后，去除定位支架上多余的板块

用腻刀勾缝，并去除多余的砂浆

及时用潮湿的抹布擦去玻璃砖上的砂浆

图 5-29 玻璃砖砌筑操作流程

三、质量标准

1. 主控项目

（1）玻璃砖隔墙工程所用材料的品种、规格、性能、图案和颜色应符合设计要求。

（2）玻璃砖隔墙的砌筑应符合设计要求。

（3）玻璃砖隔墙砌筑中埋设的拉结筋必须与基体结构连接牢固，并应位置正确。

2. 一般项目

（1）玻璃砖隔墙表面应色泽一致、平整洁净、清晰美观。

（2）玻璃砖隔墙接缝应横平竖直，玻璃砖应无裂痕、缺陷和划痕。

（3）玻璃砖隔墙勾缝应密实平整、均匀顺直、深浅一致。

（4）玻璃砖隔墙安装的允许偏差和检验方法应符合表 5-4 要求。

表 5-4 玻璃砖隔墙安装的允许偏差和检验方法

项次	项目	允许偏差（mm）	检验方法
1	轴线位移	10	用钢直尺或经纬仪检查
2	墙面垂直	±5	用 2 m 托线板检查
3	墙表面平整	5	用 2 m 靠尺和楔形塞尺检查
4	水平缝、立缝平直度（一面墙）	7	用拉线盒尺量检查
5	水平缝、立缝平直度（两块砖之间）	2	用量尺检查

四、注意事项

1. 玻璃砖应砌筑在配有 2 根直径 6 ~ 8 mm 钢筋增强的基础上。基础高度不应大于 150 mm，宽度应大于玻璃砖厚度 20 mm 以上。

2. 玻璃砖隔墙顶部和两端应用金属型材，其槽口宽度应大于砖厚度 10 mm 以上。

3. 用钢筋增强的玻璃砖隔断高度不得超过 4 m。

4. 金属型材应用直径不小于 8 mm 的镀锌膨胀螺栓固定，间距不大于 500 mm。

5. 玻璃分隔墙两端与金属型材两翼应留有宽度不小于 4 mm 的滑缝，缝内用油毡填充；玻璃砖隔墙与型材腹面应留有宽度不小于 10 mm 的胀缝，缝内用硬质泡沫塑料填充。滑缝与胀缝的设置是为了适应玻璃砖热胀冷缩或结构轻微变化，以免玻璃砖隔墙损坏。

6. 玻璃砖最上面一层砖应伸入顶部金属型材槽口 10 ~ 25 mm，与型材腹面之间用木楔固定，以免玻璃砖因受刚性挤压而破碎。

7. 砌玻璃砖的砂浆标号应为 M5。勾缝的砂浆与河砂（细砂）质量配合比为 1 ∶ 1。砌筑砂浆应根据砌筑量，随拌制随使用，不得超过 3 h。

8. 玻璃砖之间的接缝不得小于 10 mm，且不大于 30 mm。

9. 玻璃砖与型材、型材与建筑物的结合部位，应用弹性密封胶密封。

10. 立皮数杆要保持标高一致，每层挂线时均要拉紧，避免松紧不一致造成灰缝不均匀。

11. 水平缝砂浆宜铺得稍厚一点，立缝灌砂浆要仔细捣实，勾缝要严，以保证砂浆密实。

12. 为了保证墙面垂直，应用吊线坠方法随时仔细检查，如出现偏差，应随即纠正。

五、成品保护

1. 保持玻璃砖墙表面的清洁，随砌随清理干净。

2. 玻璃砖墙砌筑完成，在进行下道工序前，应在距离两侧各 100 ~ 200 mm处搭设木架钢丝网，以防止碰坏已砌好的玻璃砖墙。

六、安全措施

1. 砂浆搅拌机及配套机械作业前，应进行无负荷试运转，运转后再开机工作。

2. 搅拌机应用专用开关箱，并装有漏电保护器，停机时应拉断电闸，下班时应上锁。

3. 操作人员应按规定佩戴好安全帽。

4. 在施工时应做外架搭设和防护工作。

5. 砌块在楼面卸下堆放时，严禁倾斜及撞击楼板。在楼板上堆放时，宜分散堆放，不得超过楼板的设计允许承载能力。

6. 操作过程中，对稳定性较差的窗间墙、独立柱等部分，应适当加设临时支撑。

7. 对每天砌墙时多余的碎砖块和落地灰应清扫干净，做到落地灰二次利用，碎石指定地点堆放。

第六节 SECTION 6 空心砖隔墙工程施工工艺

一、施工前准备

1. 材料准备

（1）砖。品种、强度等级必须符合设计要求，并有出厂合格证、试验单。

（2）水泥。品种及标号应根据砌体部位及所处环境条件选择，一般宜采用 32.5 级普通硅酸盐水泥或矿渣硅酸盐水泥。

（3）砂。用中砂，配制 M5 以下砂浆所用砂的含泥量不超过 10%，M5 及其以上砂浆所用砂的含泥量不超过 5%，使用前用 5 mm 孔径的筛子过筛。

（4）掺和料。白灰熟化时间不少于 7 天，或采用粉煤灰。

（5）其他材料。墙体拉筋及预埋件、木砖等应刷防腐剂。

2. 主要机（工）具

主要机（工）具包括大铲、刨锛、瓦刀、扁子、托线板、线坠、白线、卷尺、铁水平尺、皮数杆、小水桶、灰槽、砖槽、砖夹子、扫帚等。

3. 作业条件

（1）完成室外及房心回填土，安装好沟盖板。

（2）办完地基、基础工程隐检手续。

（3）按标高抹好水泥砂浆防潮层。

（4）弹好轴线、墙身线，根据进场砖的实际规格尺寸，弹出门窗洞口位置线。

（5）按设计标高要求立好皮数杆，皮数杆的间距以 15 ~ 20 m 为宜。

（6）砂浆由试验室做好试配，准备好砂浆试模（以 6 块为一组）。

二、施工操作流程

砖浇水 ——→ 砂浆搅拌 ——→ 砌砖墙

1. 砖浇水

黏土砖必须在砌筑前一天浇水湿润，一般以水浸入砖边 1.5 cm 为宜，含水率为 10% ~ 15%。常温施工不得用干砖上墙，雨季施工不得使用含水率达饱和状态的砖砌墙，冬季浇水有困难，必须适当增大砂浆稠度。

2. 砂浆搅拌

砂浆配合比应采用质量比，计量精度水泥为 ±2%，砂、灰膏控制在 ±5% 以内。宜用机械搅拌，搅拌时间不少于 1.5 min。

3. 砌砖墙

（1）组砌方法。砌砖一般采用顺砌法。

（2）排砖撂底（干摆砖）。一般外墙第一层撂底时，两山墙用小红砖排丁砖，前后纵墙排条砖。根据画好的门窗洞口位置线，认真核对窗间墙、垛尺寸，其长度是否符合排砖模数，如不符合模数，可将门窗口的位置左右移动。若有“破活”，七分头或丁砖应排在窗口中间、附垛或其他不明显的部位。移动门窗口位置时，应注意暖卫立管安装及门窗开启时不受影响。另外，在排砖时还要考虑在门窗中上边的砖墙合拢时也不出现“破活”。所以排砖时必须做全盘考虑，前后檐墙排第一皮砖时，要考虑甩窗口后砌条砖，窗角上必须七分头是“好活”。

（3）选砖。砌清水墙应选择棱角整齐，无弯曲、裂纹，颜色均匀，规格基本一致的砖，敲击砖时声音响亮。焙烧过火变色、变形的砖可用在基础及不影响外观的内墙上。

（4）盘角。砌砖前应先盘角，每次盘角不要超过五层，新盘的大角及时进行吊、靠。如有偏差要及时修整。盘角时要仔细对照皮数杆的砖层和标高，控制好灰缝大小，使水平灰缝均匀一致。大角盘好后再复查一次，平整度、垂直度完全符合要求后，再挂线砌墙。

（5）挂线。砌筑一砖半墙必须双面挂线，如果长墙使用一根通线，则中间应设几个支线点，小线要拉紧，每层砖都要穿线看平，使水平缝均匀一致、平直通顺。砌筑一砖厚混水墙时宜采用外手挂线，可保证砖墙两面平整，为下道工序控制抹灰厚度奠定基础。

（6）砌砖。砌砖宜采用一铲灰、一块砖、一挤揉的“三一”砌砖法，即满铺、满挤操作法。砌砖时砖要放平，水平灰缝厚度和竖向灰缝宽度一般为 10 mm，但不应小于 8 mm，也不应大于 12 mm。为保证清水墙面主缝垂直，不游丁走缝，当砌完一步架高时，宜每隔 2 m 水平间距，在丁砖立楞位置弹两道垂直立线，可以分段控制游丁走缝。在操作过程中，要认真进行自检，如出现偏差，应随时纠正，严禁事后砸墙。清水墙不允许有三分头，不得在上部任意变活、乱缝。砌筑砂浆应随搅拌随使用，一般水泥砂浆必须在 3 h 内用完，水泥混合砂浆必须在 4 h 内用完，不得使用过夜砂浆。砌清水墙应随砌、随划缝，划缝深度为 8 ~ 10 mm，应深浅一致、清扫干净。混水墙应随砌随将舌头灰刮尽。

（7）留槎。外墙转角处应同时砌筑。内、外墙交接处必须留斜槎，槎子长度不应小于墙体高度的 2/3，槎子必须平直、通顺。分段位置应在变形缝或门窗口角处。隔墙与墙或柱不同时砌筑时，可留阳槎加预埋拉结筋。沿墙高按设计要求每 50 cm 预埋直径 6 mm 钢筋 2 根，其埋入长度从墙的留槎处算起，一般每边均不小于 50 cm。设防烈度为 6 度、7 度时，不小于 100 cm 末端应加 90° 弯钩。施工洞口也应按以上要求留水平拉结筋。隔墙顶应用立砖斜砌挤紧。

（8）木砖预留孔和墙体拉结筋。木砖预埋时应小头在外、大头在内，数量按洞口高度决定。洞口高在 1.2 m 以内，每边放 2 块；高 1.2 ~ 2 m，每边放 3 块；高 2 ~ 3 m，每边放 4 块。预埋木砖的部位一般在洞口上边或下边四皮砖，中间均匀分布。木砖要提前做好防腐处理。钢门窗安装的预留孔、硬架支模、暖卫管道，应按设计要求预留，不得事后剔凿。墙体拉结筋的位置、规格、数量、间距均应按设计要求留置，不应错放、漏放。

（9）安装过梁、梁垫。安装过梁、梁垫时，其标高、位置型号必须准确，坐灰饱满。如坐灰厚度超过 2 cm 时，要用豆石混凝土铺垫，过梁安装时，两端支撑点的长度应一致。

（10）构造柱做法。凡设有构造柱的工程，在砌砖前，先根据设计图样将构造柱位置进行弹线，并把构造柱插筋处理顺直。砌砖墙时，与构造柱连接处砌成马牙槎。每一个马牙槎沿高度方向的尺寸不宜超过 30 cm。马牙槎应先退后进。拉结筋按设计要求放置，设计无要求时，一般沿墙高 50 cm 设置 2 根直径 6 mm 水平拉结筋，每边伸入墙内不应小于 1 m。

思考与练习

1. 参观并收集身边轻质隔墙装饰材料的种类和样板。

2. 简述常用隔墙材料的性质、特点、用途。

3. 简述板材隔墙工程施工工艺。

4. 简述骨架隔墙工程施工工艺。

5. 简述活动隔墙工程施工工艺。

6. 简述玻璃砖隔墙和空心砖隔墙工程施工工艺。

7. 到校内实习基地或工地动手操作各类轻质隔墙的施工，并记录施工过程。

地面装饰材料与施工工艺

学习目标

◆掌握常用地面装饰材料，如各类木地板、塑料地板、地毯和陶瓷的性质、特点、用途等。同时通过对各种不同类型地面装饰安装施工工序的重点学习，能够对其完整施工过程有一个全面的认识

◆通过对各种不同类型地面装饰施工工艺，如木地板、塑料地板、地毯、块材地板和楼梯踏步装饰施工工艺的深刻理解，学会正确选择材料和施工工艺，并能合理地组织施工，以达到保证工程质量的目的，培养解决现场施工常见工程质量问题的能力

◆在掌握各种不同类型地面装饰施工工艺的基础上，领会工程质量验收标准

地面是人们日常生活、工作和学习中接触最频繁的部位，也是建筑物直接承受荷载、碰撞、摩擦和洗刷的地方。地面装饰的目的是保护楼板及地坪，保证使用条件及起装饰作用。一切楼面、地面必须保证必要的强度、耐腐蚀、耐碰撞、表面平整光滑等基本使用条件。此外，首层地面还要有防潮的性能，浴室和厨房等要有防水性能，标准较高的地面还应考虑隔气性、隔撞击性、吸声、隔热保温以及富有弹性等功能，使人感到舒适，不易疲劳。

第一节 SECTION 1 常用地面装饰材料

地面装饰材料应具有安全性、耐久性、舒适性和装饰性。目前，市场上常用的地面装饰材料有木（竹）材、石材、陶瓷、塑料、地毯等，另外，还有地面涂料、玻璃类地面材料和金属类地板材料等。

一、木（竹）材

木（竹）地板是一种传统的地面装饰材料，也是一种较高级的地面装饰材料（见图 6-1）。木（竹）地板古朴大方、有弹性、行走舒适、无毒无味、美观隔声、冬暖夏凉，具有合成材料无可替代的优点，但它也存在硬木资源消耗量大、铺设安装工作量大、价格较高、不易维护以及受潮容易翘曲变形等不足。木（竹）地板有实木地板、实木复合地板、强化木地板、竹地板、软木地板等种类，均有各自的特点，应根据具体情况选择和使用。现代室内装饰装修中以实木地板、实木复合地板和强化木地板应用最为广泛。

a）

b）

c）

d）

e）

图 6-1 木地板

a）枫木地板 b）桦木地板 c）樱桃木地板 d）实木复合地板 e）强化木地板

1. 实木地板

实木地板是以天然木材为原料，从面到底是同一树种加工而成的地板。由于其选用天然材料，始终保持自然本色，所以不会产生污染，也不易吸尘，是名副其实的绿色建材产品。按结构分类，实木地板可分为平口地板、企口地板、指接实木地板和集成指接实木地板。

实木地板的常用规格有 450 mm × 60 mm × 16 mm、750 mm × 60 mm × 16 mm、750 mm × 90 mm × 16 mm、900 mm × 90 mm × 16 mm 等。

2. 实木复合地板

实木复合地板属于实木地板的换代产品。它是将优质实木锯切或刨切成表面板、芯板和底板单片，然后根据不同品种材料的力学原理将三种单片依照纵向、横向、竖向三维排列方法，用胶水粘贴起来，并在高温下压制成板，这就使木材的异向变化得到控制。实木复合地板可分为三层实木复合地板、多层实木复合地板、细木工板复合地板三大类，在居室装修中多使用三层实木复合地板。

实木复合地板有着实木地板美观自然、脚感舒适、保温性好等优势，又克服了实木地板容易起翘裂缝的不足，而且安装简便，一般情况下不用打龙骨，很受消费者喜爱。

实木复合地板的规格一般有 1 802 mm × 303 mm × 15 mm（12 mm）、1 802 mm × 150 mm × 15 mm、1 200 mm × 150 mm × 15 mm 以及 800 mm × 20 mm × 15 mm 等。

3. 强化木地板

强化木地板因为价格便宜、易打理等优点已占得地板市场绝大多数份额。它的结构一般分为四层：表层为耐磨层，是含有三氧化二铝等耐磨材料的表层纸；第二层为装饰层，是计算机仿真制作的印刷纸；第三层为人造板基材，多采用高密度纤维板（HDF）、中密度纤维板（MDF）或特殊形态的优质刨花板；第四层为底层，是防潮平衡层，一般采用一定强度的厚纸在三聚氰胺或酚醛树脂中浸渍，可以阻隔来自地面的潮气与水分，从而保护地板不受地面潮湿影响，进一步强化了底层的防潮和平衡功能。

强化木地板的规格较为统一，一般都是 1 200 mm × 90 mm × 8 mm，也有厚度在 7 mm 的产品。

4. 竹地板

竹地板是以天然优质竹子为原料，经过二十几道工序，脱去竹子原浆汁，经高温、高压拼压，再经过三层油漆，最后红外线烘干而成。竹地板按其加工处理方式可分为本色竹地板和碳化竹地板。本色竹地板保持竹材原有的色泽，而碳化竹地板的竹条要经过高温、高压的碳化处理，使竹片的颜色加深，并使竹片的色泽均匀一致（见图 6-2）。竹地板以其天然赋予的优势和成型之后的诸多优良性能给建材市场带来一股绿色清新之风。

图 6-2 竹地板

相对于木地板，竹地板的款式简单很多，一些如传统的木地板那样，做成纵向纹路的长条，一些做成各种斜纹拼花的方形格子地板，常见规格有 915 mm × 91 mm × 12 mm、1 800 mm × 91 mm × 12 mm 等，在一定范围内（长度 46 ~ 220 cm、宽度 6 ~ 15 cm、厚度 9 ~ 30 mm）还可以根据实际需要定做。竹地板不仅具备木地板的各种性能，如具有弹性、隔声性以及容易清洁等，还具有弯曲强度、硬度、抗拉强度高的特性，其抗拉强度比木地板高出 1.5 倍以上。

5. 软木地板

软木地板实际上不是用木材加工成的地板，而是以栎树（橡树）的树皮为原料，经过粉碎、热压而制成板材，再通过机械设备加工而成。

软木是一种天然材料，自身具有弹性、保温性和隔热性，其隔声、吸声、耐水性佳，同时有自然、美观、防滑、抗污、脚感舒适等特点，并且有抗静电、耐压、阻燃等功能，所以，软木地板有其特殊的适用场合，如酒店、图书馆、医院、幼儿园、计算机房、播音室、会议室、练功房及有老人和孩子的家庭场所等。

软木地板有长条形和方块形两种，长条形规格为 900 mm × 150 mm，方块形规格为 300 mm × 300 mm。

二、石材

室内装饰用石材有天然石材和人造石材两大类，天然石材是一种高级的装饰材料，主要用于装饰等级要求高的工程中，具有较高的强度、硬度和耐磨、耐久等优良性能，而且，天然石材经表面处理可以获得优良的装饰性，对建筑物起保护和装饰作用。而近年来发展起来的人造石材无论在材料加工生产、装饰效果，还是产品价格等方面都显示了其优越性，逐渐成为一种有发展前途的建筑装饰材料。

1. 天然石材

天然石材是指从天然岩体中开采出来的，并经加工成块状或板状材料的总称。室内地面装饰用的天然石材主要有大理石和花岗石两种。

（1）天然大理石。天然装饰石材中应用最多的是大理石，它因云南大理盛产而得名。大理石是由石灰岩和白云岩在高温、高压下矿物重新结晶变质而成，属于变质岩。它的结晶主要由方解石或白云石组成，具有致密的隐晶结构。纯大理石为白色，又称汉白玉，如在变质过程中混进其他杂质，就会出现不同的颜色、花纹或斑点（见图 6-3），如含碳呈黑色，含氧化铁呈玫瑰色、橘红色，含氧化亚铁、铜、镍呈绿色，含锰呈紫色等。大理石的主要化学成分见表 6-1。

大理石的主要成分为氧化钙，空气和雨水中所含酸性物质及盐类对它有腐蚀作用。除个别品种（如汉白玉、艾叶青等）外，它一般只用于室内。

图 6-3 天然大理石

a）汉白玉 b）鸡血红 c）丹东绿 d）孔雀蓝 e）咖啡棕 f）河南黄

表 6-1 大理石的主要化学成分

成分	CaO	MgO	SiO_2	Al_2O_3	Fe_2O_3
含量（%）	28 ~ 54	13 ~ 22	3 ~ 23	0.5 ~ 2.5	0 ~ 3

天然大理石质地致密但硬度不大，容易加工、雕琢和磨平、抛光等。大理石抛光后光洁细腻，纹理自然流畅，有很高的装饰性。大理石吸水率小、耐久性高，可以使用 40 ~ 100 年。

（2）天然花岗石。天然花岗石以石英、长石和云母为主要成分，其中长石含量为 40% ~ 60%，石英含量为 20% ~ 40%，其颜色决定于所含成分的种类和数量。花岗石为全结晶结构的岩石，优质花岗石晶粒细而均匀，构造紧密，石英含量多，长石光泽明亮。花岗石的二氧化硅含量较高，属于酸性岩石，是火成岩或深成岩。花岗石板材以花色、特征和原料产地来命名（见图 6-4）。某些花岗石含有微量放射性元素，这类花岗石应避免用于室内。花岗石结构致密、质地坚硬、耐酸碱、耐候性好，可以在室外长期使用。花岗石的主要化学成分见表 6-2。

a）　b）　c）

d）　e）　f）

图 6-4　天然花岗石

a）珍珠白　b）惠东红　c）中国红　d）虎皮黄　e）西藏蓝　f）中国绿

表 6-2　花岗石的主要化学成分

成分	SiO_2	Al_2O_3	CaO	MgO	Fe_2O_3
含量（%）	67 ~ 76	12 ~ 17	0.1 ~ 2.7	0.5 ~ 1.6	0.2 ~ 0.9

天然花岗石制品根据加工方式不同可分为：

1）剁斧板材。石材表面经手工剁斧加工，表面粗糙，具有规则的条状斧纹。表面质感粗犷，用于防滑地面、台阶、基座等。

2）机刨板材。石材表面机械刨平，表面平整，有相互平行的刨切纹，用途与剁斧板材类似，但表面质感比较细腻。

3）粗磨板材。石材表面经过粗磨，平滑无光泽，主要用于需要柔光效果的墙面、柱面、台阶、基座等。

4）磨光板材。石材表面经过精磨和抛光加工，表面平整光亮，花岗岩晶体结构纹理清晰，颜色绚丽多彩，用于需要高光泽平滑表面效果的墙面、地面和柱面。

2. 人造石材

人造石材一般是指人造大理石和人造花岗岩，以人造大理石的应用较为广泛。由于天然石材的加工成本高，现代建筑装饰业常采用造价更低的人造石材。人造石材不仅造价低，还具有质量轻、强度高、装饰性强、耐腐蚀、耐污染、生产工艺简单以及施工方便等优点，因而得到了广泛应用（见图 6-5）。

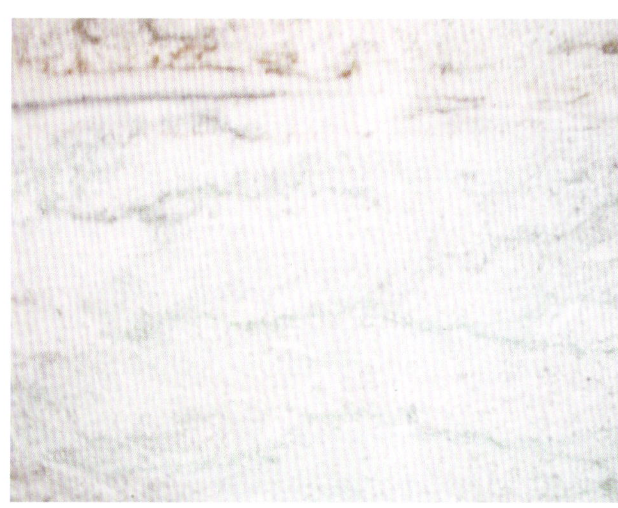

图 6-5 人造石材

人造石材按照使用的原材料分为四类：水泥型人造石材、树脂型人造石材、复合型人造石材及烧结型人造石材。

（1）水泥型人造石材。它是以水泥为黏结剂，以砂为细骨料，以碎大理石、花岗石、工业废渣等为粗骨料，经配料、搅拌、成型、加压蒸养、磨光、抛光等工序而制成。通常所用的水泥为硅酸盐水泥，现在也用铝酸盐水泥做黏结剂，用它制成的人造石材具有表面光泽度高、花纹耐久、抗风化的特性，其耐火性、防潮性也优于一般的人造石材。

（2）树脂型人造石材。这种人造石材多是以不饱和聚酯为黏结剂，与石英砂、大理石、方解石粉等搅拌混合，浇筑成型，经固化、脱模、烘干、抛光等工序制成。目前，人造石材大多以聚酯型为多。这种树脂的黏度低，易成型，常温固化，其产品光泽性好，颜色鲜亮。

（3）复合型人造石材。这种石材的胶黏剂中既有无机材料，又有有机高分子材料。无机材料可选用快硬水泥、白水泥、铝酸盐水泥以及半水石膏等，有机高分子材料可采用苯乙烯、甲基丙烯酸甲酯、醋酸乙烯、丙烯腈、二氯乙烯、丁二烯等。

（4）烧结型人造石材。这种人造石材的生产工艺与陶瓷的生产工艺相似，是将斜长石、石英、辉石、石粉及赤铁矿粉和高岭土等混合，一般用 40% 的黏土和 60% 的矿粉制成泥浆后，采用注浆法制成坯料，再用半干压法成型，经 1 000 ℃左右的高温焙烧而成。

三、陶瓷

由于陶瓷地砖具有强度高、耐磨、花色品种繁多、施工速度快、工期短、价格适中等优点，因此，广泛应用于室内地面装饰中。近几年来，陶瓷地砖产品正向着大尺寸、多功能、豪华型的方向发展。

陶瓷地砖按工艺可以分为瓷质抛光砖、釉面砖、微晶玻璃、广场砖和陶瓷锦砖等。

1. 瓷质抛光砖

常见的商业名称有完全玻化砖、抛光砖、玻化石等，标准名称为瓷质抛光砖，是目前陶瓷砖行业产量最大、产值最高的产品。该产品是高温瓷化后经磨边、抛光而制成的，吸水率不超过 0.5%。为了保护抛光面和防污作用，有些厂家还在抛光后增加打蜡或其他防污剂的工序，所以有些买到的产品须经表面处理后才可恢复光洁的表面。该产品规格有 200 mm × 200 mm、300 mm × 300 mm、400 mm × 400 mm、500 mm × 500 mm、600 mm × 600 mm、800 mm × 800 mm、1 000 mm × 1 000 mm、1 200 mm × 1 200 mm、600 mm × 900 mm、600 mm × 1 200 mm、1 200 mm × 1 800 mm、1 200 mm × 2 000 mm 等，在上述各种规格中，600 mm × 600 mm 和 800 mm × 800 mm 规格常用于家居地面，后五种规格常采用外墙干挂的施工方法，用于高大建筑物的外墙装饰。该产品的品种一般有纯色（含超白砖）、渗花、大颗粒（含雨花石）、微粉自由布料、填釉等，近年来把渗花、微粉自由布料和填釉工艺结合起来，开发出了各种各样的新产品（见图 6-6、图 6-7）。

❶ 图 6-6　瓷质抛光砖传统品种

❷ 图 6-7　瓷质抛光砖新品种

2. 釉面砖

常见的商业名称有彩釉砖、仿古砖、防滑砖等（见图6-8 ~ 图6-10）。该产品吸水率一般为0.5% ~ 10%，也有极少量超过10%，一些厂家开发出的瓷质仿古砖产品，吸水率可以达到0.5%以下，此类产品强度一般低于瓷质抛光砖。该产品表面上釉，坯体为深红色或浅灰色，也有灰白色的，表面有平整的、凹凸不平的和大晶粒的三种，规格有200 mm × 200 mm、300 mm × 300 mm、400 mm × 400 mm、500 mm × 500 mm和600 mm × 600 mm。该产品色彩非常丰富，加以亚光、无光以及凹凸不平的表面处理，可以制造出仿天然石材和古色古香的艺术效果。该产品由于表面上釉，其耐污染性很好，一般不会出现永久的渗透性污染，但是如果凹凸表面设计不合理，具有大量的死角，也会在死角处积累污物，造成难以清理的问题。传统的釉面砖产品，由于表面釉层的厚度有限且以玻璃相为主，耐磨性较差，不适用于人流量大的商场、广场、酒店大厅等公共场所，但近年来推出的瓷质仿古砖产品和炻质仿古砖产品采用了表面有大量晶粒的硬质釉面，耐磨性已大大提高，且由于使用了凹凸无光表面，其防滑性能也得到了大幅度改善。

❶

❸

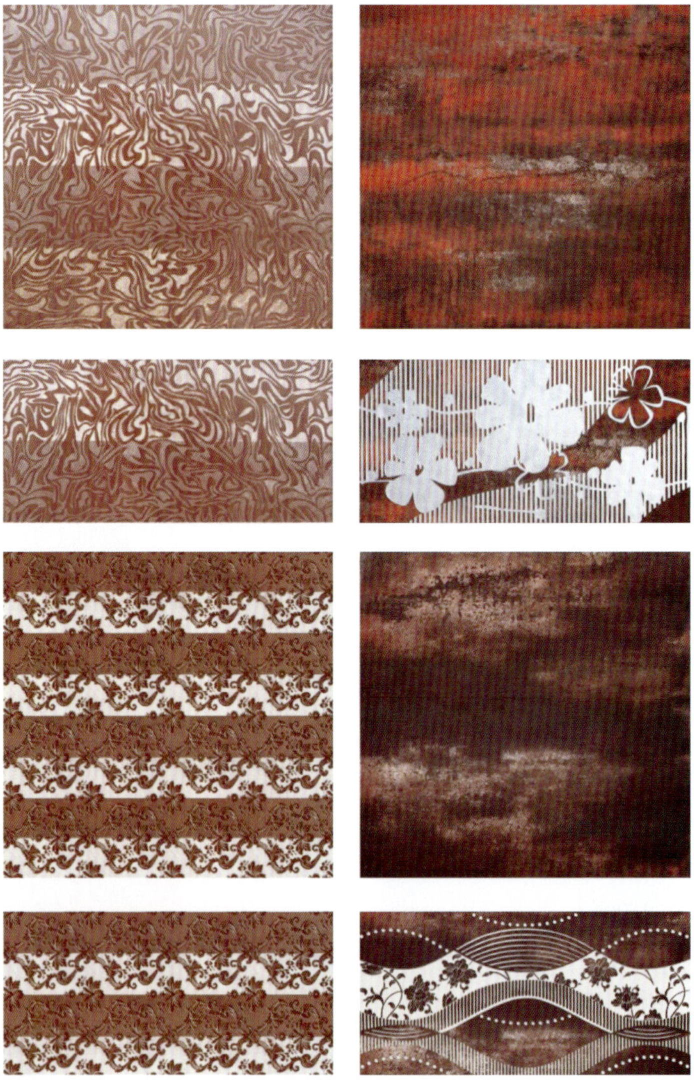

❷

❶ 图6-8 彩釉砖

❷ 图6-9 仿古砖

❸ 图6-10 防滑砖

3. 微晶玻璃

微晶玻璃也称玻璃陶瓷、陶瓷玻璃、晶玉石、微晶玉等（见图 6-11）。在玻璃的冷却阶段，适当控制冷却速度，使玻璃中出现一定尺寸的结晶相后就可得到微晶玻璃。微晶玻璃有通体微晶玻璃板和微晶玻璃复合板两种。通体微晶玻璃板上下均匀一致，均为微晶玻璃相，由于在整个厚度上均使用昂贵的微晶玻璃熔块，该类产品售价较高。微晶玻璃复合板下层为陶瓷质基体，上层为一层 3 ~ 5 mm 的微晶玻璃，是在烧制好的瓷质砖上撒上一层微晶玻璃熔块烧至熔融，析晶、抛光后制成，该类产品既保持了通体微晶玻璃板较好的装饰效果，又使加工成本大大降低。但是，如果上、下层结合不好，也可能出现分层现象。微晶玻璃产品可随意切割为客户要求的规格，其光泽度高于瓷质砖，一般为 90 度以上，吸水率很低，一般为 0.08% 以下，耐污染性好，色泽如玉，花纹立体感很强，非常美观。但其表面硬度较小，耐磨性差，比较脆，不适用于人流量大、易发生冲击撞击的场所。

4. 广场砖

广场砖也称广场铺石、仿石砖（见图 6-12）。该产品吸水率一般在 0.5% 以下，也有少数超过 0.5%，破坏强度很高，可以承担较重的负荷。广场砖一般不上釉，或上一层薄薄的覆盖层，表面为起伏较大的凹凸面，边长一般不超过 200 mm，厚度不小于 12 mm，常见规格有 95 mm × 95 mm、152 mm × 152 mm、100 mm × 100 mm、200 mm × 200 mm，也有为了圆形或弧形的装饰效果而生产的梯形和楔形产品。该产品主要优点是强度高，耐磨性非常好，防滑。鉴于上述优点，该产品一般被用于广场和人行道等公共场所。该产品铺贴时会留出大量很宽的灰缝，表面污物不易清理，因此不适用于室内装修。

5. 陶瓷锦砖

陶瓷锦砖俗称马赛克，是以优质瓷土烧制成的小块瓷砖（见图 6-13），按表面性质可分为有釉和无釉两种，目前多采用无釉类。一般做成 18.5 mm × 18.5 mm × 5 mm、39 mm × 39 mm × 5 mm 的小方块，或边长为 25 mm 的六角形等。这种制品出厂前已按各种图案反贴在牛皮纸上，每张大小约 30 cm^2，称作一联，每 40 联为 1 箱。施工时将每联纸面向上，贴在半凝固的水泥砂浆面上，用长木板压面，使之粘贴平实，待砂浆硬化后洗去皮纸，即显出美丽的图案。

❶ 图 6-11 微晶玻璃

❷ 图 6-12 广场砖

❸ 图 6-13 陶瓷锦砖

陶瓷锦砖具有耐酸、耐碱、抗腐蚀、耐磨、耐火、吸水率小、强度高以及易清洗、不褪色等特点，可用于工业与民用建筑的门厅、走廊、卫生间、餐厅及居室的地面装饰。

四、塑料

塑料是由高分子聚合物加入一些辅助材料，经过加工形成的塑性材料或固化交联形成的刚性材料。这类材料在一定的温度和压力下具有较大的塑性，容易做成所需要的各种形状、尺寸的制品，成型后在常温下能保持既得的形状和必需的强度。塑料是一种新颖的人工合成的高分子材料，一般具有质轻、绝缘、耐腐、耐磨、绝热、隔声等优良性能，并且其原料来源丰富、生产工艺简单、加工成型方便，易于工业生产。

在建筑装饰工程中，采用适当塑料代替其他装饰材料，除能获得良好的装饰及艺术效果外，还能减轻建筑物自重，提高工效，减少施工安装费用。

目前，用于地面装饰的塑料制品很多，最常见的有塑料地板、铺地卷材、塑料地毯等，这里重点介绍塑料地板的品种和特点。

塑料地板是一种塑料地面装饰材料。它花色品种繁多、质轻耐磨、使用功能良好、价格便宜、施工方便，广泛用于室内地面的装饰（见图 6-14）。

图 6-14 塑料地板

1. 塑料地板的分类

（1）按外形可分为块材地板和卷材地板。

（2）按组成和结构特点可分为单色地板、透底花纹地板、印花压花地板。

（3）按材质的软硬程度可分为硬质地板、半硬质地板和软质地板，目前采用的多为半硬质地板和硬质地板。

（4）按使用的树脂类型可分为聚氯乙烯（PVC）地板、聚丙烯地板和醋酸乙烯酯地板等，国内普遍采用的是 PVC 塑料地板。

（5）按生产工艺可分为热压法地板、压延法地板、注射法地板，其中，采用热压法生产的地板较多。

（6）按结构可分为单层塑料地板和复合塑料地板。

2. 塑料地板的特点

塑料地板是以高分子合成树脂为主要材料，加入其他辅助材料，经一定的制作工艺制成的预制块状、卷材状或现场铺成整体状的地面材料，其具有以下特点：

（1）花色品种繁多。塑料地板品种很多，只要改变印花辊即可生产出不同花纹图案的地板，幅宽规格也很多，如用 2 ~ 3 种不同颜色的单色地板块，还可以拼成各种图案。

（2）质轻耐磨。塑料地板地面的密度仅 2 000 kg/m^3 左右，单位面积质量为 3 kg/m^2，比大理石、陶瓷等地面轻得多。塑料地板的耐磨性好，可使用十几年，是高层建筑、飞机、火车、轮船地面的理想装饰材料。

（3）使用功能良好。塑料地板具有防滑、耐腐蚀、可自熄等特性，发泡塑料地板还具有优良的弹性，脚感舒适，清洗、更换也十分方便，既可用于住宅地面，也可用于工厂、车间地面。

（4）造价低，施工简便。塑料地板价格差别较大，可满足不同层次的需求。而且，塑料地板的铺贴效率，尤其是宽幅卷材地板的铺贴效率极高。

五、地毯

地毯是以棉、麻、毛、丝、草等天然纤维或化学合成纤维为原料，经手工或机械工艺进行编结、栽绒或纺织而成的地面铺敷物（见图 6-15）。它具有毛质优良、技艺独特、图案典雅的特点，是世界范围内具有悠久历史传统的工艺美术品类之一，将其覆盖于住宅、酒店、体育馆、展览厅、车辆、船舶、飞机等的地面，有减少噪声、隔热和装饰等功能。

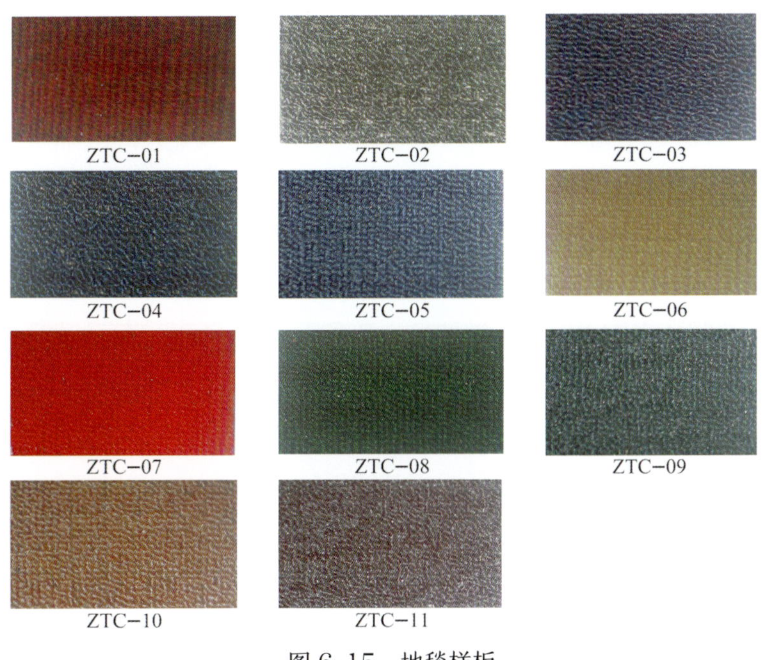

图 6-15 地毯样板

1. 地毯的种类

地毯的材质主要分为天然、化纤及合成纤维三种。天然质地以羊毛为主，也有少数用蚕丝制成，称为真丝地毯。人造的则以尼龙和聚丙烯较为常见。价格方面，真丝地毯最昂贵，聚丙烯的相对较便宜，但高品质的人造纤维地毯价格也不菲。地毯的种类繁多，这里主要按地毯材质、供应款式两种分类方法来介绍。

（1）按地毯材质分类

1）纯毛地毯。纯毛地毯是以土种绵羊毛为原料，其纤维长、拉力大、弹性好、有光泽，纤维稍粗而且有力，是世界上编织地毯的最好优质原料。

纯毛地毯的质量为 1.6 ~ 2.6 kg/m^2，是高级客房、会堂、舞台等红地毯地面的高级装饰材料。近年来在家居地毯市场还出现纯羊毛无纺织地毯，即不用纺织或编织方法而制成的纯毛地毯。

2）混纺地毯。混纺地毯是以毛纤维与各种合成纤维混纺而成的地面装饰材料。混纺地毯中因掺有合成纤维，所以价格较低，使用性能有所提高。

3）化纤地毯。化纤地毯也叫合成纤维地毯，如聚丙烯化纤地毯、丙纶化纤地毯、腈纶（聚乙烯腈）化纤地毯、尼龙地毯等。它是用簇绒法或机织法将合成纤维制成面层，再与麻布底层缝合而成。化纤地毯耐磨性好并且富有弹性，价格较低，适用于一般建筑物的地面装饰。

4）塑料地毯。塑料地毯是采用聚氯乙烯树脂、增塑剂等多种辅助材料，经均匀混炼、塑制而成，它可以代替纯毛地毯和化纤地毯使用。塑料地毯质地柔软、色彩鲜艳、舒适耐用，不易燃烧且可自熄，不怕湿，适用于酒店、商场、舞台、住宅等地面装饰中。由于塑料地毯耐水，所以也可用于浴室地面起防滑作用。

5）皮毛地毯。现在很少使用动物的真皮毛做地毯，主要选择能够以假乱真的人造皮毛做地毯，在冬天能给居室带来其他地毯无法比拟的暖意，同时还能营造富丽奢华的氛围。

6）草织地毯。草织地毯主要由草、麻、玉米皮等材料加工漂白后纺织而成。最新还流行起水草地毯和剑麻地毯，其特色是乡土气息浓厚，适合夏季铺设，但易脏、不易保养，经常下雨的潮湿地区不宜使用。

7）碎布地毯。碎布地毯由废布编织而成，是环保主义的家居产品，很随意，适合简居族的需要，其最大的好处是可以放到洗衣机里清洗。碎布地毯也有不同形式，有的是保持了碎布原有的颜色，有的则是染色后再编织。

（2）按供应款式分类

1）满铺地毯。这种地毯的幅度一般在 3.66 ~ 4 m。满铺即指铺设在室内两墙之间的全部地面上，铺设场所的室宽超过毯宽时，可以根据室内面积的条件采用裁剪拼接的方法以达到满铺要求，地毯的底面可以直接与地面用胶黏合，也可以绷紧毯面使地毯与地面之间极少滑移，并且用钉子定位于四周的墙根。满铺地毯一般用于居室、病房、会议室、办公室、大厅、客房、走廊等多种场合（见图 6-16）。

2）块毯。块毯外形呈长方形，以块为计量单位。块毯多数是机织地毯，做工精细、花型图案复杂多彩，档次高的有一定艺术欣赏价值（见图 6-17）。块毯宽度一般不超过 4 m，而长度与宽度有适当的比例。块毯铺设方便、灵活，位置可随意变动，这一方面给室内设计提供了更大的选择性，而且磨损严重部位的地毯可随时调换，从而延长了地毯的使用寿命，达到既经济又美观的目的。块毯是铺在地面上的，与地面并不胶合，可以任意、随时铺开或卷起存放。块毯除铺设在地面外，还可以作为壁毯挂在墙上，也可用做门前的脚踏毯、电梯毯、艺术脚垫等。

图 6-16 满铺地毯

图 6-17 块毯

3）拼块毯。拼块毯也称地毯砖，其外形尺寸一般为 500 mm × 500 mm，也有 450 mm × 450 mm 或者是长方形的。其毯面一般为簇绒类，背衬和中层衬布比较讲究，成品有一定硬挺度，铺设时可以与地面胶合，也可以直铺地面。拼块毯结构稳定、美观大方，毯面可以印花或压成花纹，在搬运、储藏和随地形拼装、成块更换拼装上都十分方便，特别适用于高层建筑、轮船、机场、计算机房以及办公用房等场所。

2. 地毯的日常维护与保养

地毯使用一段时间后，需要进行吸尘、清洗保洁，因为尘埃藏积于地毯内，会对纤维造成磨损，并且使地毯的颜色变得灰暗，在楼梯、大厅、走廊等人员走动频繁的地方，每周应吸尘保洁2~3次，卧室也应每周至少吸尘保洁一次。地毯上的污物主要分为两大类，一类为尘土及其他颗粒物质，一类为污垢和油渍及其他化学物质。前者采用定期吸尘保洁即可解决，后者则需使用化学溶剂，由于化学溶剂如使用不当，反而会使污渍扩散，所以必须由专业人员指导进行地毯清洗保洁。

（1）吸尘。吸尘是地毯保养最基本的工作，必须每天进行。吸尘最好每个部位吸两遍，第一遍逆地毯绒头吸，虽用力大但可吸尘彻底，第二遍顺地毯绒头吸，可使地毯恢复原有的绒头导向，避免绒头紊乱，造成地毯色差。应注意地毯吸尘无论进行几遍，最后一遍必须顺绒头倒向吸。

（2）干洗。干洗地毯有两种方法：

1）泡沫干洗。这是一种最普遍的地毯表面清洗方法。使用泡沫干洗机将大量洗涤剂喷洒在毯面绒头上，在滚动毛刷的作用下，使洗涤剂清洁绒头，然后用吸尘吸水机吸去洗涤泡沫及悬浮尘土。

2）干性提取清除法。该方法是通过人工或分配容器将溶剂、乳化剂、水和洗涤剂等混合物喷洒在地毯表面，经洗涤设备刷进地毯绒头中进行旋转洗涤30 min后吸去洗剂及尘土。

干洗属表面清洗，可以有效地使地毯表面恢复清洁，但并没有除去深藏在地毯里层的污垢，要想彻底清除必须进行湿洗。

（3）湿洗。当地毯的油污及其他黏性物质明显集结或灰尘污垢聚集到已影响地毯色泽和地毯绒头回弹性能，而干洗法又无法根除时，就应进行地毯湿洗，即彻底清洗。湿洗地毯有两种方法：

1）喷吸清洗法。该方法是将热水和洗涤剂在压力下喷射到地毯上，在水和洗涤剂作用下，使用配有旋转或振荡刷子的地毯洗涤设备，将污垢从纤维中分离出来后吸走。

2）蒸汽清洗法。这是一种清除嵌入地毯绒头内部污物和地毯表面污垢最彻底的地毯洗涤方法，也称为萃取清洗法。使用特制的蒸汽干洗地毯机释放出一种水与洗涤剂混合构成的蒸汽溶剂喷洒于地毯上，后经机械摆动刷搅动，使污垢脱离地毯纤维并悬浮于该溶剂中，最后通过植入式真空吸头清除。

第二节 SECTION 2 木地板装饰施工工艺

现代室内装饰装修中以实木地板、实木复合地板和强化木地板使用最广泛，它们的施工方法都是相似的，通常有粘贴式、空铺式和实铺式三种方式。粘贴式是采用高分子胶黏剂，将木地板直接粘贴在地面上；空铺式是在地面上先做出木框架，然后在木框架上铺贴基面板，最后在基面板上镶铺面层木地板；实铺式是在室内地面上直接拼铺木地板（见图 6-18）。

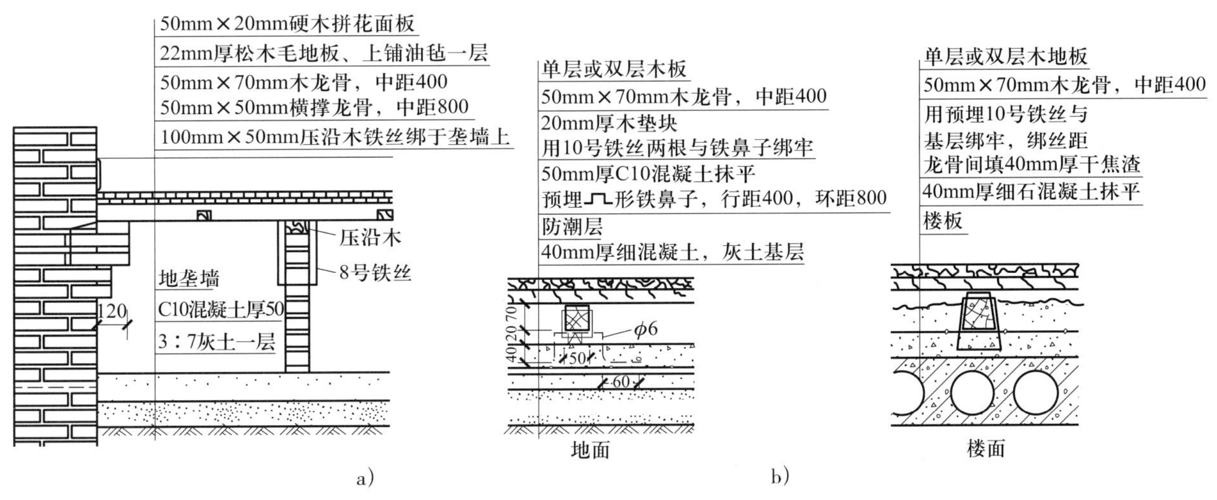

图 6-18 空铺木地面与实铺木地面做法
a）空铺木地板 b）实铺木地板

一、施工前准备

在铺设木地板前要做好充分的准备，主要包括工具准备和材料准备。施工前要保证铺设地板的基层平整、干燥、清洁，并且房间最大相对湿度不高于 80%。施工前应铺一层防水聚乙烯薄膜做好防潮处理。

1. 工具准备

工具准备包括细齿木锯、木工凿子、小铁锤、角尺、直尺、铅笔、专用木楔、专用敲板、专用拉钩等。

2. 材料准备

地板面层所采用的条格和块材，其技术等级和质量要求应符合设计要求。木格栅、垫木和毛地板等必须做防腐、防蛀、防火处理。木格栅应选用人造板，应有性能检测的报告，而且对甲醛含量复验。所有木地板运到施工安装现场后，应拆包在室内存放一个星期以上，使木地板与居室温度、湿度相适应后才能使用。

木地板安装前应进行挑选，剔除有明显质量缺陷的不合格品。将颜色、花纹一致的铺在同一房间，有轻微质量欠缺但不影响使用的，可在上面摆放床、柜等家具，同一房间的板厚必须一致。购买时应按实际铺装面积增加 10% 的损耗，一次购买齐备。

地板铺设用的胶黏剂应采用具有耐老化、防水和防菌、无毒等性能的材料，或按设计要求选用。胶黏剂应符合国家标准《民用建筑工程室内环境污染控制规范》（GB 50325—2020）的规定。

二、施工操作流程（以实木复合地板为例）

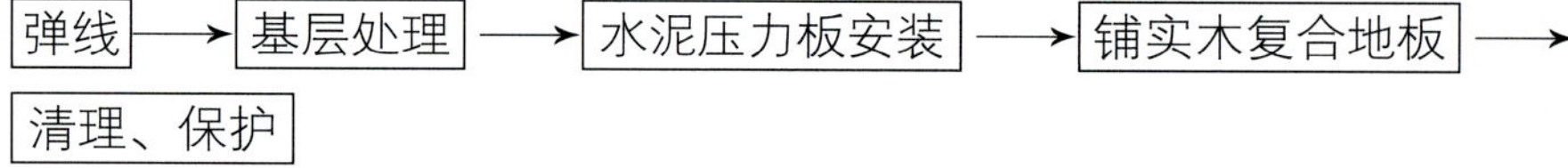

1. 弹线

根据图样要求在四周墙上弹出标高控制线。

2. 基层处理

在铺贴前先将地坪表面的灰尘等污物清理干净，基层表面应平整、坚硬、干燥、密实、洁净、无油脂及其他杂质，不得有麻面、起砂、裂缝等缺陷。

3. 水泥压力板安装

用 3.5 mm × 50 mm 的自攻螺钉将水泥压力板（5 mm 厚）固定在地面上，固定间距不大于 400 mm，主要目的是将地面找平。压力板之间的拼缝两侧必须采用自攻螺钉固定，不得有松动现象。

4. 铺实木复合地板

铺设地板应先试铺，试铺方法如下：先把第一块板的凹槽朝墙摆放，板与墙之间用专用木楔塞住（每块板两个木楔），留出 10 mm 的空隙作为伸缩缝。第一块板的方位必须准确无误，必要时可在垫层上画线参照，再将第二块的凹槽接第一块板的凸榫（不涂胶），依此方法相接至墙边。安装紧靠墙的一块板时，应取一块整板，一端靠墙（用木楔留 10 mm 空隙），与已摆放好的前一块板凸榫相对地平行放置，然后用角尺在该板上画线，顺线用木工锯将其锯断，平转 180° 后放到板行最后（截下部分的长度如大于 300 mm，则可用于下一行的第一块板）。摆放好两行后，仔细调整各板的位置，确认无误后，方可正式铺设。

正式铺设时，在木地板下铺一层防水聚乙烯薄膜，膜与膜搭接 20 cm，木地板接缝处应刷专用胶固定，安装第一排木地板在靠墙处要预留 8 ~ 10 mm 空隙，以利于通风（见图 6-19）。注意将地板的槽面对着靠墙一侧，在板的尾部放木楔，然后依次将板块进行拼接。拼接时可用专用木楔及铁锤将其与已铺好的地板挤紧（见图 6-20），挤出的胶液应随手用湿布擦净。

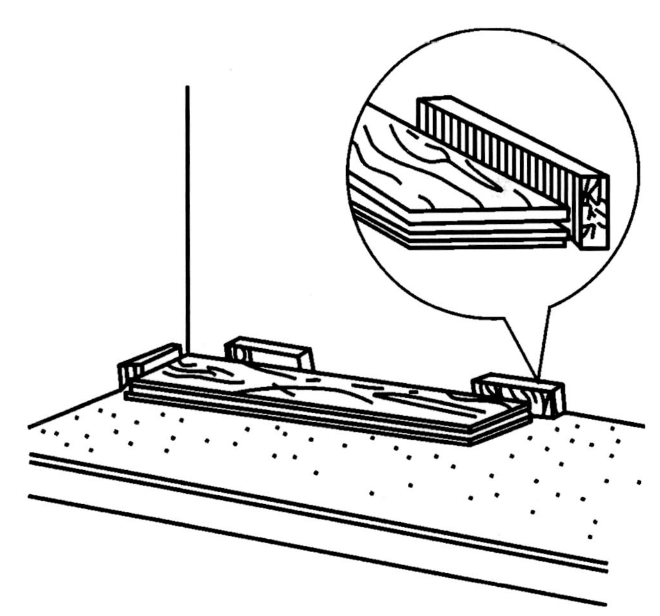

图 6-19 第一块板铺贴方法

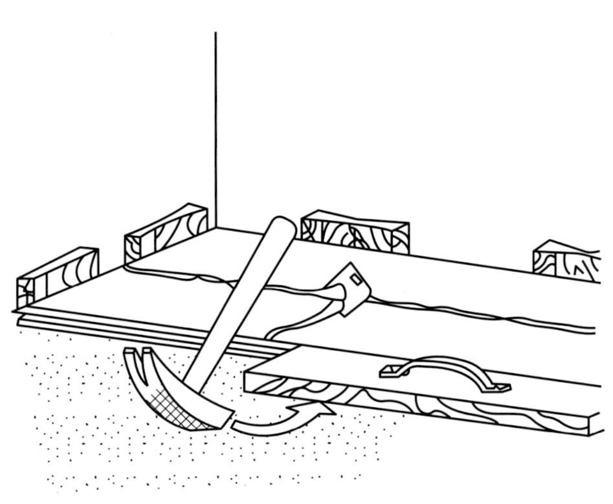

a）

b）

图 6-20 挤紧木地板方法

a）板槽拼缝挤紧 b）靠墙处挤紧

安装每行最后一块地板时，最好使用专用拉钩，用锤敲打拉钩上的凸块即可将板挤紧。最后一行可采用以下方法安装：取一块整板放在已安装好的前一块地板上，上下对齐，再另取一块整板置于其上（长边靠墙），然后沿上板边缘在下板上画线，再顺线锯开，即获得所需宽度的地板，涂胶后用专用拉钩将其压紧。如无专用拉钩，可先放好木楔，再将地板挤入。

施工中遇到伸出基层的管道等，则需在该处的地板开个口，开口的大小应使板与管道之间有 10 mm 空隙，锯下来的地板碎块可做填补用。

地板的收口处，应用铝合金或黄铜压条封边，地板在压条内应留 10 mm 空隙。两相通房间如地板铺设方向相互垂直，应在门口处加设压条，两边地板在压条内均应留缝。

安装踢脚板采用专用胶粘接在墙上，保证踢脚板的上口在同一标高上，并且出墙面保证厚度一致。当大面积安装复合木地板时，应在 15 ~ 20 mm 处设立伸缩缝，用专用口板收口处理。

5. 清理、保护

木地板铺贴完毕应及时进行清理，并进行修整，在铺装时应及时将胶清理干净，在 24 h 内不得上人踩踏。

三、质量检验标准

1. 主控项目

材料应符合要求，实木复合地板面层铺设应牢固。检验方法参照 GB 50209—2019。

2. 一般项目

实木复合地板面层图案和颜色应符合设计要求，图案清晰，颜色均匀一致，板面无翘曲；面层的接头应错开，缝隙严密、表面洁净；踢脚线表面应光滑，接缝严密，高度一致。

3. 检验方法

实木复合地板面层的允许偏差和检验方法见表 6-3。

表 6-3 实木复合地板面层的允许偏差和检验方法

项次	项目	允许偏差（mm） 实木复合地板、中密度（强化）复合地板面层	检验方法
1	板面缝隙宽度	0.5	用钢直尺检查
2	表面平整度	2.0	用 2 m 靠尺和楔形塞尺检查
3	踢脚线上口平齐	3.0	拉 5 m 线，不足 5 m 拉通线，用钢直尺检查
4	板面拼缝平直	3.0	拉 5 m 线，不足 5 m 拉通线，用钢直尺检查
5	相邻板材高度	0.5	用钢直尺和楔形塞尺检查
6	踢脚线与面层的接缝	1.0	用楔形塞尺检查

四、成品保护

1. 施工时应注意对定位、定高的标准杆、尺、线的保护，不得触动、移位。

2. 对所覆盖的隐蔽工程要有可靠保护措施，不得因铺设实木复合地板面层造成漏水、堵塞、破坏或降低等级。

3. 实木复合地板面层完工后应进行遮盖和拦挡，避免其受侵害。

4. 后续工程在实木复合地板面层上施工时，必须进行遮盖、支垫，严禁直接在实木复合地板面上动火、焊接、拌灰、调漆、支铁梯、搭脚手架等。

五、安全措施

1. 施工前应制定有效的安全、防护措施，并应遵照安全技术及劳动保护制度执行。

2. 施工机械用电必须采用机 - 闸保护。

3. 在施工过程中应注意对已经完成的隐蔽工程管线和机电设备的保护，各工种间搭接应合理，同时注意施工环境，不得在扬尘、湿度大等不利条件下作业。

4. 清理基层时，不允许从窗口、阳台、洞口等处向外乱扔杂物，以免伤人。

第三节 SECTION 3 塑料地板装饰施工工艺

一、施工前准备

1. 工具准备

工具准备包括塑料板焊机、计量器、大桶、小桶、钢直尺、水平尺、小线、胶皮辊、橡皮锤、錾子、刷子、钢丝刷等。

2. 材料准备

（1）水泥。宜采用硅酸盐水泥，其强度等级应在 32.5 级以上；不同品种、不同强度等级的水泥严禁混用。

（2）砂。应选用中砂或粗砂，含泥量不得大于 3%。

（3）塑料板。板块和卷材的品种、规格、颜色、等级应符合设计要求和现行国家标准的规定，面料与胶黏剂应配套；热膨胀系数、加热质量损失率、加热长度变化率、吸水长度变化率、磨耗量要符合要求并有检验记录。厚度偏差为 ±0.15 mm，长度偏差为 ±0.3 mm，宽度偏差为 ±0.3 mm。板块表面应平整、光洁、无裂纹、色泽均匀、厚薄一致、边缘平直，板内不应有杂物和气泡，并应符合产品的各项技术指标，进场时要有出厂合格证。

（4）塑料卷材。材质及颜色符合设计要求，花纹图案均匀，表面无瑕疵。

（5）胶黏剂。塑料板的生产厂家一般会推荐或配套提供胶黏剂；如没有，可根据基层和塑料板以及施工条件选用乙烯类、氯丁橡胶类、聚氨酯、环氧树脂、建筑胶等。所选胶黏剂必须通过试验确定其适用性和使用方法。胶黏剂的选择还应注意：Ⅰ类民用建筑工程室内装修粘贴塑料地板时，不应采用溶剂型胶黏剂；II类民用建筑工程中，地下室及不与室外直接自然通风的房间粘贴塑料地板时，不宜采用溶剂型胶黏剂。

3. 作业条件

根据地面工程质量验收规范（GB 50209—2019）的要求，地坪表面应平整、坚硬、干燥、密实、洁净、无油脂及其他杂质，不得有麻面、起砂、裂缝等缺陷。铺设区域温度应不低于 15 ℃，相对湿度不大于 80%，并有防雨、防潮、防阳光直射的材料堆放仓库及施工机具存放地。对施工区域进行封闭，提供照明和水源等。根据上述要求请监理进行验收，合格后进行后续施工。

二、施工操作流程

基层处理 → 弹线 → 试铺 → 配制胶黏剂 → 刷底子胶 → 粘贴塑料板 → 铺贴塑料踢脚板 → 擦光上蜡

1. 基层处理

地面基层为水泥砂浆抹面时，表面应平整（其平整度采用 2 m 直尺检查时，其允许空隙不应大于 2 mm）、坚硬、干燥、无油及其他杂质。当表面有麻面、起砂、裂缝现象时，应采用乳液腻子处理（质量配合比为水泥：107 胶：水 =1 ：0.2 ~ 0.3 ：0.3），处理时每次涂刷的厚度不应大于 0.8 mm，干燥后应用 0 号铁砂布打磨，然后再涂刷第二遍腻子，直到表面平整后，再使用用水稀释的乳液涂刷一遍（质量配合比为水泥：107 胶：水 =1 ：0.5 ~ 0.8 ：6 ~ 8）。

基层为预制大楼板时，将大楼板过口处的板缝勾严、勾平、压光。将板面上多余的钢筋头、埋件剔掉，凹坑填平，板面清理干净后，用 10% 的火碱水刷净，晾干后再刷水泥乳液腻子（质量配合比为水泥：107 胶：水 =1 ：0.2 ~ 0.3 ：0.4），刮平后，第二天磨砂纸，将其接槎痕迹磨平。

地面基层处理完后，必须将基层表面清理干净，在铺贴塑料板前不得进入其他工序人员操作。

2. 弹线

在房间长、宽方向弹十字线，应按设计要求进行分格定位，根据塑料板规格尺寸弹出板块分格线（见图 6-21）。如房内长、宽尺寸不符合板块尺寸倍数时，应沿地面四周弹出加条镶边线，一般距墙面 200 ~ 300 mm 为宜。

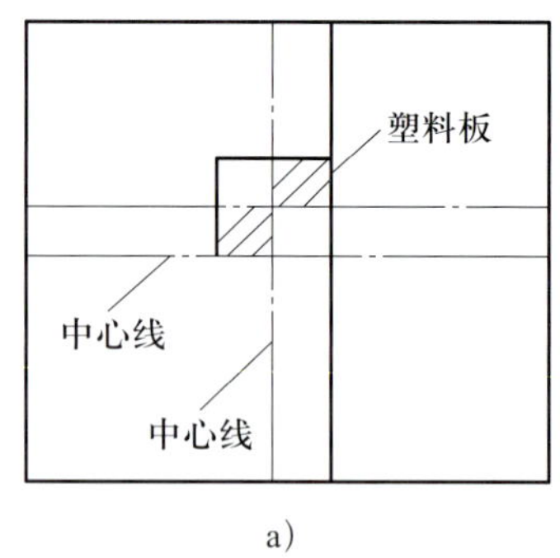

a)

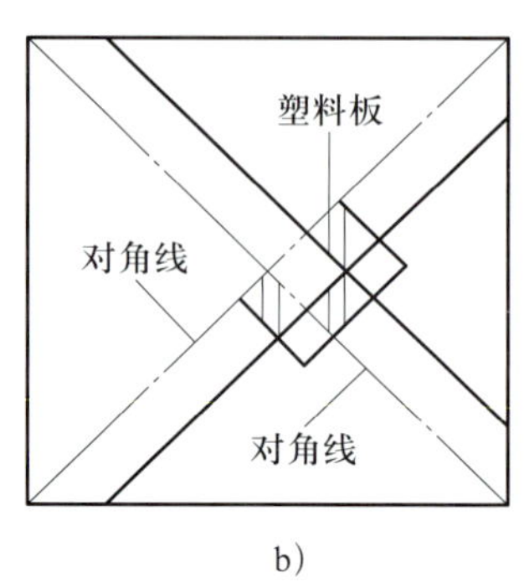

b)

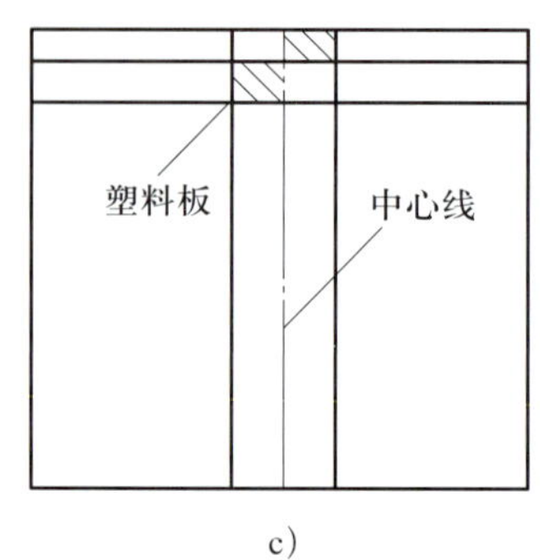

c)

图 6-21　塑料地板弹线分格

a）十字形　b）对角线　c）T 形

3. 试铺

在铺贴塑料板前，应按定位图及弹线先试铺，并进行编号，然后将板块掀起按编号放好，将基层清理干净。

4. 配制胶黏剂

配料前应检查有无出厂合格证和出厂日期，将原剂在原筒内搅拌均匀，如发现胶中有胶团、变色及杂质时，不能使用。使用稀料对胶液进行稀释时，应随拌随用，存放间隔不应大于 1 h。在拌和、运输、储存时，应使用塑料或搪瓷容器，严禁使用铁器，防止发生化学反应，导致胶液失效。

5. 刷底子胶

基层清理干净后，先刷一道薄而均匀的结合层底子胶，待其干燥后，按弹线位置沿轴线由中央向四面铺贴。

底子胶的配制，当采用非水溶性胶黏剂时，宜按同类胶黏剂（非水溶性）加入其质量 10% 的汽油和 10% 的醋酸乙酯搅拌均匀；当采用水溶性胶黏剂时，宜按同类胶黏剂加水搅拌均匀。

6. 粘贴塑料板

拆开包装后，用干净布将塑料板的背面灰尘擦干净。粘贴时应从十字线往外粘贴，并在基层均匀涂刷胶黏剂。在涂刷基层时，应超出分格线 10 mm，涂刷厚度应小于或等于 1 mm。铺贴塑料板的时间，以胶层干燥至不粘手（10 ~ 20 mm）为宜，按已弹好的墨线铺贴，应一次就位准确，粘贴密实（用滚子压实），再进行第二块铺贴，方法同第一块，然后逐块进行铺贴。基层涂刷胶黏剂时，不得面积过大，要随贴随刷。对缝铺贴的塑料板，缝子必须做到横平竖直，十字缝处缝子应通顺、无歪斜，对缝严实，缝隙均匀。

（1）半硬质聚氯乙烯板地面的铺贴：预先对板块进行处理，宜采用丙酮、汽油混合溶液（1 ∶ 8）进行脱脂除蜡，干后再进行涂胶贴铺，方法同上。

（2）软质聚氯乙烯板地面的铺贴：铺贴前先对板块进行预热处理，宜放入 75 ℃的热水中浸泡 10 ~ 20 min，待板面全部松软伸平后，取出晾干待用（注意不得用炉火或电热炉预热）。当板块缝隙需要焊接时，铺贴 48 h 后方可施焊，也可采用先焊后铺贴的方法，注意焊条成分、性能与被焊的板材性能要相同。

（3）塑料卷材铺贴：预先按已计划好的卷材铺贴方向及房间尺寸裁料，按铺贴的顺序编号，刷胶铺贴时，将卷材的一边对准所弹的尺寸线，用压滚压实，要求对线连接平顺、不卷不翘，然后按以上方法铺贴。

7. 铺贴塑料踢脚板

地面铺贴完后，弹出踢脚上口线，并分别在房间墙面下部的两端铺贴踢脚板，拴线粘贴。应先铺贴阴阳角，后铺贴大面，用滚子反复压实。注意踢脚板与地面交接处阴角的滚压，并及时将挤出的胶痕擦净，侧面应平整，接槎应严密，阴阳角应做成直角或圆角（见图 6-22）。

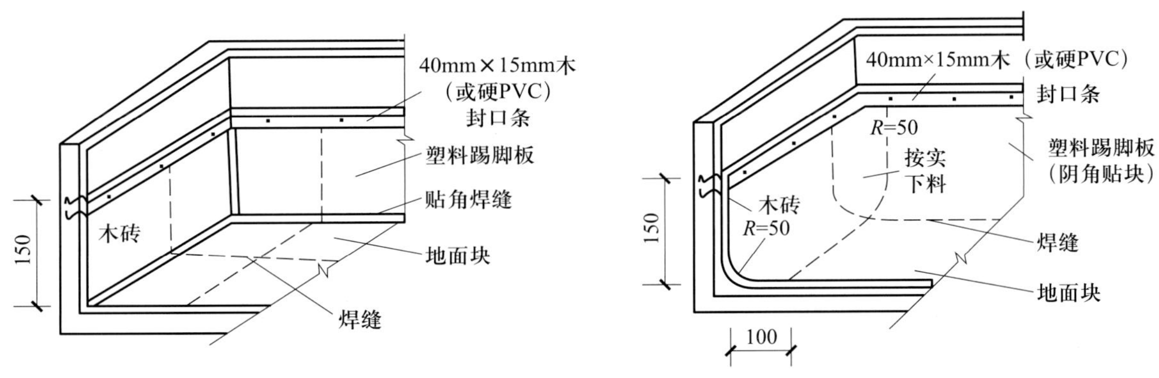

图 6-22　塑料踢脚板铺贴

8. 擦光上蜡

铺贴好塑料地面及踢脚板后，用干净布擦干净并晾干，然后用砂布包裹已配好的上光软蜡，满涂 1 ~ 2 遍（质量配合比为软蜡：汽油 =100 ： 30），掺 1% ~ 3% 与地板相同颜色的颜料，稍干后用干净布擦拭，直至表面光滑、光亮。

三、质量检验标准

1. 主控项目

（1）塑胶类板块和塑料卷材的品种、规格、颜色、等级必须符合设计要求和国家现行有关标准的规定，胶黏剂应与之配套。

（2）粘贴面层的基底表面必须平整、光滑、干燥、密实、洁净，不得有裂纹、起皮和起砂。

（3）面层粘接必须牢固，不翘边、不脱胶，粘接无溢胶。

2. 一般项目

（1）表面洁净，图案清晰，色泽一致，接缝顺直、严密、美观。拼缝处的图案、花纹吻合，无胶痕，与墙边交接严密，阴阳角收边方正。

（2）踢脚板表面洁净，黏结牢固，接缝平整，出墙厚度一致，上口平直。

（3）地面镶边用料尺寸准确，边角整齐，拼接严密，接缝顺直。

（4）检验方法。按 GB 50209—2019 的检验方法及表 6-4 的规定。

表 6-4 塑料板地面的允许偏差和检验方法

项次	项目	允许偏差（mm）	检验方法
1	表面平整度	2	用 2 m 靠尺和楔形塞尺检查
2	缝格平直	1	拉 5 m 直线检查，不足 5 m 时拉通线检查
3	接缝高低差	0.5	尺量和楔形塞尺检查
4	踢脚缝上口平直	1	拉 5 m 直线检查，不足 5 m 时拉通线检查
5	相邻板块排缝宽度	0.3 ~ 0.5	尺量检查

四、注意事项

1. 对于相邻两房间铺设不同颜色、图案的塑料地板，分隔线应在门框踩口线外，使门口地板对称。

2. 铺贴时，要用橡皮锤从旁边向四处敲击，将气泡赶净。

3. 铺贴后 3 天内不得上人。

4. PVC 地面卷材应在铺贴前 3 ~ 6 天进行裁切，并留有 0.5% 的余量，因为塑料在切割后有一定的压缩。

5. 冬季施工时，环境温度不得低于 10 ℃。

五、成品保护

1. 塑料地面铺贴完后，房间应设专人看管，非工作人员严禁入内，必须进入室内工作时，应穿拖鞋。

2. 塑料地面铺贴完后，及时用塑料薄膜覆盖保护好，以防污染。严禁在面层上放置油漆容器。

3. 电工、油工等工种操作时所用木梯、凳腿下端头，要包泡沫塑料或软布头保护，防止划伤地面。

六、安全措施

1. 施工前应制定有效的安全防护措施，并应遵照安全技术及劳动保护制度执行。

2. 施工机具用电必须采用机 - 闸保护。

3. 作业前，检查电源线路应无破损，漏电保护装置应灵活可靠，机具各部连接应牢固，旋转方向正确。

4. 清理基层时，不允许从窗口、阳台、洞口等处乱扔杂物，以免伤人。

第四节 SECTION 4 地毯装饰施工工艺

一、施工前准备

1. 工具准备

工具准备包括裁边机、地毯撑子（大撑子撑头、大撑子撑脚、小撑子）、扁铲、墩拐、手枪钻、割刀、剪刀、尖嘴钳子、漆刷、橡胶压边滚筒、烫斗、角尺、直尺、锤子、钢钉、小钉、吸尘器、垃圾桶、盛胶容器、钢直尺、盒尺、弹线粉袋、小线、扫帚、胶轮轻便运料车、铁簸箕、棉丝、工具袋、拖鞋等。

2. 材料准备

材料准备包括地毯、衬垫、胶黏剂、倒刺板条、铝合金倒刺条、铝压条等。

3. 作业条件

在铺设地毯前，室内装饰装修须施工完毕。铺设地面地毯必须加做防潮层（如一毡二油防潮层、水乳型橡胶沥青一布二油防潮层等），并在防潮层上面做 50 mm 厚 1 ∶ 2 ∶ 3 细石混凝土，1 ∶ 1 水泥罩面压实赶光，要求表面平整、光滑、洁净，应具有一定的强度，含水率不大于 8%。

地毯、衬垫和胶黏剂等进场后应检查核对数量、品种、规格、颜色、图案等是否符合设计要求，应将品种、规格不同的地毯分别存放在干燥的仓库或房间内。使用前要预铺、配花、编号，待铺设时按号取用。同时核查产品质量证明文件及检测报告，注意有害物质环保限量技术指标应合格。

二、施工操作流程

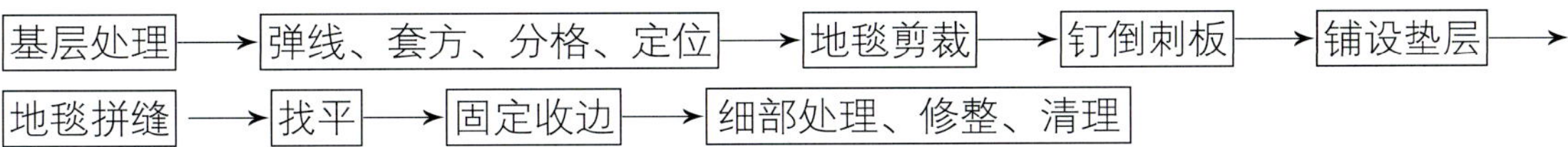

1. 基层处理

将铺设地毯的地面清理干净，保证地面干燥，并且要有一定的强度。检查地面的平整度偏差不大于 4 mm，地面基层含水率不大于 8%，满足要求后再进行下一道工序。

2. 弹线、套方、分格、定位

严格按照设计图样要求对房间的各个部分和房间的具体要求进行弹线、套方、分格。如无设计要求时应按照房间对称找中并弹线定位铺设。

3. 地毯剪裁

地毯剪裁应在比较宽阔的地方统一进行，并按照每个房间实际尺寸，计算地毯的裁割尺寸，要求在地毯背面弹线、编号，原则是地毯的经线方向应与房间长向一致。地毯的每一边长度应比实际尺寸长出 2 cm 左右，宽度方向要以地毯边缘线的尺寸计算。按照背面的弹线用手推裁刀从背面裁切，并将裁切好的地毯卷边上号，存放在相应的位置。

4. 钉倒刺板

沿房间墙边或走道四周的踢脚板边缘，用高强水泥钉（钉朝墙方向）将倒刺板固定在基层上，水泥钉长度一般为 4 ~ 5 cm，倒刺板离踢脚板 8 ~ 10 mm。钉倒刺板应用钢钉，相邻两个钉子的距离控制在 300 ~ 400 mm。钉倒刺板时应注意不得损伤踢脚板（见图 6-23）。

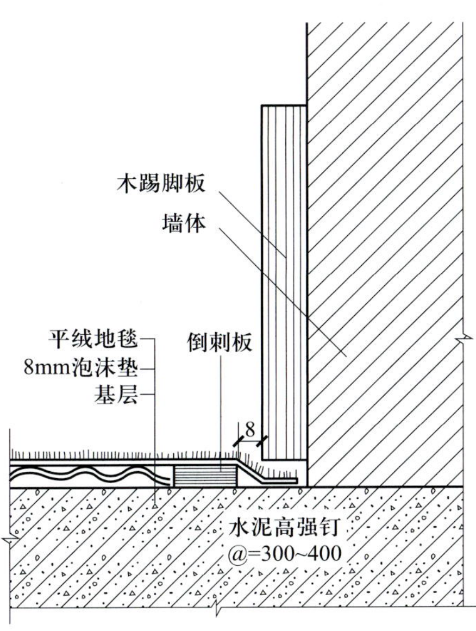

图 6-23 倒刺板条固定示意图

5. 铺设垫层

垫层应按照倒刺板的净距离下料，避免铺设后垫层皱褶，覆盖倒刺板或远离倒刺板。设置垫层拼缝时应考虑到与地毯拼缝至少错开 150 mm。衬垫用点粘法刷聚酯乙烯乳胶，粘贴在地面上。

6. 地毯拼缝

拼缝前要判断好地毯的编织方向，以避免缝两边的地毯绒毛排列方向不一致。地毯缝用地毯胶带连接，在地毯拼缝位置的地面上弹一直线，按照线将胶带铺好，两侧地毯对缝压在胶带上，然后用熨斗在胶带上熨烫，使胶层溶化，随熨斗的移动立即把地毯紧压在胶带上。接缝完毕用剪子将接口处的绒毛修齐。

7. 找平

先将地毯的一条长边固定在倒刺板上，并将毛边塞到踢脚板下，用地毯撑拉伸地毯。拉伸时，先压住地毯撑，用膝撞击地毯撑，从一边一步一步推向另一边，由此反复操作，将四边的地毯固定在四周的倒刺板上，并将长出的部分进行裁割。

8. 固定收边

地毯挂在倒刺板上要轻轻敲击一下，使倒刺全部勾住地毯，以免挂不实而引起地毯松弛。地毯全部展平拉直后应把多余的地毯边裁去，再用扁铲将地毯边缘塞进踢脚板和倒刺之间。当地毯下无衬垫时，可在地毯的拼接和边缘处采用麻布带和胶黏剂粘接固定（多用于化纤地毯）。

9. 细部处理、修整、清理

施工要注意门口压条的处理，门框、走道与门厅等不同部位、不同材料的交圈和衔接收口处理（见图 6-24）。固定、收边、掩边必须粘接牢固、不应有显露、找补等“破活”，特别注意拼接地毯的色调和花纹的对形，不能有错位等现象。铺设工作完成后，因接缝、收边裁下的边料和因扒齿拉伸掉下的绒毛、纤维应打扫干净，并用吸尘器将地毯表面全部吸一遍。

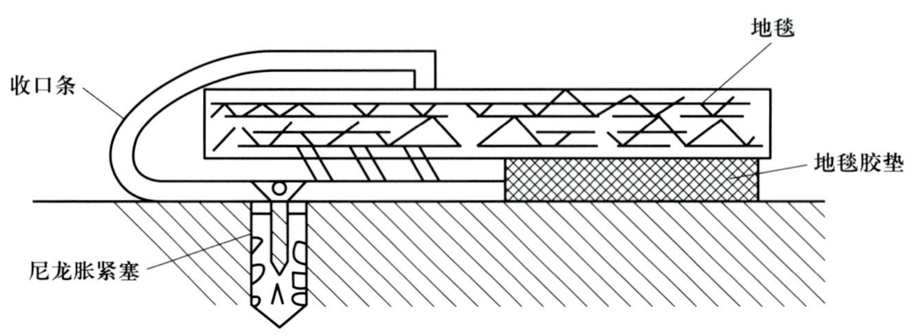

图 6-24　门口等铝合金收口条做法

三、质量检验标准

质量要求符合《建筑地面工程施工质量验收规范》（GB 50209—2019）的规定及表 6-5 规定。

表 6-5 地毯地面的允许偏差和检验方法

项次	项目	质量要求	检验方法
1	地毯、胶料及辅料质量	地毯符合设计要求和国家现行地毯产品标准的规定	观察检查，检查材质合格记录
2	地毯铺设质量	地毯表面应平整，拼缝处粘贴牢固、严密平整、图案吻合	观察检查
3	地毯表面质量	地毯表面不应起鼓、起皱、翘边、卷边、显拼缝、露线和无毛边，绒毛顺光一致，毯面干净，无污染和损伤	观察检查
4	地毯细部连接	地毯同其他面层连接处、收口处和墙边、柱子周围应顺直、压紧	观察检查

四、注意事项

1. 地毯铺装对基层地面的要求较高，地面必须平整、干净，含水率不得大于 8%，并已安装好踢脚板，踢脚板下沿至地面空隙应比地毯厚度大 2 ~ 3 mm。

2. 准确测量房间尺寸和计算下料尺寸，以免造成浪费。

3. 地毯铺设后务必拉紧、张平、固定，防止地毯发生变形。

五、成品保护

1. 注意成品掩护，用胶粘贴的地毯，24 h 内不许随便踩踏。

2. 地毯材料进场后应按贵重物品存放、运输、操作和保管。应避免风吹雨淋、防潮、防火、防踩等。

六、安全措施

1. 施工所用电动机必须安全有效、转动灵活。

2. 作业时严禁吸烟，易燃挥发材料设专用房间存放，随用随取，不得留存在作业面。作业完成后确认本区域无安全隐患，方可退出现场。

3. 施工过程中应注意倒刺板和钢钉等的使用和保管，要及时回收和清理切断的零头、倒刺板、挂毯条和散落的钢钉，避免发生钉子扎脚、划伤地毯和把散落的钢钉铺在垫层和面层下面，否则必须返工取出。

4. 严格执行工序交接制度，每道工序施工完成应及时交接，将地毯上的污物及时清理干净。

第五节 SECTION 5 块材地板装饰施工工艺

块材地板一：陶瓷地砖施工工艺

一、施工前准备

1. 工具准备

（1）机械。包括砂浆搅拌机、台式砂轮锯、手提云石机、角磨机等。

（2）工具。包括橡皮锤、铁锹、手推车、筛子、木耙、水桶、刮杠、木抹子、铁抹子、铁锤、扫帚等。

（3）计量检测用具。包括水准仪、磅秤、钢直尺、90° 角尺、靠尺、尼龙线、水平尺等。

（4）安全防护用品。包括口罩、手套、护目镜等。

2. 材料准备

材料准备包括地砖、水泥、砂、水、界面剂等。要求地砖外观颜色一致，表面平整，边角整齐，无裂纹、缺棱掉角等缺陷。砂为中砂或粗砂，过 5 mm 孔径筛子，其含泥量不大于 3%。

3. 作业条件

室内标高控制线（+ 500 mm 或 + 1 000 mm）已弹好，大面积施工时应增加测设标高控制桩点，并校核无误。

4. 技术准备

（1）根据设计要求，结合现场尺寸，进行排砖设计，并绘制施工大样图，经设计、监理、建设单位确认方可施工。

（2）办理材料确认，并将设计或建设单位选定的样品封样保存。

（3）铺砖前应向操作人员进行安全技术交底。大面积施工前宜先做出样板间或样板块，经设计、监理、建设单位认定后，方可大面积施工。

二、施工操作流程

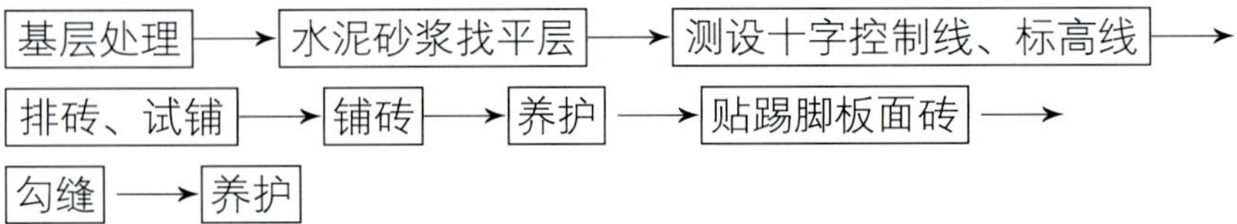

1. 基层处理

先把基层上的浮浆、落地灰、杂物等剔除掉，再用钢丝刷、扫帚将浮土清理干净。

2. 水泥砂浆找平层

（1） 冲筋（标筋）。在清理好的基层上洒水湿润。依照标高控制线向下量至找平层上表面，拉水平线做灰饼（灰饼顶面为地砖结合层下皮）。然后先在房间四周冲筋，再在中间每隔 1.5 m 左右冲筋一道（见图 6-25）。有泛水的房间按设计要求的坡度找坡，冲筋宜朝地漏方向呈放射状。

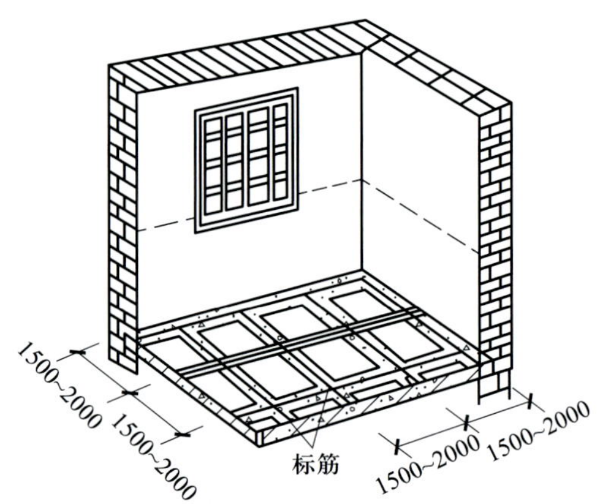

图 6-25　冲筋

（2）抹找平层。冲筋后，及时清理冲筋剩余砂浆，再在冲筋之间铺装 1 ：3 水泥砂浆，一般铺设厚度不小于 20 mm，用平锹将砂浆摊平，用刮杠将砂浆刮平，木抹子拍实、抹平整，同时检查其标高和泛水坡度是否正确，做好洒水养护。

3. 测设十字控制线、标高线

当找平层强度达到 1.2 MPa 时，根据 +500 mm 或 +1 000 mm 控制线和地砖面层设计标高，在四周墙面、柱面上，弹出面层上皮标高控制线。依照排砖图和地砖的留缝大小，在基层地面弹出十字控制线和分格线。如设计有图案要求时，应按设计图案弹出图案定位线，做好标记，并经预检核对，以防差错。

4. 排砖、试铺

排砖时，垂直于门口方向的地砖对称排列，当试排最后出现非整砖时，应将非整砖与一块整砖尺寸之和平分切割成两块大半砖，对称排在两边。与门口平行的方向，当门口是整砖时，最里侧的一块砖宜大于半砖（或大于 200 mm），当不能满足时，将最里侧的非整砖与门口整砖尺寸相加均分在门口和最里侧。密缝铺贴时，缝宽不大于 1 mm。根据施工大样图进行试铺，试铺无误后，进行正式铺贴。

5. 铺砖

先在两侧铺两条控制砖，依此拉线，再大面积铺贴。铺贴采用干硬性砂浆，其质量配合比一般为 1 ：2.5 ~ 3.0（水泥：砂）。根据砖的大小先铺一段砂浆，并找平拍实，将砖放置在干硬性水泥砂浆上，用橡皮锤将砖敲平后揭起，在干硬性水泥砂浆上浇适量素水泥浆，同时在砖背面刮聚合物水泥膏，再将砖重新铺放在干硬性水泥砂浆上，用橡皮锤按标高控制线、十字控制线和分格线敲压平整，然后向四周铺设，并随时用 2 m 靠尺和水平尺检查，确保砖面平整、缝格顺直。

6. 养护

砖面层铺贴完 24 h 内应进行洒水养护，夏季气温较高时，应在铺贴完 12 h 后浇水养护并覆盖，养护时间不少于 7 天。

7. 贴踢脚板面砖

墙面抹灰时留出踢脚部位不抹灰，使踢脚砖不致出墙太厚。粘贴前砖要浸水阴干，墙面洒水湿润。铺贴时先在两端阴角处各贴一块，然后拉通线控制踢脚砖上口平直和出墙厚度。踢脚砖粘贴用 1 ：2 聚合物水泥砂浆（界面剂的掺加量参照产品说明书），将砂浆粘满砖背面并及时粘贴，随之将挤出的砂浆刮掉，清理干净面层。设计无要求时，踢脚板面砖宜与地面砖对缝或按骑马缝方式铺贴。

8. 勾缝

当铺砖面层的砂浆强度达到 1.2 MPa 时（夏季一般 36 h 左右、冬季一般 60 h 之后）进行勾缝，用与铺贴砖面层的同品种、同强度等级的水泥或白水泥与矿物颜料调成设计要求颜色的水泥膏或 1 ：1 水泥砂浆进行勾缝，勾缝应清晰、顺直、平整光滑、深浅一致，并低于砖面 0.5 ~ 1.0 mm。

9. 养护

铺贴完 24 h，应用干净、湿润的锯末护盖，养护不少于 7 天。

三、质量检验标准

1. 主控项目

（1）面层所用地砖、水泥、砂、颜料的品种、规格、颜色、质量，必须符合设计要求和有关标准的规定。

（2）面层与基层必须结合牢固，无空鼓。

2. 一般项目

（1）面层表面平整、洁净，图案清晰，色泽一致，接缝均匀，周边顺直，无裂纹、掉角、缺棱、脱层、缺粒等现象。

（2）地漏和面层坡度符合设计要求，不泛水，无积水，与地漏（管道）结合处严密牢固，无渗漏。

（3）踢脚砖表面洁净，接缝平整均匀，高度一致，结合牢固，出墙厚度适宜、一致。

（4）与各种面层邻接处的镶边用料及尺寸符合设计要求和施工规范的规定。边角整齐、光滑。

（5）地砖铺贴检测标准满足表 6-6 的要求。

表 6-6　地砖铺贴地面的允许偏差和检验方法

项次	项目	允许偏差（mm）	检验方法
1	表面平整度	2	用 2 m 靠尺和塞尺检查
2	缝格平直	3	拉 5 m 直线和钢直尺检查
3	接缝高低差	0.5	钢直尺、塞尺检查
4	踢脚砖上口平直	3	拉 5 m 直线和钢直尺检查
5	砖块间隙宽度	2	钢直尺、塞尺检查

四、注意事项

1. 做混凝土地面前应将基层凿毛，凿毛深度为 5 ~ 10 mm，凿毛痕间距为 30 mm 左右。之后，清净浮灰、砂浆、油渍。

2. 基层要确保清理干净，洒水湿润到位，保证与面层的黏结力。刷浆要到位，并做到随刷随抹灰。铺贴后及时遮盖、养护，避免因水泥砂浆与基层结合不好而造成面层空鼓。

3. 铺贴前应对地面砖进行严格挑选，凡不符合质量要求的均不得使用。铺贴后防止过早上人，避免产生接缝高低不平现象。

4. 铺贴时必须拉通线，操作者应按线铺贴。每铺完一行，应立即再拉通线检查缝隙是否顺直，避免出现板缝不均现象。

5. 踢脚砖粘贴前应先检查墙面的平整度，并应弹水平控制线，铺贴时拉通线，以保证踢脚砖上口平直、出墙厚度一致。

6. 勾缝所用的材料颜色应与地砖颜色一致，防止色泽不均，影响美观。

7. 切割时要认真操作，掌握好尺寸，避免造成地漏、管根等处套割不规矩、不美观。

8. 冬季环境温度低于 5 ℃时，原则上不能进行铺地砖作业，如必须施工时，应对外门窗采取封闭保温措施，保证施工在正常温度条件下进行，同时应根据气温条件在砂浆中掺入防冻剂（掺加量参照防冻剂说明书），并进行覆盖保温，以保证地面砖的施工质量。

五、成品保护

1. 对室内已完工的成品应有可靠的保护措施，不得因地面施工造成墙面污染、地漏堵塞等。

2. 在铺砌地砖操作过程中，对已安装好的门框、管道要加以保护。施工中不得污染、损坏其他工种的半成品、成品。

3. 切割地砖时应用垫板，禁止在已经铺好的面层上直接操作。

4. 地砖面层完工后在养护过程中，应进行遮盖和围挡，保持湿润，避免损坏。水泥砂浆结合层强度达到设计要求后，方可进行下道工序施工。

5. 严禁在已铺砌好的地面上调配油漆、拌和砂浆。梯子、脚手架等不得直接放在砖面层上。油漆、涂料施工时，应对面层进行覆盖保护。

六、安全措施

1. 电气设备应有接地保护，小型电动工具必须安装漏电保护装置，使用前应经试运转合格后方可操作。电动工具使用的电源线必须采用橡胶电缆。

2. 切割面砖时，操作人员应戴好口罩、护目镜等安全防护用品。

3. 施工垃圾、渣土应集中堆放，并使用封盖车辆清运到指定地点消纳处理。

4. 在城区或靠近居民生活区施工时，对施工噪声要有控制措施，夜间运输车辆不得鸣笛，减少噪声扰民。

块材地板二：大理石、花岗石地面施工工艺

一、施工前准备

1. 工具准备

（1）机械。包括砂浆搅拌机、台钻、合金钢钻头、砂轮锯、磨石机、云石机、角磨机等。

（2）工具。包括手推车、铁锹、浆壶、水桶、喷壶、铁抹子、木抹子、刮杠、墨斗、尼龙线、橡皮锤（木锤）、钢錾子、钢丝刷等。

（3）计量检测工具。包括靠尺、钢直尺、水平尺、角尺、塞尺等。

（4）安全防护用品。包括口罩、护目镜、防护手套、耳塞等。

2. 材料准备

材料准备包括天然大理石、花岗石、水泥、砂子、水、辅助材料。其中，天然大理石、花岗石的品种、规格、颜色应满足设计要求，大理石、花岗石板材不得有裂纹、缺棱、掉角、翘曲等缺陷。辅助材料包括矿物颜料、蜡、保护剂、清洁剂、封闭剂等，应有出厂合格证及相关性能检测报告。

3. 作业条件

（1）房间内四周墙上弹好标高控制线（+500 mm），并经预检合格。

（2）大理石、花岗石板块进场拆箱后详细核对品种、规格、数量等是否符合设计要求，室外存放时，应进行覆盖。

（3）竖向穿过地面的立管已安装完毕，并装有套管。如有防水层，基层和构造层已找坡，管根已做防水处理。

4. 技术准备

（1）办理材料样板的确认、封样手续。

（2）检验主要材料的质量和出厂合格证是否齐全，进行材料报验。

（3）施工操作前应根据设计图样和现场实测尺寸，进行深化设计，绘制施工大样图，并经设计、监理、建设单位确认。

（4）对操作人员进行安全技术交底。

（5）大理石和花岗石面层下的各层做法应已按设计要求施工并验收合格。

二、施工操作流程

基层处理 → 弹线 → 试拼、试排 → 刷聚合物水泥浆及铺砂浆结合层 →

铺砌大理石（花岗石）板块 → 灌浆、擦缝 → 大理石（花岗石）踢脚板安装 → 打蜡

1. 基层处理

将地面垫层上的杂物及油污清理干净，用钢丝刷刷掉黏结在垫层上的砂浆，并清扫干净，对于弹线后地面高低差较大的地方，高处需剔除，低处用水泥砂浆或豆石混凝土补平。

2. 弹线

在房间内弹十字控制线，以检查和控制大理石（花岗石）板块的位置，控制线弹在混凝土垫层上，并引至墙面根部，然后依据墙面标高控制线找出面层标高，在墙上弹出水平标高线，要注意室内与楼道面层标高一致。

3. 试拼、试排

在正式铺设前，对每一房间的大理石（花岗石）板块，应按图案、颜色、纹理试拼，试拼中将色板好的排放在显眼部位，花色和规格较差的铺砌在较隐蔽处。同时，将非整块板对称排放在房间靠墙部位，试拼后按两个方向逐块编号，然后按编号码放整齐。试排时，应在房间内的两个相互垂直的方向铺两条干砂，其宽度大于板块宽度，厚度不小于 30 mm。结合施工大样图及房间实际尺寸，把大理石（花岗石）板块排好，以便检查板块之间的缝隙，核对板块与墙面、柱、洞口等部位的相对位置。板块的排列应符合设计要求，且应尽量保证面层整齐美观。门口处宜用整块板材，非整块板材应安排在不明显处，且不宜小于整块板材尺寸的 1/2。若用不同颜色镶边时，应留出镶边尺寸，房间与走道分色宜在门口处。

4. 刷聚合物水泥浆及铺砂浆结合层

试铺后将干砂和板块移开，清扫干净，用喷壶洒水湿润，刷一道聚合物水泥浆（不要刷的面积过大，随刷随铺砂浆）。根据板面水平线确定结合层砂浆厚度，拉十字控制线，铺干硬性水泥砂浆结合层，配合比为水泥：砂 =1 ：2 ~ 3（体积比），干硬程度以手捏成团、落地即散为宜，厚度控制在放上大理石（花岗石）板块时高出面层水平线 3 ~ 14 mm 为宜。铺好后用刮杠刮平，再用抹子拍实找平。

5. 铺砌大理石（花岗石）板块

（1）大面积大理石（花岗石）面层铺砌。根据房间拉的十字控制线，纵横各铺一行，作为大面积铺砌标筋。依据试拼时的编号、图案及试排时的缝隙（板块之间的缝隙宽度，当设计无规定时不应大于 1 mm），在十字控制线交点开始铺砌。将板块对好纵横控制线，铺放在已铺好的干硬性砂浆结合层上，用橡皮锤敲击木垫板（不得用橡皮锤或木锤直接敲击板块），振实砂浆至铺设高度后，将板块掀起移至一旁，检查砂浆表面与板块之间是否

吻合，如发现有空虚之处，应用砂浆填补，然后正式铺砌。

正式铺砌时先在水泥砂浆结合层上满浇一层聚合物水泥浆（用浆壶浇均匀），也可在石材背面满刮聚合物水泥膏，再铺板块，安放时四角同时往下落，用橡皮锤或木锤轻击木垫板，根据水平线用水平尺找平，铺完第一块，向两侧采取退步法铺砌。铺完纵、横标准行之后，可分段、分区依次铺砌，一般房间宜先里后外进行，逐步退至门口，同时检查房间与走道面层标高应一致。板块与墙角、镶边和靠墙处应紧密砌合，不得有空隙。大面积铺贴时宜设变形缝。

（2）碎拼大理石（花岗石）面层铺砌。按设计要求的颜色，挑选厚薄一致、不带尖角的板材，采用分仓或不分仓铺砌，也可镶嵌分格条。为了边角整齐，应选用有直边的板材沿分仓或分格线铺砌，并控制面层标高。边铺水泥砂浆结合层，边铺砌碎块板材，按碎块形状大小相间自然排列。铺砌时，随时清理缝内挤出的砂浆。碎块间缝宽宜为 20 ~ 30 mm。若设计要求缝内填嵌石渣时，缝的宽度及深度应满足石渣粒径的要求。

6. 灌浆、擦缝

在板块铺砌后强度达到可上人操作（结合层抗压强度达到 1.2 MPa）时，即可进行灌浆、擦缝。根据大理石（花岗石）颜色，选择相同颜色矿物颜料和水泥（白水泥）拌和均匀，调成 1 ∶ 1 稀水泥砂浆，用浆壶徐徐灌入板块之间的缝隙中（可分几次进行），并用刮板把流出的水泥砂浆刮向缝隙内，灌满为止。灌浆 1 ~ 2 h 后，用棉纱团蘸原稀水泥砂浆将缝与板面擦平，同时将板面上的水泥砂浆擦净，然后覆盖养护，养护时间不应小于 7 天。

碎拼大理石块之间缝隙灌水泥砂浆时，厚度与大理石碎块上面层齐平，并将其表面找平压光。如设计要求缝隙灌水泥石渣浆时，灌浆厚度比大理石碎块上面层高出 2 mm 厚，常温养护 2 ~ 4 天，然后用金刚石砂轮将高出部分磨平，面层磨光，再上蜡抛光。

7. 大理石（花岗石）踢脚板安装

其安装方法有粘贴法和灌浆法两种：

（1）粘贴法

1）根据墙面的标高控制线，测出踢脚板上口水平线，弹在墙上，根据墙面抹灰厚度，用线坠吊线，确定踢脚板的出墙厚度，一般为 8 ~ 10 mm。

2）对于抹灰墙面，按踢脚板出墙厚度，用 1 ∶ 3 水泥砂浆打底找平，表面搓毛。

3）找平层砂浆干硬后，拉踢脚板上口的水平线，按设计要求对阳角进行处理，在经浸水阴干的大理石（花岗石）踢脚板背面，先刮抹一层 2 ~ 3 mm 厚的聚合物水泥浆，再进行粘贴，并用木锤敲实，根据水平线找直、找平。

4）24 h 后用同色水泥砂浆擦缝并用棉丝团将余浆擦净。

（2）灌浆法

1）根据墙面标高控制线，测出踢脚板上口控制线，弹在墙上，根据墙面抹灰厚度，再用线坠吊线，确定出踢脚板的出墙厚度，一般为 8 ~ 10 mm。

2）将墙面清扫干净，浇水湿润，然后拉踢脚板上口水平线，在墙两端各安装一块踢脚板，其上口高度在同一水平线上，出墙厚度要一致，然后逐块依顺序安装，随时检查踢脚板的水平度和垂直度。相邻两块之间及踢脚板与地面、墙面之间用石膏固定。

3）石膏凝固后，检查安装是否符合要求，然后用 1 ∶ 2 稀水泥砂浆灌注，并随时把溢出的砂浆擦干净，待灌入的水泥砂浆终凝后，把石膏铲掉。

4）用棉丝团蘸与大理石踢脚板同颜色的稀水泥砂浆擦缝。镶贴踢脚板立缝宜与地面的大理石（或花岗石）板对缝镶贴。

8. 打蜡

当水泥砂浆结合层（含灌缝）达到强度后（抗压强度达到 1.2 MPa 时），方可进行打蜡，打蜡能使面层光滑、洁净，并对面层进行防护。

三、质量检验标准

1. 主控项目

（1）大理石、花岗石面层所用板块的品种、规格应符合设计要求。

检验方法：观察和检查材质合格记录。

（2）面层与下层应结合牢固、无空鼓。

检验方法：用小锤敲击检查。

2. 一般项目

（1）大理石、花岗石面层的表面应洁净、平整、无磨痕，且图案清晰、色泽一致、接缝均匀、周边顺直、镶嵌正确，板块无裂缝、掉角和缺棱等缺陷。

检验方法：观察检查。

（2）踢脚板应表面洁净、高度一致、结合牢固、出墙厚度一致。

检验方法：用小锤敲击及尺量检查。

（3）楼梯踏步和台阶板块的缝隙宽度应一致，齿角整齐，楼梯段相邻踏步高度差不应大于 10 mm，防滑条应顺直、牢固。

检验方法：观察和尺量检查。

（4）面层表面的坡度应符合设计要求，不泛水，无积水，与地漏、管道结合处应严实牢固，无渗漏。

检验方法：观察、泼水或坡度尺及蓄水检查。

（5）大理石和花岗石面层的允许偏差和检验方法应符合表 6-7 规定。

表 6-7　大理石和花岗石面层的允许偏差和检验方法

项次	项目	允许偏差（mm）	检验方法
1	表面平整度	1	用 2 m 靠尺和楔形塞尺检查
2	缝格平直	2	拉 5 m 线和钢直尺检查
3	接缝高低差	0.5	用钢直尺和楔形塞尺检查
4	踢脚板上口平直	1	拉 5 m 线和钢直尺检查
5	板块间隙宽度	不大于 1	用钢直尺检查

四、注意事项

1. 铺砌石材时，基层必须清理干净，洒水湿润，结合层砂浆不得随意加水，做到随铺随刷水泥砂浆，严格遵守操作工艺，防止板面产生空鼓。

2. 严格挑选板块，有翘曲、拱背、宽窄不方正等缺陷的块材应剔除。铺设标准块后，应向两侧和后退方向顺序铺设，并随时用水平尺和直尺找准，铺砌时应拉通线。房间内的标高控制线要有专人负责引入，各房间和楼道内的标高应一致，防止出现接缝高低不平、缝隙宽窄不均现象。尽量做到通缝，不能通缝时应加铺不同色调的石材做过渡石。

3. 过门口处的板块，应与楼道地面板块同时翻样、加工，铺砌时应与楼道地面板块协同操作。铺砌完毕应加以保护，防止上人过早，产生板块活动。

4. 镶贴踢脚板时，应拉通线，防止踢脚板不顺直，出墙厚度不一致。

5. 板块材料应重视包装、储存、装卸，搬运时应轻拿轻放，防止损坏。浅色大理石不宜用草绳、草帘等捆绑，以防浸水污染板面。宜光面相对，直立堆放，其倾斜度不宜小于 75° 。

6. 冬季地面石材施工应在采暖条件下进行，可采用建筑物正式热源或临时热源取暖。室温保持均衡，且不低于 5 ℃。冬季室内施工前，应完成外门窗安装工程，如未完成，应对门、窗洞口进行临时封闭保温。

五、成品保护

1. 运输大理石（花岗石）板块和水泥砂浆时，应采取措施防止撞坏已做完的墙面、门口等。施工中不得污染、损坏其他工种的半成品、成品。

2. 铺砌大理石（花岗石）板块及碎拼大理石过程中，操作人员应做到随铺随用干布揩净大理石面上的水泥痕迹。

3. 铺贴过程中应设围挡，防止他人穿行踩踏。

4. 大理石（花岗石）地面或碎拼大理石地面完工后，应清理干净并加以覆盖，房间应封挡。水泥砂浆结合层强度未达到要求前，不得上人行走。

5. 切割石材时应用垫板，禁止在已铺好的面层上直接操作。

6. 严禁直接在石材地面上和灰、调漆。在面层上进行焊接作业、支铁梯、搭脚手架时，必须采取可靠的保护措施。禁止在地面上拖拉重物。

7. 施工时应注意对水准线定位、定高的标准杆、尺、线的保护，不得触动、移位。

8. 大理石或花岗石面层完工后在养护过程中应进行遮盖、拦挡和湿润，不应少于 7 天。当水泥砂浆结合层的抗压强度达到设计要求后方可正常使用。铺砌时应与楼道地面板块协同操作。铺砌完毕加以保护，防止上人过早，产生板块活动。

六、安全措施

1. 大、中型加工机械的操作、检查、维修，应有专人负责，非操作人员严禁动用。

2. 手持电动机具应有防护罩，必须设置漏电保护器。

3. 石材切割操作人员应戴口罩和护目镜。

4. 石材切割加工应带水作业，现场应采取封闭措施，以控制扬尘污染和减少噪声扰民。

第六节 SECTION 6 楼梯石材踏步装饰施工工艺

一、施工前准备

1. 工具准备

工具准备包括云石机（金刚石圆锯片）、大桶、水平尺、靠尺板、靠尺、钢卷尺、大杠、中杠、角尺、小线、橡皮锤、4 磅锤、錾子、电锤、水舀子、小铁簸箕、浆壶、锤子、小水桶、扫帚、石工用工具、墨斗等。

2. 材料准备

（1）花岗石块（均为大理石厂加工的成品）的品种、规格、质量应符合设计和施工规范要求。

（2）水泥。32.5 强度等级的普通硅酸盐水泥。

（3）砂。中砂或粗砂，含泥量不大于 3%。

（4）清洗剂。蜡、草酸。

3. 作业条件

（1）大理石、花岗石板材进场后，应侧立堆放在室内，光面相对，背面垫松木条，并在板下加垫木方，拆箱后详细核对品种、规格、数量等是否符合设计要求，有裂纹、缺楞、掉角、翘曲和表面有缺陷时，应予剔除。

（2）室内抹灰（包括门口）、地面垫层、预埋在垫层内的电管及穿地面的管线均已完成。

（3）在四周墙上弹出 +500 mm 线和地面放坡线。

（4）挑选石材，把相同规格的放在一起，不符合要求的进行现场修整加工。

（5）根据实际石材尺寸和设计要求，放出石材分块大样。

（6）清扫、湿润垫层并弹线分格。

（7）冬季施工时操作温度不低于 5 ℃。

二、施工操作流程

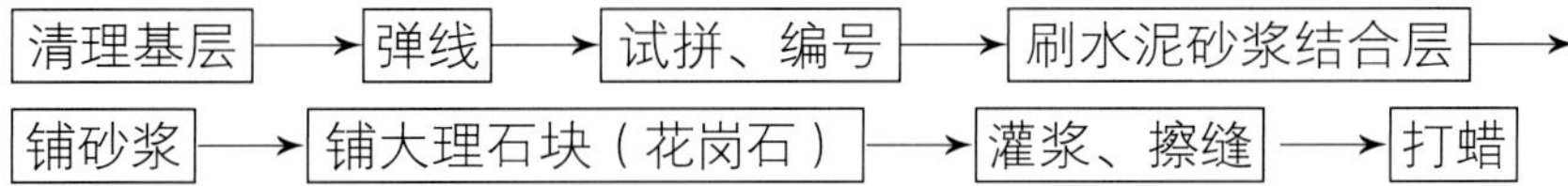

1. 基层清理

将地面垫层上的杂物清净，用钢丝刷刷掉粘接在垫层上的砂浆并清扫干净。

2. 弹线

根据建筑图标高尺寸，在结构基层上弹水平线，找出楼梯第一阶踏步起步位置，及最后一阶踏步（休息平台）的踢面位置，弹出两点连线，按踏步步数均分。从各分点做垂线，即为楼梯踢面装饰面层线。弹好休息平台基层 200 mm 控制线，休息平台与上、下楼梯第一阶踏步踢面应处在同一直线位置。

3. 试拼、编号

在正式铺设前，对每一步的大理石（花岗石）板块，应按图案、颜色、纹理试拼，把大理石（花岗石）板块排好，以便检查板块之间的缝隙。试拼后按两个方向编号排列，然后按编号码放整齐。

4. 刷水泥砂浆结合层

在铺砂浆之前再次将混凝土垫层清扫干净（包括试拼用的干砂及大理石块），然后用喷壶洒水湿润，刷一层素水泥浆（水灰比为 0.5 左右，随刷随铺砂浆）。

5. 铺砂浆

根据水平线，定出地面找平层厚度，拉十字控制线，铺找平层水泥砂浆（找平层一般采用 1 ：3 的干硬性水泥砂浆，干硬程度以手捏成团、松手不散为宜）。将砂浆从里往门口处摊铺。铺好后用刮尺刮平，再用抹子拍实找平。找平层厚度宜高出大理石面层标高水平线 3 ~ 4 mm。

6. 铺大理石（花岗石）

一般应按控制线进行铺设。铺前应将板预先浸湿阴干后备用，先进行试铺，对好纵横缝，检查砂浆上表面与板块之间是否相吻合，如发现有空虚之处，应用砂浆填补，然后正式镶铺。镶铺时先在水泥砂浆找平层上满浇一层水灰比为 0.5 的素水泥浆结合层，再铺大理石（花岗石）板，或将大理石（花岗石）板的背面朝上抹黏结素水泥浆，铺砌到已铺好的干硬砂浆上面，安放时四角同时往下落，用橡皮锤或木锤轻击木垫板，根据水平线用铁水平尺找平，大理石（花岗石）板块之间接缝要严，一般不留缝隙。

7. 灌浆、擦缝

在铺砌后 1 ~ 2 天进行灌浆、擦缝。根据大理石（花岗石）颜色选择相同颜色矿物颜料和水泥拌和均匀调成 1 ∶ 1 稀水泥砂浆，用浆壶徐徐灌入大理石（花岗石）板块之间缝隙（分几次进行），并用长把刮板把流出的水泥砂浆向缝隙内喂灰。灌浆 1 ~ 2 h 后，用棉丝团蘸原稀水泥砂浆擦缝，与板面擦平，同时将板面上水泥砂浆擦净。然后对面层施以覆盖保护，养护时间不少于 7 天。

8. 打蜡

当各工序完工不再上人时方可打蜡，使面层光滑、洁净。

三、质量检验标准

1. 主控项目

大理石和大理石碎块的品种、规格、质量必须符合设计要求，面层与基层的结合（粘接）必须牢固，无空鼓（脱胶）。

2. 一般项目

（1）大理石（花岗石）表面洁净、光滑，图案清晰，色泽一致，接缝均匀，周边顺直，板块无裂纹、掉角和缺楞等现象。碎拼大理石颜色协调，间隙适宜，磨光一致，无裂缝、坑洼和磨纹。

（2）踢脚板表面洁净，接缝平整均匀、结合牢固、出墙厚度适宜。

（3）镶边用料及尺寸符合设计要求和施工规范规定，边角整齐、光滑。

（4）楼梯石材踏步允许偏差和检验方法见表 6-8。

表 6-8　楼梯石材踏步允许偏差和检验方法

项次	项目	允许偏差（mm）	检验方法
1	表面平整度	1	用 2 m 靠尺和楔形塞尺检查
2	缝格平直	2	拉 5 m 线和钢直尺检查
3	接缝高低差	0.5	用钢直尺和楔形塞尺检查
4	踢脚板上口平直	1	拉 5 m 线和钢直尺检查
5	板块间隙宽度	不大于 1	用钢直尺检查

四、注意事项

1. 基层必须清理干净，找平层砂浆用干硬性的，随铺随刷一层素水泥砂浆，大理石（花岗石）板块在铺砌之前必须浸水湿润。

2. 在铺砌前必须拉通线，操作者要跟线铺砌，每铺完一行后立即再拉通线检查缝隙是否顺直，避免出现大小头现象。

3. 应预先严格挑选板块，凡是翘曲、拱背、宽窄不方正等块材应剔出不予使用。铺设标准块后应向两侧和后退方向顺序铺设，并随时用水平尺和直尺找准，接缝必须拉通线，不能有偏差。

4. 在镶贴踢脚板前，必须先检查墙面的垂直度、平整度，如超出偏差，应进行处理后再镶贴。

5. 水泥砂浆的面层总厚度不应小于 20 mm。

6. 面层与混凝土基层应结合牢固，无空鼓、裂缝。

7. 面层表面坡度应符合要求，不得有倒坡度的积水现象。

8. 踏步的宽度、高度应符合设计要求，相邻踏步高差不大于 10 mm，每踏步两端宽度差不大于 10 mm。

9. 在面层初凝前将角部防碰筋安装完毕（见图 6-26），终凝前压光工作完成，并按设计要求在踏步平面上留出防滑槽，以备以后抹水泥金刚砂防滑条。

10. 冬季施工时，原材料和操作环境温度不得低于 5 ℃，不得使用有冻块的砂子，板块表面不得有结冰现象。如室内无取暖和保温措施不得施工。

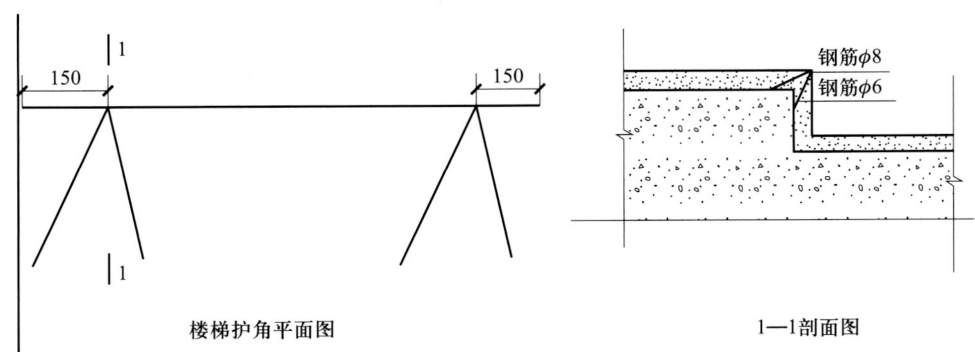

图 6-26 防碰筋做法

五、成品保护

1. 存放大理石（花岗石）板块，不得雨淋、水泡、长期日晒。一般将板块立放、光面相对存放。板块的背面应支垫松木条，板块下面应垫木方，木方与板块之间衬垫软胶皮。在施工现场内倒运时，也应按照上述要求。

2. 运输大理石（花岗石）板块、水泥砂浆时，应采取措施防止碰撞已做完的墙面、门口等。铺设地面用水时防止浸泡、污染墙面。

3. 铺砌大理石（花岗石）板块及碎拼大理石板块过程中，操作人员应做到随铺砌随揩净，揩净大理石板面应该用软毛刷和干布。

4. 新铺砌的大理石（花岗石）板块应临时封闭。当操作人员和检查人员踩踏新铺砌的大理石板块时要穿软底鞋，并轻踏在板中。

5. 在大理石（花岗石）地面上行走时，找平层砂浆的抗压强度不得低于 1.2 MPa。

6. 大理石（花岗石）地面或碎拼大理石地面完工后，应在其表面加以覆盖保护。

六、安全措施

1. 大、中型加工机械的操作、检查、维修，应由专人负责，非操作人员严禁动用。

2. 手持电动机具应有防护罩，必须设置漏电保护器。

3. 石材切割操作人员应戴口罩和护目镜。

4. 石材切割加工应带水作业，现场应采取封闭措施，以控制扬尘污染和减少噪声扰民。

思考与练习

1. 参观并收集身边地面装饰材料的种类和样板。

2. 简述各类木地板、塑料地板、地毯和陶瓷地砖的性质、特点、用途。

3. 简述木地板装饰施工工艺。

4. 简述塑料地板装饰施工工艺。

5. 简述地毯装饰施工工艺。

6. 简述块材地板装饰施工工艺。

7. 简述楼梯踏步装饰施工工艺。

8. 到校内实习基地或工地动手操作各类地面的装饰施工，并记录施工过程。

第七章

门窗装饰材料与施工工艺

学习目标

◆掌握常用门窗装饰材料，如木、铝合金、塑钢、玻璃等材料。同时通过对不同类型门窗安装工序的重点学习，对其完整施工过程有一个全面的认识

◆通过对门窗安装工艺的深刻理解，学会正确选择材料和施工工艺，并能合理地组织施工，以达到保证工程质量的目的，培养解决现场施工常见工程质量问题的能力

◆在掌握施工工艺的基础上，领会工程质量验收标准

门窗是建筑的单元，是立面效果的装饰符号，最终体现出建筑的特点。门的主要功能是通行，兼做通风、采光之用；窗的主要功能是采光、通风及眺望等。门窗是建筑中的两个重要组成部分，要求开启方便、关闭紧密、坚固耐用、便于清洁和维修，而且造型和比例要求美观大方。

第一节 SECTION 1 常用门窗装饰材料

现代建筑的门窗多采用木、铝合金、塑钢、玻璃等材料制成，建筑内部的门大多采用木质平开门，只是在样式、材质、色彩上有所变化。

一、木门窗

木门窗即以木料作为原材料制成的门窗（见图 7-1），按照材质、工艺及用途可以分为很多种类。木门窗与铝合金及塑钢门窗相比，具有质感柔、隔声好、色泽自然、纹理淳朴等优点，而且做工精细、尊贵典雅，或欧式雕花，或和式组合，或古韵犹存，或简洁明快，不仅迎合了绿色环保建材的发展趋势，还能够满足不同消费者的需求，其市场前景也越来越广阔，广泛适用于民用住宅和商业建筑中。

图 7-1 木门窗

1. 木门窗的分类

（1）按开启方式分类，木门窗可分为以下类型（见图 7-2、图 7-3）。

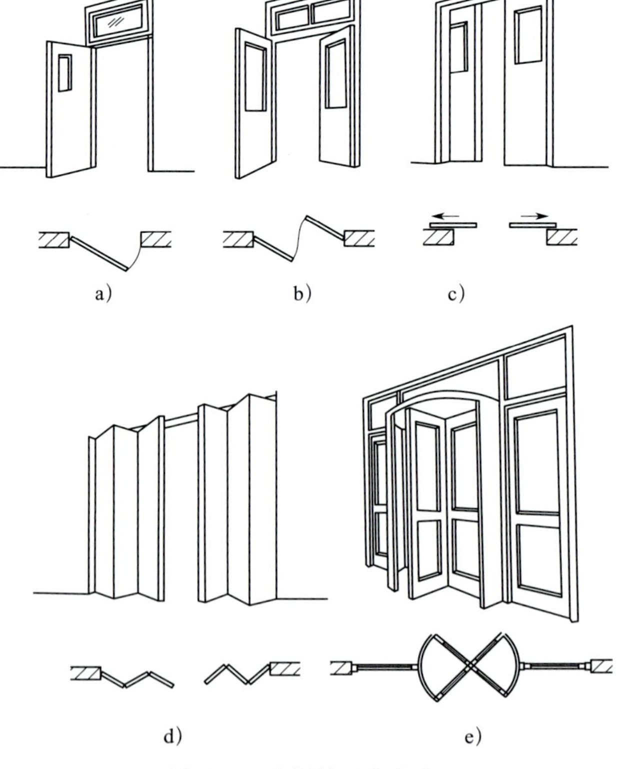

图 7-2 木门的开启方式

a）平开门 b）弹簧门 c）推拉门 d）折叠门 e）转门

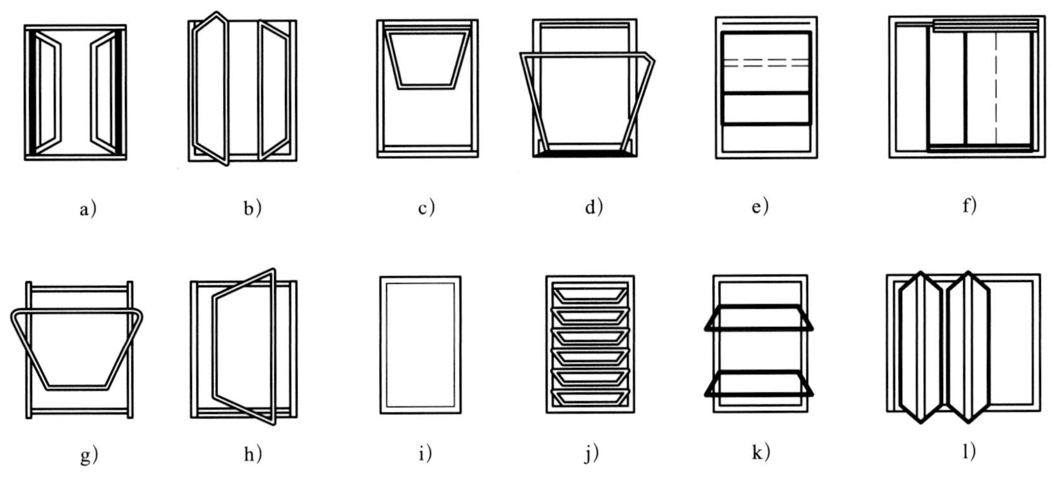

图 7-3 木窗的开启方式

a）外平开 b）内平开 c）上悬 d）下悬 e）垂直推拉

f）水平推拉 g）中悬 h）立转 i）固定 j）百叶 k）滑轴 l）折叠

（2）按构造分类，木门窗可以分为全实木榫拼门窗、实木复合门窗、夹板模压空心门窗等。

1）全实木榫拼门窗（原木门窗）。全实木榫拼门窗是用实木加工制作的装饰门窗，代号为 Q，从木材加工工艺上分为原木和指接木两种。

原木实木门窗是以取材自森林的天然原木做门窗芯，然后经下料、刨光、开榫、打眼、雕刻、定型等工序科学加工而制成的。

指接木实木门窗是指原木经锯切、指接后的木材，经过与原木实木门窗相同的工序加工制成的木门窗，性能要比原木实木门窗稳定得多，不易变形。

全实木榫拼门窗所选用的木材多是名贵木材，如樱桃木、胡桃木、柚木等。经加工后的成品具有不变形、耐腐蚀、无裂纹及隔热保温等特点。同时，具有良好的吸声性，能有效地起到隔声的作用。

2）实木复合门窗。实木复合门窗的门窗扇边框使用的是杉木或松木，中间填充蜂窝纸、密度板网格、桥洞力学板、实木等结构，面层基材使用中密度纤维板或穿孔刨花板，表面贴各种名贵实木木皮，经高温热压后制成，并用实木线条封边，代号为 S。

实木复合门窗除了具有实木门窗恒久稳定、不变形、不开裂的优点，还具有保温、耐冲击、阻燃的特性，且隔声效果良好。实木复合门窗解决了门芯板由于季节变化、不同地区年均含水率不同、木材固有的干缩湿胀和各项差异引起的开裂、变形，以及实木门窗由于油漆后门芯板四周因收缩出现的白边、开缝现象。实木复合门窗的质感略逊于实木门窗，但材质与款式更加多样，可以给予消费者更加广阔的挑选空间。

3）夹板模压空心门窗。夹板模压空心门窗是以实木做框架，两面用装饰板粘压在框架上，经热压加工制成，代号为K。

夹板模压空心门窗门芯、框架多以松木为主，款式单一，结构简单，门型受模板形状限制，个别的定制尺寸可能比例失调。价格较全实木门窗和实木复合门窗更为经济实惠。由于门窗板内部是空心的，隔声效果相对全实木门窗来说要差些，手感也不如上述两者。

夹板模压空心门窗贴有刷上清漆的木皮或木纹纸，保持了木材纹理的装饰效果，同时也可进行面板拼花。

一般的夹板模压空心门窗在交货时都带有中性的白色底漆，消费者可以在白色中性底漆上，根据个人喜好再上色，满足个性化的需求。

（3）按饰面分类，木门窗可以分为木皮、人造板和高分子材料三种，代号分别为M、R和G。

2. 木门窗的制作

木门窗的制作一般是在木材加工厂进行。门窗及其他细木制品应采用窑法干燥的木材，含水率不应大于12%，如受条件限制，除东北落叶松、云南松、马尾松、桦木等易变形的树种外，可采用气干木材，其制作时的含水率不应大于当地的平衡含水率，并应刷涂一遍底漆（干性漆），防止受潮变形。木门窗与砖石砌体、混凝土或者抹灰层接触处及预埋木砖，都应进行防腐处理，并应设置防潮层。当用马尾松、木麻黄、桦木、杨木等易腐朽和易虫蛀的木材制作门窗（及其他细木制品）时，整个构件应进行防腐、防虫处理。

3. 木门的清洁维护与保养

（1）正常使用木门窗时，切忌在门窗上悬挂重物或让小孩悬在门扇上玩耍，以免降低使用寿命。

（2）开启与关闭门窗扇时，切忌用力过猛或开启角度过大，这样不仅会损坏木门窗，严重时还会伤及人身。

（3）不可长时间使木门窗处于潮湿的环境中，以免产品变形。

（4）木门窗溅上水应用干布擦拭干净，以免产生局部膨胀。

（5）清除木门窗表面污迹时，采用软的棉布擦拭，用硬布很容易将产品表面漆膜划伤。污迹太重时，可使用中性清洗剂、牙膏或家具专用清洗剂去除污迹后再干擦，切忌用清水冲洗。

二、铝合金门窗

采用铝合金挤压型材为框、挺、扇料制作的门窗称为铝合金门窗，简称铝门窗（见图7-4）。

图 7-4 铝合金门窗

1. 铝合金门窗的规格

铝合金门窗有推拉铝合金门、推拉铝合金窗、平开铝合金门、平开铝合金窗及铝合金地弹簧门五种，都有国家建筑标准设计图。

每一种门窗分为基本门窗和组合门窗。基本门窗由框、扇、玻璃、五金配件、密封材料等组成。组合门窗由两个以上的基本门窗用拼樘料或转向料组合成其他形式的窗或连窗门。

每种门窗按门窗框厚度构造尺寸分为若干系列，如门框厚度构造尺寸为 90 mm 的推拉铝合金门，则称为 90 系列推拉铝合金门。

铝合金推拉门有 70 系列和 90 系列两种，基本门洞高度有 2 100 mm、2 400 mm、2 700 mm、3 000 mm；基本门洞宽度有 1 500 mm、1 800 mm、2 100 mm、2 700 mm、3 000 mm、3 300 mm、3 600 mm。推拉铝合金窗有 55 系列、60 系列、70 系列、90 系列、90-I 系列，基本窗洞高度有 900 mm、1 200 mm、1 400 mm、1 500 mm、1 800 mm、2 100 mm；基本窗洞宽度有 1 200 mm、1 500 mm、1 800 mm、2 100 mm、2 400 mm、2 700 mm、3 000 mm。

铝合金平开门有 50 系列、55 系列、70 系列，基本门洞高度有 2 100 mm、2 400 mm、2 700 mm；基本门洞宽度有 800 mm、900 mm、1 200 mm、1 500 mm、1 800 mm。铝合金平开窗有 40 系列、50 系列、70 系列，基本窗洞高度有 600 mm、900 mm、1 200 mm、1 400 mm、1 500 mm、1 800 mm、2 100 mm；

基本窗洞宽度有 600 mm、900 mm、1 200 mm、1 500 mm、1 800 mm、2 100 mm。

铝合金地弹簧门有 70 系列、100 系列，基本门洞高度有 2 100 mm、2 400 mm、2 700 mm、3 000 mm、3 300 mm，基本门洞宽度有 900 mm、1 000 mm、1 500 mm、1 800 mm、2 400 mm、3 000 mm、3 300 mm、3 600 mm。

铝合金型材表面阳极氧化膜颜色有银白色、古铜色两种。

2. 铝合金门窗的质量要求

（1）门窗表面不应有明显的擦伤、划伤、碰伤等缺陷。

（2）门窗相邻杆件着色表面不应有明显的色差。

（3）门窗表面不应有铝屑、毛刺、油斑或其他污迹，装配连接处不应有外溢的胶黏剂。

三、塑钢门窗

塑钢门窗是以聚氯乙烯（PVC）树脂为主要原料，加上一定比例的稳定剂、着色剂、填充剂、紫外线吸收剂等，经挤出成型材，然后通过切割、焊接或螺接的方式制成门窗框扇，配装上密封胶条、毛条、五金件等制成。为增强型材的刚性，超过一定长度的型材空腔内需要填加钢衬（加强筋），这样制成的门户窗，称为塑钢门窗（见图 7-5）。

图 7-5　塑钢门窗

1. 塑钢门窗的分类

塑钢门窗按原材料分类，有 PVC 塑料门窗和以其他树脂为原料的塑钢门窗；按开闭方式分类，有平开门窗、固定门窗、组合门窗等；按构造分类，有全塑门窗、复合 PVC 门窗等。

2. 塑钢门窗的性能及特点

（1）物理性能。塑钢门窗的物理性能主要是指 PVC 塑钢门窗的空气渗透性（气密性）、雨水渗漏性（水密性）、抗风压性能及保温和隔声性能。由于塑钢门窗型材具有独特的多腔室结构，并经熔接工艺而成，在塑钢门窗安装时所有的缝隙均装有门窗密封胶条和毛条，因此具有良好的物理性能。

（2）耐腐蚀性。首先，塑钢门窗因其独特的配方而具有良好的耐腐蚀性能。其次，塑钢门窗的耐腐蚀性还取决于五金件的使用，正常环境下五金件为金属制品，而具有腐蚀性环境的行业，如食品、医药、卫生、化工及沿海地区、阴雨潮湿地区，应选用耐腐蚀的五金件（工程塑料），其使用寿命是普通塑钢门窗的 10 倍。

（3）耐候性。塑钢门窗采用特殊配方，原料中添加紫外线吸收剂及耐低温冲击剂，从而提高了塑钢门窗的耐候性。在 −30 ~ 70 ℃，烈日、暴雨、干燥、潮湿等环境中，塑钢门窗无变色、变质、老化、脆化等现象。

（4）防火性。塑钢门窗不自燃、不助燃、离火自熄、安全可靠，符合防火要求，这一性能更扩大了塑钢门窗的使用范围。

（5）绝缘性能。塑钢门窗使用的异型材料是优良的电绝缘体，不导电，安全系数高。

（6）气密性。塑钢门窗材质细密平滑，质量内外一致，无须进行表面特殊处理，易加工，经切割、熔接加工后，门窗成品的长、宽及对角线均能在 ±2 mm 以内，加工精度高，角强度可达 3 000 N 以上。

（7）隔声性能。塑钢门窗的隔声性能主要在于占面积 80% 左右的玻璃的隔声效果，市面上有些隔声塑钢门窗根据声波的共振透射原理和耦合作用原理，采用不同的玻璃组合结构，如中空玻璃塑钢门窗，使用普通双层玻璃，增强了门窗隔声效果。在门窗结构方面，优质胶条、塑料封口配件的使用，使得塑钢门窗密封性能效果显著。

3. 塑钢门窗的日常维修保养

为充分发挥和利用塑钢门窗的优点，延长塑钢门窗的使用寿命，

在使用过程中，应注意对塑钢门窗的维护和保养。

（1）应定期对门窗上的灰尘进行清洗，保持门窗及玻璃、五金件的清洁和光亮。

（2）如果门窗上污染了油渍等难以清洗的东西，可以用清洗剂擦洗，但最好不要用强酸或强碱溶液进行清洗，这样不仅容易使型材表面粗糙度受损，也会破坏五金件表面的保护膜和氧化层而引起五金件的锈蚀。

（3）应及时清理框内侧颗粒状杂物，以免其堵塞排水通道而引起排水不畅和漏水现象。

（4）在开启门窗时，力度要适中，尽量保持开启和关闭时速度均匀。

（5）尽量避免用坚硬的物体撞击门窗或划伤型材表面。

（6）门窗在使用过程中有开启不灵活或其他异常情况时，应及时查找原因，如果不能排除故障，可与门窗生产厂家和供应商联系，以便故障能得到及时排除。

四、玻璃门

玻璃门是近些年流行起来的一种由经过特殊处理的玻璃和金属门框制作而成的门（见图 7-6），广泛用于酒店、快餐店、企事业单位等。

图 7-6　玻璃门

1. 玻璃门的分类

玻璃门美观大方、造型多样，常见的有自动感应门、地弹簧门、旋转门等。

（1）自动感应门。利用红外线感应，当人或物体靠近时，会自动打开。

（2）地弹簧门。需要人力推拉，打开之后，会自动合上。

（3）旋转门。利用中轴将几扇门固定，利用人力或者电动机推动进行旋转。

2. 玻璃门的结构和设计

目前，最为常见的玻璃门为金属门框（一般是不锈钢材质）和玻璃。其中，玻璃一般采用钢化玻璃，有透明的和不透明的（即磨砂玻璃）两种。为了需要，还有各种工艺玻璃及防火、防盗、防弹玻璃等。玻璃门的设计一般较为简单，首先测量门框的尺寸，画出图样，然后，根据图样和选用的款式，画出效果图即可。

3. 玻璃门的特点

玻璃门以其简洁大方、采光好、耐推拉 、隔热效果好、内置锁安全系数高、密封性好、坚固耐用等优点逐渐取代了传统的木质门。而且玻璃门可以通过纹理、造型、图案等手段，摆脱“传统门”的束缚，更有装饰效果。但是其缺点也是显而易见的，虽然在加工中对玻璃进行了更深层次的处理，但是它仍然易碎、怕撞，成本也要比复合材料的门高。

第二节 SECTION 2 木门窗施工工艺

一、施工前准备

1. 工具准备

工具准备包括粗刨、细刨、裁口刨、单线刨、锯、锤子、斧子、旋具、线勒子、扁铲、塞尺、线坠、红线包、墨汁、木钻、小电锯、担子板、扫帚等。

2. 材料准备

（1）进场的木门窗及其纱门窗必须是经检验合格的产品，具有出场合格证。进场前应对其型号、数量及加工质量进行检查。

（2）其他材料。防腐剂可使用纯度 95% 以上、含水率 1% 以下、细度通过 1 600 孔 /cm^2 筛的氟硅酸钠或冷底子油。小五金按门窗表所列型号、种类准备。轻质墙体及多孔砖墙体埋设木砖，埋件应符合设计要求。

二、施工操作流程

弹线找规矩，找出门窗框安装位置 → 掩扇及安装样板 → 窗框、扇安装 → 门框安装 → 门扇安装

1. 弹线找规矩，找出门窗框安装位置

从顶层用大线坠吊垂直，在墙上弹出规矩线，门窗洞口凸出框线部位进行剔凿。窗框安装高度应根据室内 +50 cm 水平线校对检验，使窗框安装在同一标高。室内外门框应根据图样位置、标高安装，按门的高度设置木砖，每边不少于 2 个，间距不大于 1.2 m。每块木砖应钉 2 个上下错开的 10 cm 长钉子，并将帽砸扁钉入木砖。轻质墙及多孔砖墙体应预设带木砖的混凝土砌块。

2. 掩扇及安装样板

将窗扇按图样要求安装到窗框上，检查缝隙大小、尺寸及五金位置，作为样板。窗合页距窗上下端为立挺高度 1/10，避开上下冒头，窗拉手位于窗高度中点以下，一般距地 1.6 m。

3. 窗框、扇安装

安装窗框、扇应考虑抹灰的厚度，根据门窗尺寸、标高位置和开启方向，在墙上标出位置线，有贴脸的立框时应与抹灰面齐平，有预制水磨石窗台板的注意窗台板出墙尺寸以确定立框位置（见图 7-7）。外墙为清水砖勾缝的外窗以盖上砖墙立缝为宜。窗框安装标高，以墙上弹上 +50 cm 水平线为准，用木楔将框临时固定于窗洞内，在窗洞下拉小线找直来控制相隔窗框的平直，用水平尺将水平线引入洞内作为立框的标准，然后用线坠吊直。一般情况下安装门窗框上皮低于过梁 15 mm，窗框下皮比窗台上皮高 5 mm。采用硬木时先对准木砖位置钻眼，孔径为钉子直径的 0.9 倍，然后钉钉。

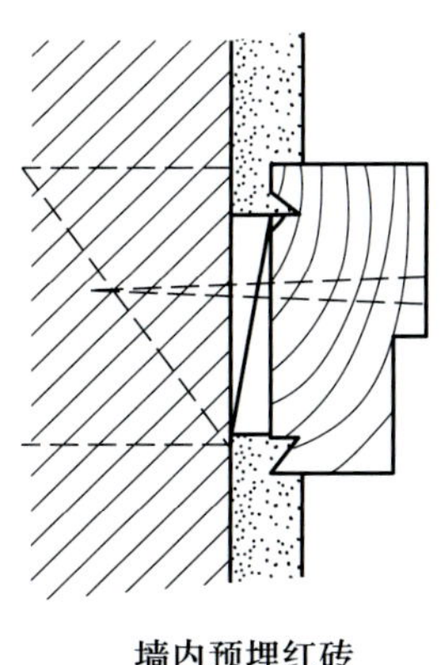

墙内预埋红砖
用圆钉钉固门框

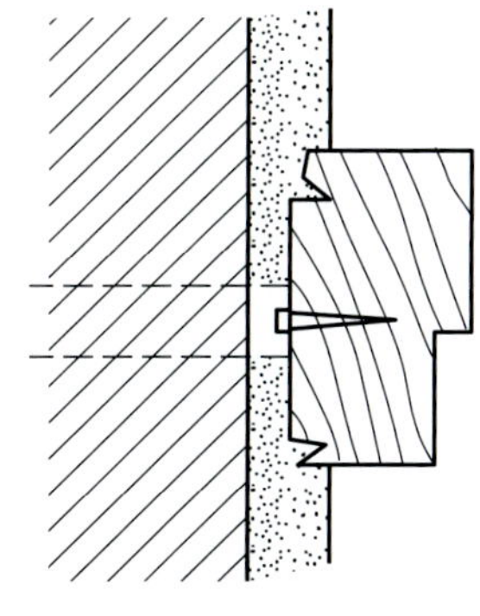

砖墙留缺口，铁脚伸入
后用砂浆填实

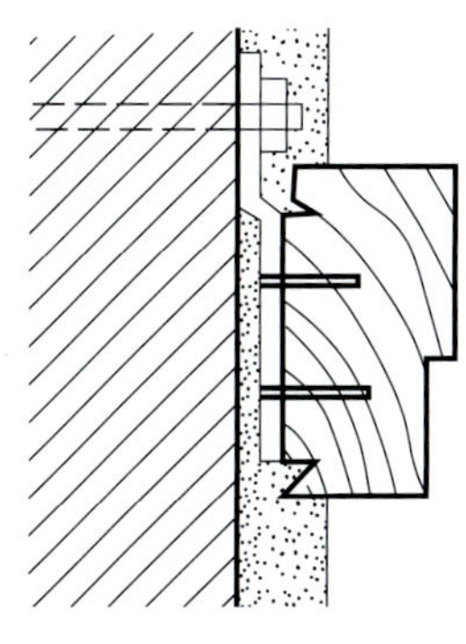

砖墙预埋螺栓固定
门框上的铁脚

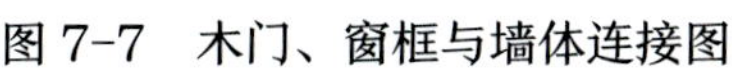

图 7-7 木门、窗框与墙体连接图

4. 门窗框安装

门窗框安装方式主要有立口和塞口两种方法（见图 7-8）。

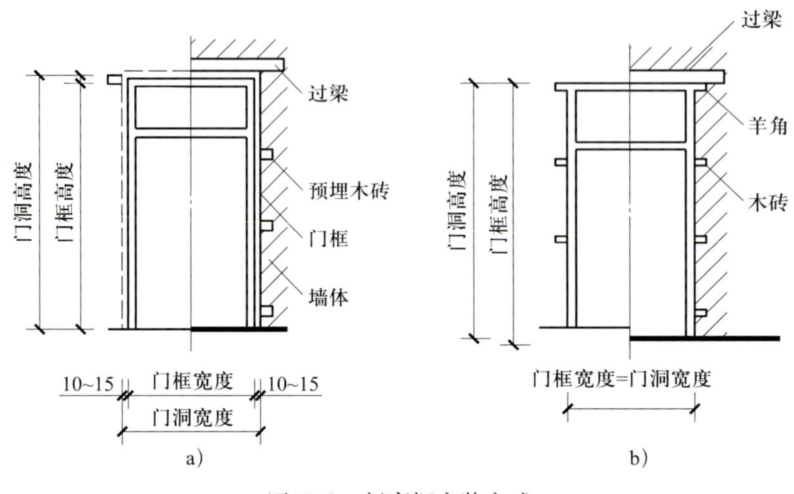

图 7-8　门窗框安装方式

a）塞口　b）立口

立口是指在砌筑墙体之前先将门窗框立好，在砌筑的同时将门窗框的连接件砌在墙体中；塞口是指在砌墙时不立门窗框，只留洞口，待主体完工后再安门窗框。

两种方法各有利弊，立口的门窗框与墙体之间没有缝隙，不必进行二次填塞，但容易对门窗框造成污染；塞口墙体留洞时应较门窗框的实际尺寸大出 2 ~ 3 cm，待门窗框的连接件固定好后需对缝隙进行二次填塞。

（1）木门框安装。此道工序应在地面施工前完成，门框安装应用线坠找垂直，复核门框对角线是否相等。安装时应保证牢固，按预留木砖位置间距用钉子将木框与木砖钉牢。当隔墙为加气混凝土条板时，按要求预留木砖间距，预留 45 mm 的孔，深度为 10 cm，在孔内预留防腐木楔粘水泥砂浆加入孔中，木楔直径大于孔径 1 mm，待其凝固后安门框。

框与洞口每边空隙不超过 20 mm，若超过需加钉子，并且还需在木砖与门框之间加设垫木，保证钉进木砖 50 mm。超过 30 mm 的空隙需用豆石混凝土填实，不超过 30 mm 的空隙用干硬性砂浆填实。

木门框安装后应用铁皮保护，其高度以手推车轴中心为准，对于高级硬木门框宜用 1 cm 厚木板条钉设保护，防止砸碰而破坏裁口，影响安装。

（2）钢门框安装。安装前先套方找正，检查在运输过程中是否变形。按设计标高、位置安装门框，注意成品保护。塞口按设计要求埋设铁件，每边不少于 2 个固定点，间距不大于 1.2 m。安装就位后，检查型号、标高、位置无误后将框上铁件与预埋铁件焊牢。

5. 门扇安装

（1）确定门的开启方向，小五金位置、型号，对开门扇扇口裁口位置、开启方向（右扇为盖口扇）。检查门口是否尺寸正确，边角是否方正，有无窜角。高度检查测量门两侧，宽度检查测量门上、中、下三点。

（2）将门扇靠在框上画出相应尺寸线，若扇大应将多余部分刨出，若扇小则需加木条，用胶和钉子钉牢，钉帽砸扁钉入木材 2 mm。修刨门窗时应用木卡具将门垫起卡牢，以免损坏门边。

（3）将修刨好的门扇塞入口内用木楔顶住临时固定，按门扇与口边缝宽合适尺寸画二次修刨线，标出合页槽位置。合页距门上、下端为立挺高 1/10，避开上、下冒头。注意口与扇应安装平整。

（4）门窗二次修刨后，缝隙尺寸合适后即安装合页。先用线勒子勒出合页宽度，画出合页安装边线，分别从上、下边往里量出合页长度，剔合页槽应留线，不可剔得过大、过深。若过深应用胶合板调节。

（5）合页槽剔好后，即可安装上、下合页。安装合页之前需先将门扇上、下口刷漆。安装合页时先拧一个螺钉，然后关上门检查缝隙是否合适，口扇是否平整，上、中、下合页轴心是否在一条垂线上，防止出现门扇自动开启或关闭。无问题后可将螺钉全部拧上拧紧。木螺钉钉入 1/3、拧入 2/3，拧时不能倾斜，严禁全部钉入。若门窗为硬木时，先用木螺钉直径 0.9 倍的钻头打眼，眼深 2/3，然后再拧入螺钉。若遇木节，应在木节处钻眼，重新塞入木塞后再拧紧螺钉，同时注意不要遗漏螺钉。

（6）安装对开扇时，将门扇宽度用尺量好再确定中间对口缝裁口深度。采用企口榫时，对口缝的裁口深度、方向需满足装锁要求，然后对四周修刨到准确尺寸。

（7）五金安装按图样要求不得遗漏。门拉手位于门高度中点以下，插销安于门拉手下面，门锁不可安于中冒头与立挺结合处，以防伤榫，若与实际情况不符可上调 5 cm。一般门拉手距地 1 m，门锁、碰珠、插销距地 90 cm，并应注意锁木的方向及位置。安装后注意成品保护，喷浆时应遮盖保护，防止污染。

（8）为防止门扇开启后碰墙，应固定门扇位置，可安装定门器。对于有特殊要求的门按要求安装门扇开启器。

三、质量检验标准

1. 木门窗制作

（1）主控项目

1）木门窗的木材品种、材质等级、规格、尺寸、框扇的线型及人造木板的甲醛含量应符合设计要求。设计未规定材质等级时，所用木材的质量应符合表 7-1 的规定。

表 7-1　制作普通木门窗所用木材的质量要求

木材缺陷		门窗扇的立挺、冒头、中冒头	窗棂、压条、门窗及气窗的线脚、通风窗立挺	门芯板	门、窗框
活节	不计个数，直径 (m)	<15	<5	<15	<15
	计算个数，直径	≤材宽的 1/3	≤材宽的 1/3	≤ 30 mm	≤材宽的 1/3
	1 延米个数	≤ 3	≤ 2	≤ 3	≤ 5
死节		允许，计入活节总数	不允许	允许，计入活节总数	
髓心		不露出表面的，允许	不允许	不露出表面的，允许	
裂缝		深度及长度≤厚度及材长的 1/5	不允许	允许可见裂缝	深度及长度≤厚度及材长的 1/4
斜纹的斜率（%）		≤ 7	≤ 5	不限	≤ 12
油眼		非正面，允许			
其他		浪形纹理、圆形纹理、偏心及化学变色，允许			

2）木门窗应采用烘干的木材，含水率应符合《建筑木门、木窗》（JG/T 122—2000）的规定。

3）木门窗的防火、防腐、防虫处理应符合设计要求。

4）木门窗的结合处和安装配件处不得有木节或已填补的木节。木门窗如有允许限值以内的死节及直径较大的虫眼时，应用同一材质的木塞加胶填补。对于清漆制品，木塞的木纹和色泽应与制品一致。

5）门窗框和厚度大于 50 mm 的门窗扇应用双榫连接。榫槽应采用胶料严密嵌合，并应用胶楔加紧。

6）胶合板门、纤维板门和模压门不得脱胶。胶合板不得刨透表层单板，不得有戗槎。制作胶合板门、纤维板门时，边框和横楞应在同一平面上，面层、边框及横楞应加压胶结。横楞和上、下冒头应各钻 2 个以上的透气孔，透气孔应通畅。

（2）一般项目

1）木门窗表面应洁净，不得有刨痕、锤印。

2）木门窗的割角、拼缝应严密平整。门窗框、扇裁口应顺直，刨面应平整，木门窗制作的允许偏差符合表 7-2 的规定。

3）木门窗上的槽、孔应边缘整齐，无毛刺。

表 7-2 木门窗制作的允许偏差

项次	项目	构件名称	允许偏差 (mm)	
			普通	高级
1	翘曲	框	3	2
		扇	2	2
2	对角线长度	框、扇	3	2
3	高度、宽度	框	0、-2	0、-1
		扇	+2、0	+1、0
4	裁口、线条结合处高低差	框、扇	1	0.5
5	相邻棂子两端间距	扇	2	1

2. 木门窗安装

（1）主控项目

1）木门窗的品种、类型、规格、开启方向、安装位置及连接方式应符合设计要求。

2）木门窗的安装必须牢固。预埋木砖的防腐处理以及木门窗框固定点的数量、位置及固定方法应符合设计要求。

3）木门窗扇必须安装牢固，并应开关灵活，关闭严密，无倒翘。

4）木门窗配件的型号、规格、数量应符合设计要求，安装应牢固，位置应正确，功能应满足使用要求。

（2）一般项目

1）木门窗与墙体间缝隙的填嵌材料应符合表 7-3 要求，填嵌应饱满。寒冷地区外门窗（或门窗框）与砌体间的空隙应填充保温材料。

2）木门窗披水、盖口条、压缝条、密封条的安装应顺直，与门窗结合应牢固、严密。

表 7-3 木门窗安装的留缝限值、允许偏差

项次	项目		留缝限值（mm）		允许偏差（mm）	
			普通	高级	普通	高级
1	门窗槽口对角线长度差				3	2
2	门窗框的正、侧面垂直度				2	1
3	框与扇、扇与扇接缝高低差				2	1
4	门窗扇对口缝		1 ~ 2.5	1.5 ~ 2		
5	工业厂房双扇大门对口缝		2 ~ 5			
6	门窗扇与上框间留缝		1 ~ 2	1 ~ 1.5		
7	门窗扇与侧框间留缝		1 ~ 2.5	1 ~ 1.5		
8	窗扇与下框间留缝		2 ~ 3	2 ~ 2.5		
9	门扇与下框间留缝		3 ~ 5	3 ~ 4		
10	双层门窗内外框间距				4	3
11	无下框时门扇与地面间留缝	外门	4 ~ 7	5 ~ 6		
		内门	5 ~ 8	6 ~ 7		
		卫生间门	8 ~ 12	8 ~ 10		
		厂房大门	10 ~ 20			

四、成品保护

1. 一般木门框安装后应用铁皮保护，其高度以手推车车轴中心为准，如门框安装与结构同时进行，应采取措施防止门框碰撞或移位变形。

2. 门窗框、扇进场后应妥善保管，入库存放，应垫起离开地面 20 ~ 40 cm 并垫平，按使用先后顺序将其码放整齐，露天临时存

放时上面应用苫布盖好，防止雨淋。

3. 进场的木门窗框靠墙的一面应刷木材防腐剂进行处理，钢门窗应及时刷好防锈漆，防止生锈。

4. 安装门窗扇时应轻拿轻放，防止损坏成品，整修门窗时不得硬撬，以免损坏扇料和五金。

5. 安装门窗扇时注意防止碰撞抹灰角和其他装饰好的成品。

6. 已安装好的门窗扇如不能及时安装五金件，应派专人负责管理，防止刮风时损坏门窗及玻璃。

7. 严禁将门窗框、扇作为架子的支点使用，防止脚手板砸碰损坏。

8. 五金安装应符合图样要求，安装后应注意成品的保护，喷浆时应遮盖保护，以防污染。

9. 门扇安好后不得在室内再使用手推车，防止砸碰。

五、安全措施

1. 施工所用电动机必须安全有效、转动灵活。

2. 作业时严禁吸烟，易燃、易挥发材料设专用房间存放，随用随取，不得留存作业面。

3. 作业完成后确认本区域无安全隐患方可退出现场。

4. 合理使用各类原材料，充分回收利用施工中产生的边角废料，减少资源浪费，减少固体废弃物的产生。

5. 施工人员应穿戴好个人防护用品。

第三节 SECTION 3 铝合金门窗施工工艺

一、施工前准备

1. 工具准备

工具准备包括铝合金切割机、手电钻、直径 8 mm 的圆锉刀、半径 20 mm 的半圆锉刀、十字旋具、划针、铁脚圆规、钢直尺、錾子、锤子、抹子、电焊机等。

2. 材料准备

（1）铝合金门窗的规格、型号应符合设计要求，五金配件齐全，并具有产品的出厂合格证。

（2）防腐材料、保温材料符合图样要求。

（3）32.5 级以上的水泥、中砂、连接铁脚、连接铁板、焊条等均应根据需要备齐。

（4）密封膏、嵌缝材料、防锈漆、铁纱、压纱条等均应根据图样要求准备。

3. 作业条件

（1）铝合金门窗安装前，应根据设计施工图检查门窗品种、规格、开启方向及支撑件和附件，并对其外形平整度进行校正，合格后方可安装，并按设计要求检查洞口尺寸，如与设计不符合应予以纠正。

（2）铝合金门窗框的安装应在室内粉刷和室外粉刷等湿作业完毕后进行，门窗扇的安装应在门窗框粉刷完毕后进行，土建方在门窗框安装前应弹出门窗垂直线、水平线、进出线，并提供主体避雷连接点，以便铝门窗工程防雷系统与主体连接。

二、施工操作流程

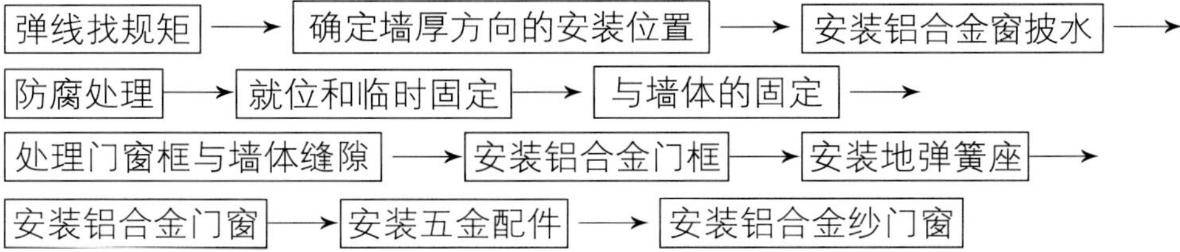

1. 弹线找规矩

在最顶层找出外门窗口边线，用大线坠将门窗边线下引，并在每层门窗口处划线标记，对个别不直的口边应剔凿处理。高层建筑宜用经纬仪找垂直线。

门窗口的水平位置应经楼层 + 50 cm 水平线为准，往上反量出窗下皮标高，弹线找直，每层窗下皮（若标高相同）应在同一水平线上。

2. 确定墙厚方向的安装位置

根据外墙大样图及窗台板的宽度，确定铝合金门窗在墙厚方向的安装位置，如外墙厚度有偏差时，原则上应以同一房间窗台板外露尺寸一致为准，窗台板应伸入铝合金窗下 5 mm。

3. 安装铝合金窗披水

按设计要求将披水条固定在铝合金窗上，应保证安装位置正确、牢固。

4. 防腐处理

（1）门窗框两侧的防腐处理应按设计要求进行，如设计无要求时，可涂刷防腐材料，如橡胶型防腐涂料或聚丙烯树脂保护装饰膜，也可粘贴塑料薄膜进行保护，避免填缝水泥砂浆直接与铝合金门窗表面接触，产生电化学反应，腐蚀铝合金门窗。

（2）铝合金门窗安装时，若采用连接铁件固定，铁件应进行防腐处理，连接件最好选用不锈钢件。

5. 就位和临时固定

根据放好的安装位置线安装，并将其吊直找正，无问题后用木楔临时固定。

6. 与墙体的固定

铝合金门窗与墙体的固定有三种方法：

（1） 沿窗框外墙用电锤打直径 6 mm 孔（深 60 mm），并用 Y 型 ϕ6 钢筋（40 mm × 60 mm）蘸 107 胶水泥砂浆打入孔中，待水泥砂浆终凝后，再将铁脚与预埋钢筋焊牢。

（2）连接铁件与预埋钢板或剔出的结构箍筋焊接。

（3）用射钉枪将铁脚与墙体固定。

不论采用哪种方法固定，铁脚至窗角的距离不应大于 180 mm，铁脚间距应小于

表 7-4　铝合金门窗安装允许偏差

<table>
<tr><th>项次</th><th colspan="3">项目</th><th>允许偏差
(mm)</th><th>检验方法</th></tr>
<tr><td>1</td><td colspan="2">门窗框两对角线长度差</td><td>≤ 2 000 mm
>2 000 mm</td><td>3
3</td><td>用钢卷尺检查，量里角</td></tr>
<tr><td>2</td><td rowspan="2">平开窗</td><td colspan="2">窗扇与框搭接宽度差</td><td>1</td><td>用深度尺或钢直尺检查</td></tr>
<tr><td>3</td><td colspan="2">同樘门窗相邻扇的横端角高度差</td><td>2</td><td>用拉线和钢直尺检查</td></tr>
<tr><td>4</td><td rowspan="2">推拉扇</td><td>门窗扇开启力极限</td><td>扇面积≤ 1.5 m^2
扇面积 >1.5 m^2</td><td>≤ 40 N
≤ 60 N</td><td>用 100 N 弹簧秤钩住拉手处，启闭 5 次取平均值</td></tr>
<tr><td>5</td><td colspan="2">门窗扇与框或相邻扇立边平行度</td><td>2</td><td>用 1 m 钢直尺检查</td></tr>
<tr><td>6</td><td rowspan="3">弹簧门扇</td><td colspan="2">门窗对口缝或扇与框间立、横缝留缝极限</td><td>2 ~ 4</td><td rowspan="2">用楔形塞尺检查</td></tr>
<tr><td>7</td><td colspan="2">门扇与地面间隙留缝限值</td><td>2 ~ 7</td></tr>
<tr><td>8</td><td colspan="2">门扇对口缝关闭时平整度</td><td>2</td><td>用深度尺检查</td></tr>
<tr><td>9</td><td colspan="3">门窗框（含拼樘料）正、侧面垂直度</td><td>2</td><td>用 1 m 托线板检查</td></tr>
<tr><td>10</td><td colspan="3">门窗框（含拼樘料）水平度</td><td>1.5</td><td>用 1 m 水平尺和楔形塞尺检查</td></tr>
<tr><td>11</td><td colspan="3">门窗横框标高</td><td>5</td><td>用钢直尺检查，与基准线比较</td></tr>
<tr><td>12</td><td colspan="3">双层门窗内外框、挺（含拼樘料）中心距</td><td>4</td><td>用钢直尺检查</td></tr>
</table>

四、注意事项

1. 铝合金门窗如采用单件组合时应注意拼装质量，拼头处应平整，不应劈棱、窜角、出台。

2. 地弹簧安装前，应提前检查预先剔洞及预留孔眼尺寸是否准确，如有问题，应处理后再进行安装。

五、成品保护

1. 铝合金门窗应入库存放，下边应垫起、垫平、码放整齐。对已装好披水的窗，注意存放时加支垫，防止损坏披水。

2. 门窗保护膜检查无损后再进行安装，安装后及时将门框两侧用木板条捆绑好，防止碰撞损坏。

3. 若采用低碱性水泥砂浆或豆石混凝土填缝时，填后应及时将水泥浮浆刷净，防止水泥固化后不好清理，损坏表面氧化膜。铝合金门窗在填缝前应对水泥砂浆接触面涂刷防腐剂，进行防腐处理。

4. 抹灰前应将铝合金门窗用塑料薄膜保护好，任何工序不得损坏其保护膜，防止砂浆、污物对铝合金表面的侵蚀。

5. 铝合金门窗保护膜应在交工前撕去，要轻撕，且不可用刀去铲，防止将表面划伤，影响美观。

6. 铝合金门窗表面如有胶状物时，应使用棉丝蘸专用溶剂擦拭干净，如发现局部划痕，可用小毛刷蘸染色液进行补染。

7. 任何工种严禁用铝合金门窗框当架设支点，防止其变形和损坏。室内运输时严禁砸、碰和损坏。

8. 建立严格的成品保护制度。

六、安全措施

1. 施工所用电动机必须安全有效、转动灵活。

2. 作业时严禁吸烟，易燃、易挥发材料设专用房间存放，随用随取，不得留存作业面。

3. 作业完成后确认本区域无安全隐患方可退出现场。

4. 合理使用各类原材料，充分回收利用施工中产生的边角废料，减少资源浪费，减少固体废弃物的产生。

5. 施工人员应穿戴好个人防护用品。

第四节 SECTION 4 塑钢门窗施工工艺

一、施工前准备

1. 工具准备

工具准备包括电锤、手枪钻、射钉枪、打胶筒、鸭嘴榔头、橡皮锤、锤子、十字形旋具、扁铲、钢凿、铁锉、刮刀、对拔木楔、拉线板、线坠、水平尺、粉线包等。

2. 材料准备

（1）塑钢门窗的规格、型号应符合设计要求，五金配件配套齐全，并具有出厂合格证。

（2）防腐材料、填缝材料、密封材料、防锈漆、水泥、砂、连接铁脚、连接板等应符合设计要求和有关标准的规定。

（3）进场前应先对塑钢窗进行验收检查，不合格者不准进场。运到现场的塑钢门窗应分规格堆放整齐，并存放于仓库内。搬运时轻拿轻放，严禁扔摔。

3. 作业条件

（1）塑钢门窗框的安装采用后塞口，事先要检查预留的门窗洞口的几何尺寸是否符合设计要求。

（2）塑钢门窗框的安装宜在主体结构施工基本结束后进行，门窗扇的安装宜在室内外装修基本结束后进行，以免土建和安装被损坏。

（3）塑钢门窗安装前应检查预埋件的数量、位置及埋设方法是否符合要求，塑钢门窗有无损伤、变形，如有应及时进行修整、校正或更换。检查防腐材料、密封材料及清洁材料是否符合设计要求和规范要求。

二、施工操作流程

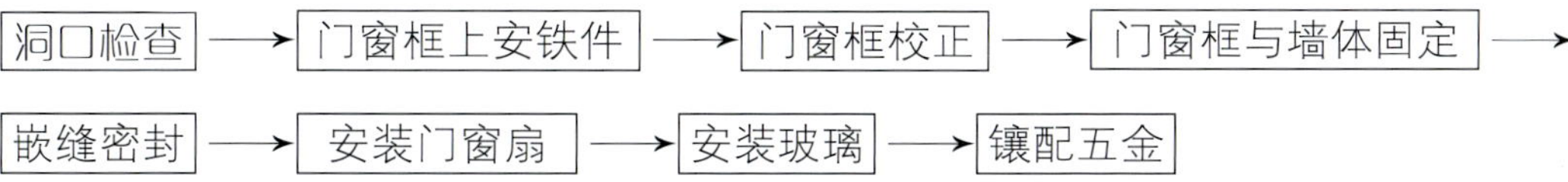

1. 洞口检查

同一类型的门窗及其相邻上下左右的洞口应保持拉通线，洞口应横平竖直。竖直方向上要根据放好的点拉通线。

2. 门窗框上安铁件

应考虑受力和塑料变形两个方面的因素，连接固定点的中距不应大于 600 mm，连接固定点距框角不应大于 150 mm，不允许在有横档或者竖挺的框外设置连接点（见图 7-10）。

在连接固定点的位置，在塑钢门窗的背面钻 3.5 mm 的安装孔，并用 4 mm 自攻螺钉将 Z 形镀锌连接铁件拧固在框背面的燕尾槽内，每边不少于 3 个。

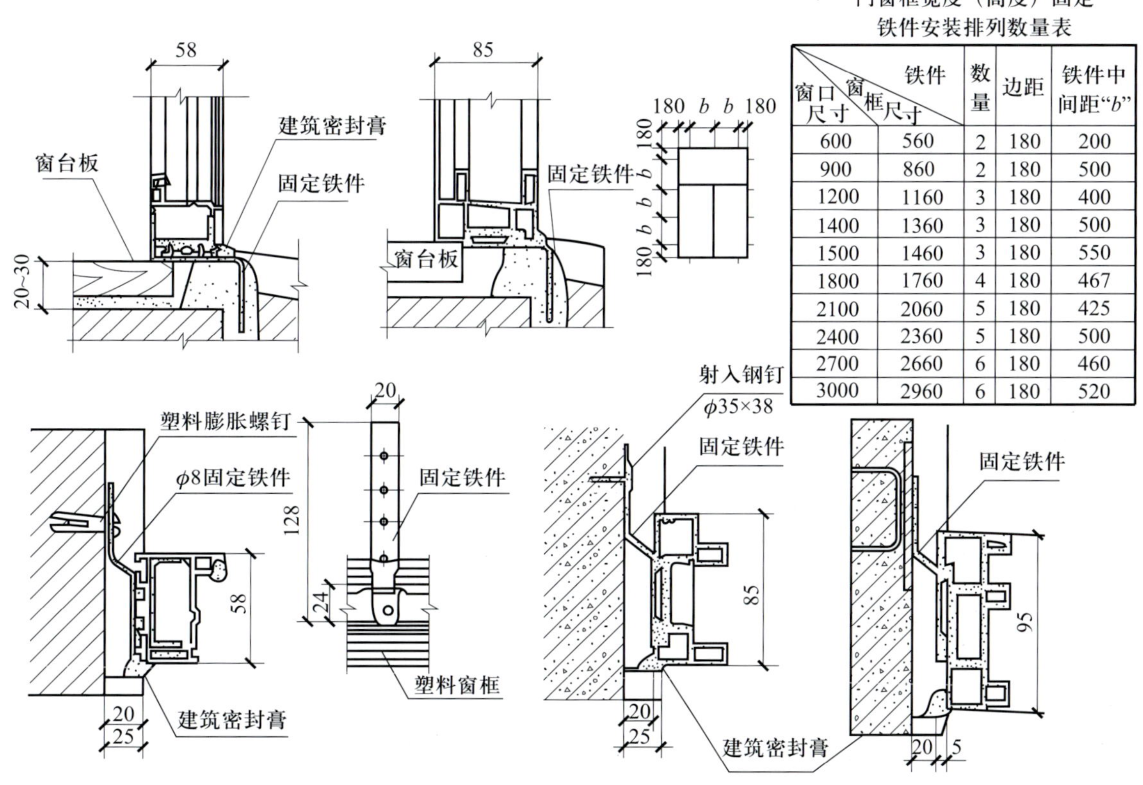

门窗框宽度（高度）固定铁件安装排列数量表

窗口尺寸	窗框尺寸	铁件数量	边距	铁件中间距“b”
600	560	2	180	200
900	860	2	180	500
1200	1160	3	180	400
1400	1360	3	180	500
1500	1460	3	180	550
1800	1760	4	180	467
2100	2060	5	180	425
2400	2360	5	180	500
2700	2660	6	180	460
3000	2960	6	180	520

图 7-10　塑钢门窗框上安铁件

3. 门窗框校正

将塑钢门窗框放入洞口内，并用对拔木楔将门窗框临时固定，然后按已弹出的水平、垂直位置，使其在水平、对中、内角方正符合要求后，再将对拔木楔楔紧。对拔木楔应放在框角附近或者能受力处。

4. 门窗框与墙体固定

塑钢门窗框上以安装好的 Z 形连接铁件与洞口的四周固定。固定时应先固定上框，后固定边框。固定时混凝土墙洞口应采用射钉，每个 Z 形连接件的伸出端不得少于 2 个螺钉固定。

5. 嵌缝密封

在门窗框与墙体之间的缝隙内嵌塞 PE 高发泡条，外表面留出 10 mm 左右的空槽，再在空槽内注入嵌缝膏密封。

6. 安装门窗扇

先剔好框上的铰链槽，再将门窗扇装入框内，调整扇与框的配合位置，并用铰链将其固定，然后复查开关是否灵活自如。

7. 安装玻璃

玻璃不得与玻璃槽直接接触，应在玻璃四边垫上不同厚度的玻璃垫块，垫块的位置在主要受力部位上。将玻璃装入门窗框内，然后用玻璃压条将其固定。安装玻璃压条时可先装短向压条，后装长向压条。玻璃压条角与密封胶条的夹角应密合。

8. 镶配五金

安装五金件时，应先在扇杆件上钻出略小于螺钉直径的孔眼，然后用配套的自攻螺钉拧入，严禁将螺钉用锤直接打入。固定铰链的螺钉应至少穿过塑料型材的两层中空腔壁。

三、质量检验标准

1. 主控项目

（1）塑钢门窗的品种、类型、规格、尺寸、开启方向、安装位置、连接方式及填嵌密封处理应符合设计要求。

（2）塑钢门窗框、副框和扇的安装必须牢固。固定片的数量和位置应正确，连接方式应符合设计要求。

（3）塑钢门窗应开关灵活、关闭严实、无倒翘。配件的型号、规格、数量应符合设计要求，安装应牢固，位置应正确，功能应满足使用要求。

（4）塑钢门窗与墙体间缝隙应采用闭孔弹性材料填嵌饱满，侧面与墙面缝隙应采用密封胶密封。密封胶应粘接牢固，表面应光滑、顺直、无裂纹。

2. 一般项目

（1）塑钢门窗表面应洁净、平整、光滑，大面应无划痕、碰伤。

（2）平开门窗扇平铰链的开关力应不大于 80 kN；滑撑铰链的开关力应不大于 80 kN，并不小于 30 kN；推拉门的开关力应不大于 100 kN。

（3）塑钢门窗扇的密封条不得脱槽。

（4）玻璃密封条与玻璃及玻璃槽口的接缝应平整，不得卷边、脱槽。

（5）排水孔应畅通，位置和数量应符合设计要求。

（6）塑钢门窗的允许偏差和检验方法见表 7-5。

表 7-5　塑钢门窗的允许偏差和检验方法　mm

项次	项目		允许偏差	检验方法
1	门窗槽口宽度、高度	≤ 1 500	2	用钢直尺检查
		> 2 000	3	
2	门窗槽口对角线长度差	≤ 2 000	3	用钢直尺检查
		> 2 000	5	
3	门窗框的正、侧面垂直度		3	用 1 m 垂直检测尺检查
4	门窗横框的水平度		3	用 1 m 水平尺和塞尺检查
5	门窗横框的标高		5	用钢直尺检查
6	门窗竖向偏离中心		5	用钢直尺检查
7	平开门铰链部位配合间隙		+2、−1	用钢直尺检查
8	推拉门窗扇与框搭接量		+1.5、−2.5	用钢直尺检查
9	推拉门窗扇与竖框平行度		2	用 1 m 水平尺和塞尺检查

四、成品保护

1. 门窗框四周嵌防水密封胶时，操作应仔细，油膏不得污染门窗框。
2. 外墙面涂刷、室内顶墙喷涂时，应用塑料薄膜封挡好门窗，防止污染。
3. 室内抹水泥砂浆前必须遮挡好塑料门窗，以防水泥砂浆污染门窗。
4. 污水、垃圾、污物不可从窗户往下扔、倒。
5. 搭、拆、转运脚手杆和脚手板，不得在门窗框、扇上拖拽。
6. 安装设备及管道，应防止物料撞坏门窗。

7. 严禁在窗扇上站人。

8. 门窗扇安装后应及时安装五金配件，关窗锁门，以防风吹损坏门窗。

9. 不得在门窗上锤击、钉钉子或刻划，不得用力刮或用硬物擦磨等方法清理门窗。

五、安全措施

1. 进入现场必须遵守安全生产有关规章制度。

2. 经常检查所用工具是否牢固，防止脱柄伤人。

3. 安装上层窗扇，不要向下乱扔东西，工作时注意脚要踩稳，不要向下看。

4. 搬运门窗时应轻放，不得使用木料穿入框内吊运至操作位置。

5. 门窗不得平放，应该竖立，其竖立坡度不大于 20°，并不得人字形堆放。

6. 不得脚踩窗扇芯子，或在窗扇芯子上放置脚手板和悬吊重物。

7. 使用木工机械禁止戴手套，操作时必须精神集中，认真操作，不得与他人谈笑。

8. 搬运玻璃要戴胶手套或用布、纸垫包住边口锐利部分。

9. 堆放玻璃应平稳，防止倾塌。

10. 不得在垂直方向的上、下两层同时进行作业，以免玻璃掉落伤人。

11. 门窗应在室内竖直堆放，并有枕木垫平、固定牢靠和设置防倾倒措施。不得露天堆放，严禁与酸碱等物一起存放。

12. 门窗的玻璃应用夹具紧固，四周内、外侧应用密封膏封严。

13. 洞口与副框、副框与门窗框拼接处的缝隙，应用密封膏封严。

14. 进入现场必须戴好安全帽，扣好帽带，并正确使用个人劳动防护用具。

15. 射钉枪等工具要严格按照使用规则使用。

16. 用电工具使用完后，要断电并妥善放置，禁止乱扔。

第五节 SECTION 5 玻璃门施工工艺

现代室内装饰工程中，经常用厚玻璃门组成全玻璃装饰门。厚玻璃是指用 12 mm 以上厚度的玻璃板，直接作为门扇的无门扇框玻璃门。这些装饰玻璃门一般都由活动扇和固定玻璃组合而成，其门框部分通常用不锈钢、铜和铝合金饰面。根据不同的装饰要求和装饰结构，厚玻璃门的安装方式虽不尽相同，但一些基本方法是一致的。

一、自动门施工工艺

一般自动门都由专业安装人员负责安装，施工方应对预埋件和预埋线路进行检查确认，依据施工技术交底和安全交底进行准备。

1. 施工前准备

（1）工具准备。包括切割机、电焊机、手电钻、电锤、专用夹具、刮刀、水准仪等。

（2）材料准备。自动门一般分为三种：

1）微波自动门。自控探测装置通过微波捕捉物体的移动，传感器固定于门上方正中，在门前形成半圆形探测区域。

2）踏板式自动门。踏板按照几种标准尺寸安装在地面或隐藏在地板下，当地板接受压力后，控制门的动力装置接受传感器的信号使门开启，踏板的传感能力不受湿度影响。

3）光电感应自动门。该系统的安装分为内嵌安装和表面安装，光电管不受外来光线影响，最大安装距离为 6 100 mm。

现在一般使用微波自动门，型号为 ZM-E2，主要技术指标见表 7-6。

表 7-6 ZM-E2 型自动门主要技术指标

项目	指标	项目	指标
电源	AC 220 V/50 Hz	感应灵敏度	现场调节至用户需要
功耗	150 W	报警延时时间	10 ~ 15 s
门速调节范围	0 ~ 350 mm/s	使用环境温度	-20 ~ 40 ℃
微波感应范围	门前 1.5 ~ 4 m	断电时手推力	<10 N

2. 施工操作流程

地面导轨安装 → 安装横梁 → 固定机箱 → 安装门扇 → 调试

（1）地面导轨安装。铝合金自动门和全玻璃自动门地面上装有导轨（异形钢管自动门无导轨）。自动门安装时，撬出预埋方木条便可埋设导轨，导轨长度为开启门宽的 2 倍。

埋导轨时注意与地坪的面层材料的标高保持一致，如图 7-11 所示。

（2）安装横梁。将 18 号槽钢放置在已预埋铁的门柱处，校平、吊直，注意与下导轨的位置关系，然后电焊牢固。

自动门上部机箱层主梁是安装中的重要环节。由于机箱内装有机械及电控装置，因此对支撑横梁的土建支撑结构有一定的强度及稳定性要求。常用的有两种支撑接点，如图 7-12 所示。

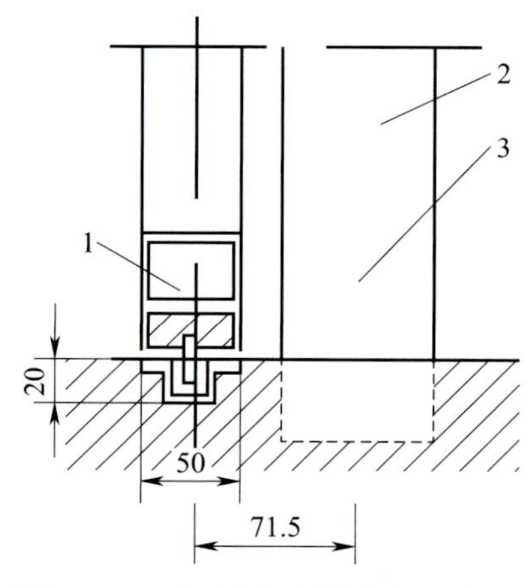

图 7-11 自动门下导轨埋设示意图

1—自动门窗下导轨 2—门柱 3—门柱中心线

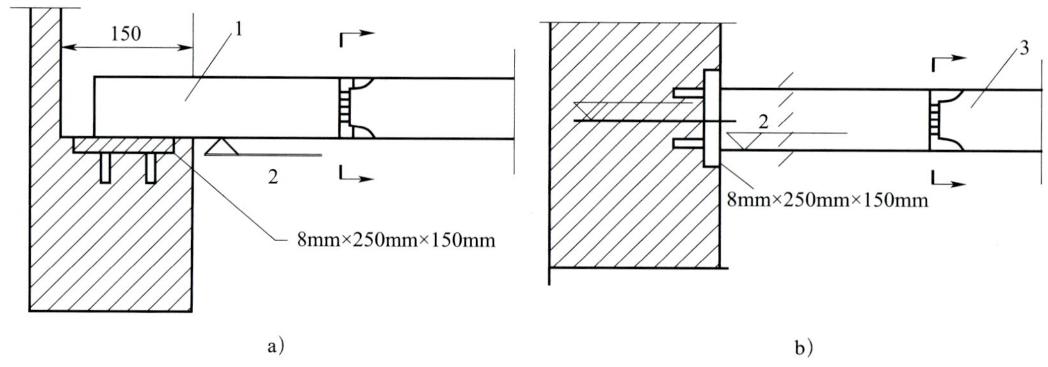

图 7-12 机箱横梁支撑节点

a）1—机箱层横梁（18 号槽钢） 2—门柱 b）1—门扇高度 +90 cm 2—门扇高度 3—18 号槽钢

（3）固定机箱。将厂方生产的机箱仔细固定在横梁上。

（4）安装门扇。使门扇滑动平稳、润滑。

（5）调试。接通电源，调整微波传感器和控制箱，使其达到最佳工作状态。一旦调整正常后，不得任意变动各种旋转位置，以免出现故障。

3. 质量检验标准

（1）主控项目

1）自动门的质量和各项性能应符合设计要求。

2）自动门的品种、类型、规格、尺寸、开启方向、安装位置及防腐处理应符合设计要求。

3）带有机械装置、自动装置或智能化装置的自动门，其机械装置、自动装置或智能化装置的功能应符合设计要求和有关标准的规定。

4）自动门的安装必须牢固，埋件的数量、位置、埋设方式、与框的连接方式必须符合设计要求。

5）自动门的配件应齐全，位置应正确，安装应牢固，功能应满足使用要求和自动门的各项性能要求。

（2）一般项目

1）自动门的表面装饰应符合设计要求。

2）自动门的表面应洁净，无划痕、碰伤。

3）推拉自动门安装的留缝限值、允许偏差和检验方法应符合表 7-7 的规定。

表 7-7 推拉自动门安装的留缝限值、允许偏差和检验方法 mm

项次	项目		留缝限值	允许偏差	检验方法
1	门窗槽口宽度、高度	≤ 1 500	—	1.5	用钢直尺检查
		＞ 1 500	—	2	
2	门窗槽口对角线长度差	≤ 2 000	—	2	用钢直尺检查
		＞ 2 000	—	2.5	
3	门窗框的正、侧面垂直度		—	1	用 1 m 垂直检测尺检查
4	门构件装配间隙		—	0.3	用塞尺检查
5	门梁导轨水平度		—	1	用 1 m 水平尺和塞尺检查
6	下导轨与门梁导轨平行度		—	1.5	用钢直尺检查
7	门扇与侧框间留缝		1.2 ~ 1.8	—	用塞尺检查
8	门扇对口缝		1.2 ~ 1.8	—	用塞尺检查

4）推拉自动门的感应时间限值和检验方法应符合表 7-8 的规定。

表 7-8　推拉自动门的感应时间限值和检验方法　s

项次	项目	感应时间限值	检验方法
1	开门响应时间	≤ 0.5	用秒表检查
2	堵门保护延时	16 ~ 20	用秒表检查
3	门扇全开启后保持时间	13 ~ 17	用秒表检查

4. 成品保护

（1）安装完毕的门洞口不能再做施工运料通道。如必须使用时，应采取防护措施。

（2）应采取措施，防止焊接作业时电焊火花损坏周围的玻璃等材料。

5. 安全措施

（1）施工脚手架的搭设必须符合安全要求，作业层设置两道防护栏杆，满铺脚手板，不得使用单板、浮板、探头板。高处安装自动门时应系好安全带，挂在上方牢固可靠处。

（2）安装自动门用的梯子必须结实牢固，不应缺档，不应放置过陡，梯子与地面夹角以 60° ~ 70° 为宜。严禁两人同时站在一个梯子上作业。高凳不能站其墙头，防止跌落。

（3）作业场所不得存放易燃物品，作业场所应配备齐全可靠的消防器材。

（4）从事电焊、气焊或气割作业前，应清理作业周围的可燃物体或采取可靠的隔离措施。对需要办理动火证的场所，在取得相应手续后方可动工，并设专人进行监护。

（5）在施工过程中对于电锤等施工机具产生的噪声，施工人员应严格按工程确定的环保措施进行控制。

（6）废弃物按指定位置分类储存，集中处置。

（7）施工后的废料应及时清理，做到“工完料净、场地清”，坚持文明施工。

二、玻璃门施工工艺

1. 施工前准备

（1）工具准备。包括手提砂轮机、玻璃刀、密封胶注射枪、玻璃吸盘器、细砂轮、直尺、旋具、吊线坠等。

（2）材料准备

1）玻璃门的型号规格应符合设计要求，五金配件配套齐全，并有出厂合格证。

2）固定玻璃板必须和玻璃门厚度相同，且必须符合设计要求，有出厂合格证。

3）辅助材料、密封胶、万能胶等应符合设计要求和有关标准规定。

2. 施工操作流程

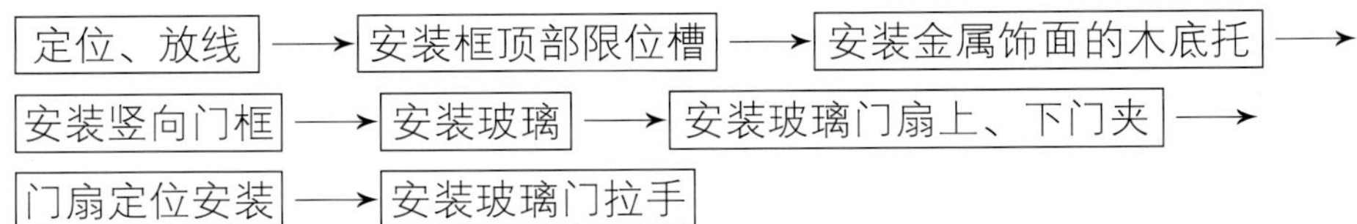

（1）定位、放线。由固定玻璃和活动玻璃门扇组合成的玻璃门，统一进行定位、放线。根据设计和施工图纸的要求，放出玻璃门的定位线，并确定门框位置，准确地测量地面标高和门框顶部标高以及中横框标高。

（2）安装框顶部限位槽。限位槽的宽度应大于玻璃厚度 2 ~ 4 mm，槽深为 10 ~ 20 mm。安装时，先由所弹中心线引出两条金属装饰板边线，然后按边线进行门框顶部限位槽的安装。通过胶合垫板调整槽口内的槽深。限位槽除木衬外，采用 1.5 mm 钢板压制、钢板焊制及铝金属型材等衬里外包不锈钢等制成（见图 7-13）。

（3）安装金属饰面的木底托。先把方木固定在地面上，然后再用万能胶将金属饰面板粘在方木上，方木可直接钉在预埋木砖上，或通过膨胀螺栓连接的方法固定。若采用铝合金方管，可以用铝角固定在框柱上，或用木螺钉固定在埋入地面中的木砖上。

（4）安装竖向门框。按所弹中心线钉立门框方木，然后用胶合板确定门框柱的外形和位置。最后外包金属装饰面。包饰面时要把饰面对头接缝位置放在安装玻璃的两侧中门位置。接缝位置必须准确并确保垂直。

（5）安装玻璃。用玻璃吸盘机把厚玻璃吸紧，然后手握吸盘把，由 2 ~ 3 人将厚玻璃板抬起，移至安装位置，将玻璃上部插入门框顶部的限位槽。然后把玻璃的下部放到底托上。玻璃下部对准中心线，两侧边部正好封住门框外的金属饰面对缝口，要求做到内外都看不见饰面接口。

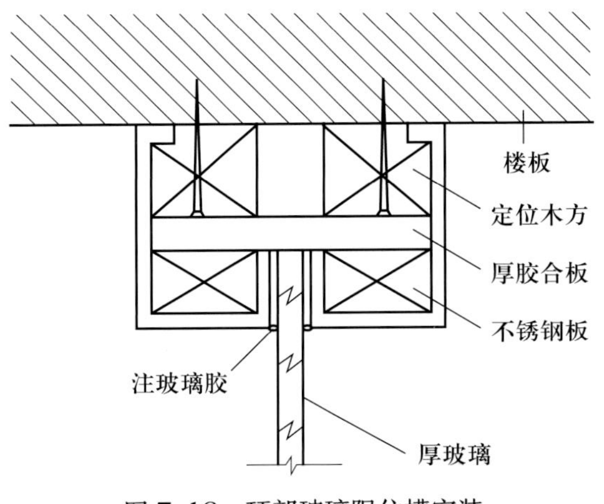

图 7-13 顶部玻璃限位槽安装

1）固定玻璃。在底托方木上的内外钉两根小方木条，把厚玻璃夹在中门，方木条距玻璃板面 4 mm 左右，然后在方木条上涂刷万能胶，将饰面金属粘卡在方木条上。

2）注玻璃胶封口。在顶部限位槽和底部托槽口的两侧，以及厚玻璃与框柱的对缝处等各缝隙处，注入玻璃胶封口。注胶时，由需要注胶的缝隙端头开始，顺缝隙匀速灌注，使玻璃胶在缝隙外形成一条表面均匀的直线，用塑料片刮去多余的玻璃胶，并用布擦掉胶迹。

3）玻璃之间对接。玻璃门固定部分因尺寸过大而需要拼接玻璃时，其对缝要有 2 ~ 3 mm 的宽度，玻璃板边要进行倒角处理。玻璃固定后，将玻璃胶注入对接的缝隙中。注满后，用塑料片在玻璃板对接缝的两面将胶刮平，使缝隙形成一条洁净的均匀直线，玻璃面上用干净布擦净胶迹。

4）活动玻璃门扇安装。门扇安装前，地面地弹簧与门框顶面的定位销应定位安装完毕，两者必须同轴线，安装时用吊垂线检查，确保地弹簧转轴与定位销的中心线在同一直线上。

（6）安装玻璃门扇上、下门夹。把上、下金属门夹分别装在玻璃门扇上、下两端，并测量门扇高度。如果门扇的上、下边距门横框及地面的缝隙超过规定值，即门扇高度不够，可在上、下门夹内的玻璃底部垫木夹板条。

定好门扇高度后，在厚玻璃与金属上、下门夹内的两侧缝隙外，同时插入小木条，轻敲稳实，然后在小木条、厚玻璃、门夹之间的缝隙中注入玻璃胶。

（7）门扇定位安装。先将门框横梁上的定位销用本身的调节螺钉调出横梁平面 2 mm，再将玻璃门扇竖起来，把门扇下门夹内的转动销连接件的孔位对准地弹簧的转动销轴，并转动门扇将孔位套入销轴上。然后把门扇转动 90° 使之与门框横梁成直角，把门扇上门夹中的转动连接件的孔对准门框横梁上的定位销，调节定位销的调节螺钉，将定位销插入孔内 15 mm 左右。

（8）安装玻璃门拉手。全玻璃门扇上拉手孔洞，一般在裁割玻璃时加工完成。拉手连接部分插入洞口时不能过紧，应略有松动；如插入过松，可在插入部分裹上软质胶带。安装前在拉手插入玻璃的部分涂少许玻璃胶。拉手组装时，其根部与玻璃靠紧密后再装紧固定螺钉，以保证拉手没有松动现象（见图 7-14）。

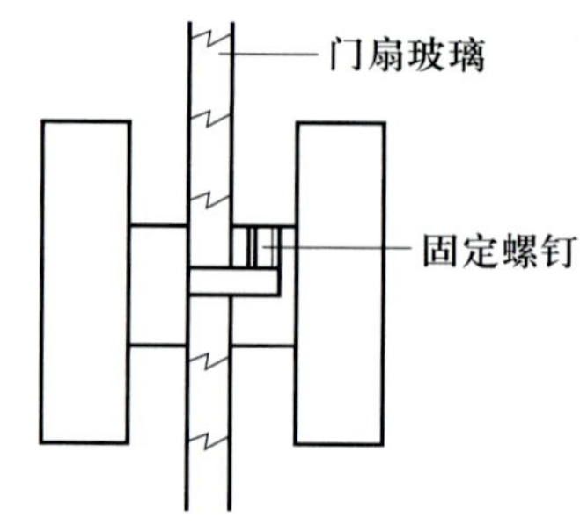

图 7-14 门拉手安装

3. 质量检验标准

（1）主控项目

1）玻璃门及其附件必须符合设计及有关标准的规定。

2）玻璃门安装的位置、开启方向必须符合设计要求。

3）玻璃门框及门框顶部固定玻璃的限位槽、地面固定玻璃板的底托安装必须牢固。

（2）一般项目

1）玻璃门的固定玻璃板安装必须牢固，对接缝处平整、光滑。

2）玻璃门的弹簧门扇自动定位准，开启角度 90° ±3°，关闭时间在 6 ~ 10 s 范围之内。

3）玻璃门安装应附件齐全，安装位置正确、牢固、灵活适用，能实现各自的功能，端正美观。

4）固定玻璃与门框、墙及限位槽、木底托之间的缝，必须用玻璃密封胶填嵌饱满、密实，表面平整、光滑，无裂缝。

5）玻璃门外观应表面洁净，无划痕、碰伤。

6）玻璃门窗的允许偏差和检验方法见表 7-9。

表 7-9　玻璃门窗的允许偏差和检验方法

序号	项目	允许偏差 (mm)	允许偏差项目检验方法
1	活动门扇洞口对角线差	3	用钢卷尺检查
2	门扇对口缝关闭时平整度	1	用深度尺检查
3	固定玻璃对缝处平整度	1	用深度尺检查
4	固定玻璃对接缝	3	用楔形塞尺检查
5	门扇与固定玻璃或门框立柱、地面间缝、门扇对口缝之间留缝	8	用楔形塞尺检查
6	门扇与门框横梁间留缝	3	用楔形塞尺检查
7	玻璃门的垂直度	2	用 1 m 托线板检查
8	玻璃门的水平度	1.5	用 1 m 水平尺和楔形塞尺检查

4. 成品保护

（1）玻璃门安装时，应轻拿轻放，严禁相互碰撞。避免扳手等工具碰坏玻璃门。

（2）安装好的玻璃门应避免硬物碰撞，避免硬物擦划，保持清洁、不污染。

（3）玻璃门材料进场后，应在室内竖直后靠墙排放，并靠放稳当。

5. 注意事项

（1）门框横梁上固定玻璃的限位槽应宽窄一致，纵向顺直，一般限位槽宽度大于玻璃厚度 2 ~ 4 mm，槽深 10 ~ 20 mm，以便安装玻璃时顺利插入，在玻璃两边注入密封胶，把固定玻璃安装牢固。

（2）在木底托上钉固定玻璃板的木条时，应在距玻璃 4 mm 的地方，以便饰面板能包住木板条的内侧，便于注入密封胶，确保外观大方、内在牢固。

（3）活动门扇设有门扇、框，门扇的开闭是由地弹簧和门框上的定位销实现的，地弹簧和定位销与门扇的上、下横档铰接，因此地弹簧与定位销和门扇横档一定要铰接好，并确保地弹簧与定位销中心在同一垂直线上，以便玻璃门扇开关自如。

（4）由于玻璃较厚，玻璃块质量较大，因此固定玻璃板或玻璃门抬起安装时，必须 2 ~ 3 人同时进行，以免摔坏或碰坏。

思考与练习

1. 参观并收集学校所在城市各类建筑门窗样式。
2. 简述门窗的功能和作用。
3. 门窗按所用的材料分为哪几类？各有什么特点？
4. 简述铝合金门窗、塑钢门窗的优缺点和安装要点。
5. 到校内实习基地或工地动手操作各类门窗的安装施工，并记录施工过程。

第八章

细部装饰工程材料与施工工艺

学习目标

◆掌握常用细部装饰工程的装饰材料，如各类木材、铝合金、不锈钢、玻璃镜等材料。同时，通过对各种不同类型细部工程安装施工工序的重点介绍，能够对其完整施工过程有一个全面的认识

◆通过对各种不同类型细部工程施工工艺的深刻理解，学会正确选择材料和施工工艺，并能合理地组织施工，以达到保证工程质量的目的，培养解决现场施工常见工程质量问题的能力

◆在掌握各种不同类型细部工程施工工艺的基础上，领会工程质量验收标准

细部装饰工程是建筑装饰工程的重要组成部分，大多处于室内的显要位置，对于改善室内环境、美化空间起着非常重要的作用。工程实践充分证明，细部装饰工程不仅是一项技术性要求很高的工艺过程，而且还要求从业人员具有独特的欣赏水平和较高的艺术造诣。因此，细部装饰工程施工时要做到精心细致、位置准确、接缝严密、花纹清晰、颜色一致，每个环节和细部都要符合规范的要求，这样才能起到衬托和装饰的效果。

第一节 SECTION 1 常用细部装饰工程材料

现代细部装饰工程包括的工艺项目较多，使用的材料品种也繁多，但项目中较多采用的是木材、铝合金、不锈钢等材料。本节重点介绍木材。

木材按材质分类可分为实木板、人造板两大类。目前除了地板和门扇会使用实木板外，一般所使用的板材都是人工加工出来的人造板。人造板按成型分类，又可分为细木工板（大芯板）、夹板、刨花板、密度板、装饰面板、防火板、三聚氰胺板等。

一、实木板

顾名思义，实木板就是采用完整的木材制成的木板材。这些板材坚固耐用、纹路自然，是装修中优中之选。但由于此类板材造价高，而且施工工艺要求高，通常作为地板和门扇使用，其他细部装饰工程所使用的板材都是人造板。实木板一般按照板材实质名称分类，没有统一的标准规格（见图 8-1）。

图 8-1　实木板

实木板的特点是有良好的吸湿性和透气性，同时坚固耐用、纹路自然。实木板是一种纯天然的材料，环保、质感较好、纹理自然，与其他材质相比，导热系数小，耐高温、耐刮，在冬天也不会出现冰冷与收缩的情况。但由于实木板选用天然材料，资源稀缺，价格较高，颜色是由树种决定的，可选择性小。而且过于干燥和潮湿的环境都不适合使用实木板，所以保养起来比较麻烦，耐酸碱性差。

二、人造板

1. 细木工板（大芯板）

细木工板俗称大芯板，是具有实木板芯的胶合板，它将原木切割成条，拼接成芯，外贴面材加工而成，其竖向（以芯板材走向区分）抗弯强度差，但横向抗弯强度较高。细木工板按层数可分为三合板、五合板等，按树种可分为柳桉、榉木、柚木等，质量好的细木工板表面平整光滑，不易翘曲变形，并可根据表面砂光情况将板材分为一面光和两面光两类，两面光的板材可用做家具面板、门窗套框等重要部位的装饰材料。现在市场上大部分是实心、胶拼、双面砂光、五层的细木工板，尺寸规格为 1 220 mm × 2 440 mm，是目前装饰中最常使用的板材之一（见图 8-2）。

图 8-2　细木工板

细木工板的价格比夹板便宜，可以做家具和包木门及门套、暖气罩、窗帘盒等，其防水、防潮性能优于刨花板和中密度板。在挑选时主要看它的内部木材，不宜过碎，以木材之间缝隙在 3 mm 左右的细木工板为宜。由于表面露出的木纹不美观，细木工板很少直接刷漆，通常要贴饰面。用细木工板制作的家具等木器要经过用胶粘板和刷漆两道工序，造价要高一些。细木工板按厚度分为 3 mm、5 mm、9 mm，可以根据所要承受的压力和强度选用，越厚价格越高。

细木工板握螺钉力好，强度高，具有质坚、吸声、绝热等特点，而且含水率不高，在 10% ~ 13% 之间，加工简便，用途最为广泛。

细木工板的加工工艺分为机拼与手拼两种。手工拼制是用人工将木条镶入夹板中，木条受到的挤压力较小，拼接不均匀，缝隙大，握钉力差，不能锯切加工，只适宜做部分装修的子项目，如做实木地板的垫层模板等。而机拼的板材受到的挤压力较大，缝隙极小，拼接平整，承重力均匀，长期使用结构紧凑，不易变形。

2. 夹板（胶合板）

夹板也称胶合板，行内俗称细芯板，由三层或多层 1 mm 厚的单板或薄板压制而成。夹板是用得最早，也是目前家装行业内用得比较多的一种木材。夹板多用于高档装饰基层结构中，适宜安装、固定负重较大的装饰部件。以前常说的三夹板就是由三层单板压制而成的（见图 8-3）。

（1）夹板规格。夹板规格一般长为 2 440 mm，宽为 1 220 mm，厚度分为 3 mm、5 mm、9 mm、12 mm、15 mm 和 18 mm 六种。当然，还有 21 mm 和 25 mm，厚度基本可以根据不同的要求生产。

夹板是由原木旋切成单板或木方刨切成薄木，再用胶黏剂胶合而成的三层或三层以上的薄板材。通常用奇数层单板，并使相邻层单板的纤维方向互相垂直排列胶合而成。因此有三合、五合、七合等奇数层胶合板。

从结构上看，夹板的最外层单板称为表板，正面的表板称为面板，它选用质量最好的单板材。反面的表板称为背板，用质量次之的单板材。而内层的单板材称为芯板或中板，用质量最差的单板材。

图 8-3 夹板

（2）夹板特点。夹板既具有天然木材的优点，如容积小、强度高、纹理美观、绝缘等，又可弥补天然木材自然产生的一些缺陷，如节子、幅面小、变形、纵横力学差异性大等。

夹板的生产能对原木进行合理利用。因为它没有锯屑，每 2.2 ~ 2.5 m^3 原木可以生产 1 m^3 胶合板，可代替约 5 m^3 原木锯成板材使用，而每生产 1 m^3 胶合板产品，还可产生剩余物 1.2 ~ 1.5 m^3，这是生产中密度纤维板和刨花板比较好的原料。

由于夹板具有变形小、幅面大、施工方便、不翘曲、横纹抗拉力学性能好等优点，故该产品主要用作家具制造、室内装修、住宅建筑中，另外造船、车厢制造、军工、轻工产品中也经常使用。

（3）夹板分类。夹板按用途分为普通夹板（适应广泛用途的夹板）和特种夹板（能满足专门用途的夹板）。夹板的质量要求包括外观等级、规格尺寸、物理力学性能三项内容。

外观等级、规格尺寸、物理力学性能三项指标均合格，该产品才为合格品，否则为不合格。夹板出厂时应具有生产厂质量检验部门的产品质量鉴定证明书，注明夹板的类别、规格、等级、胶合强度和含水率等。

3. 刨花板

刨花板是将各种枝芽、小径木、速生木材、木屑等材料切削成一定规格的碎片，经过干燥，拌以胶料、硬化剂、防水剂等，在一定的温度、压力下压制成的一种人造板，因其剖面类似蜂窝状，所以称为刨花板，又称碎料板（见图 8-4）。刨花板主要用于家具、建筑工业及火车、汽车车厢制造中。

图 8-4　刨花板

在刨花板内部加入一定的防潮因子或防潮剂等原料，就成了平时人们所讲的防潮刨花板，简称防潮板。它被普遍用作橱柜、浴室柜的制作材料。

刨花板结构比较均匀，加工性能好，可以根据需要加工成大幅面的板材，是制作不同规格、样式家具较好的原材料。刨花板制成品不需要再次干燥，可以直接使用，吸声和隔声性能也很好。但它也有缺点，因为边缘粗糙，容易吸湿，所以用刨花板制作的家具封边工艺就显得特别重要。另外由于刨花板容积较大，用它制作的家具，相对于其他板材来说，也比较重。

4. 密度板

密度板也称纤维板，是将木材、树枝等物体放在水中浸泡后经热磨、铺装、热压而成，是以木质纤维或其他植物纤维为原料，施加脲醛树脂或其他适用的胶黏剂制成的人造板材（见图 8-5），其质软、耐冲击，强度较高，压制好后密度均匀，也容易再加工，但缺点是防水性较差。按密度的不同，密度板可分为高密度板、中密度板和低密度板。中、高密度板是将小口径木材打磨碎加胶在高温、高压下压制而成，为现在通用的最好的人造板材之一。

图 8-5　密度板

密度板表面光滑平整、材质细密、性能稳定、边缘牢固，而且板材表面的装饰性好。但密度板耐潮性较差，且相比之下，密度板的握钉力较刨花板差，螺钉旋紧后如果发生松动，由于密度板的强度不高，很难再固定。

密度板主要用于制作强化木地板、门板、隔墙、家具等。一般做家具用的都是中密度板，因为高密度板密度太高，很容易开裂。一般高密度板用来做室内外装潢、音响、车辆内部装饰，还可用做计算机房抗静电地板、护墙板、防盗门、墙板、隔板等的制作材料，同时，它还是包装的良好材料。

5. 装饰面板

装饰面板俗称面板，是将实木板精密刨切成厚度为 0.2 mm 左右的微薄木皮，以夹板为基材，经过胶粘工艺制作而成的具有单面装饰作用的装饰板材。它是夹板存在的特殊方式，厚度为 3 mm。装饰面板是目前有别于混油做法的一种高级装修材料。

装饰面板的主要种类有塑料贴面板、纸质贴面板、金属箔贴面板和刨切木单板贴面板等。

装饰面板的主要系列有红橡木、白橡木、红榉、黑胡桃、白胡桃、枫木、老红木、非洲白榉和紫檀等。

（1）塑料贴面板。常见的塑料贴面板是用较软的聚氯乙烯薄膜，印成多种花色图案及木纹贴面，色彩鲜明，图案靓丽，价格便宜（见图 8-6）。为避免聚氯乙烯中的增塑剂污染环境，国内不少厂家已用聚乙烯或聚丙烯薄膜代替。塑料贴面板主要使用在较大面积的装饰上，如门面板、展览大厅墙面装饰等。

（2）纸质贴面板。纸质贴面板的种类很多，主要有预涂性装饰纸、低压薄页纸短周期贴面、高压氨基树脂类贴面等，其特点是色泽艳丽，装饰功能强，市场应用广泛。

（3）金属箔贴面板。这是近年来新研制的，主要用于需有金属质感表面装饰的面板，其优点是装饰效果好，有一定强度，可以降低金属用量，如铝箔面板用作电梯间墙面，铜箔面板用作大门装饰（见图 8-7）。

（4）刨切木单板贴面板。刨切木单板是用珍贵树种木材以径向刨切工艺制成的木单板，厚度较薄。用料不同，花纹各异，粘贴在人造板上的方法也有多种，其特点是真实自然，不开裂，不变形，而且节约木材，有利环保，是当今国内外市场占有率最高的一种装饰面板。但由于此类面板因是用珍贵树种做原料，所以造价高，于是市场上又出现了一种利用零碎木材加工下脚料，

❶ 图 8-6 塑料贴面板

❷ 图 8-7 金属箔贴面板

1

2

着色、黏合、刨切制成的人造板贴面，其效果与刨切木单板贴面板类似。

（5）其他贴面板。此外，还有竹材旋切面板、涂料装饰人造板、木栓皮贴面板等各类装饰面板。随着市场开发、技术进步，未来还会有各种新工艺、新品种装饰面板问世。

6. 防火板

防火板是采用硅质材料或钙质材料为主要原料，与一定比例的纤维材料、轻质骨料、胶黏剂和化学添加剂混合，经蒸压技术制成的装饰板材（见图 8-8）。防火板的施工对于粘贴胶水的要求比较高，质量较好的防火板价格比装饰面板还要贵。防火板的厚度一般为 0.8 mm、1 mm 和 1.2 mm。

（1）防火板的结构。防火板一般是由表层纸、色纸、多层牛皮纸三层构成的（见图 8-9）。表层纸与色纸经过三聚氰胺树脂成分浸染，使耐火板具有耐磨、耐划等物理性能。多层牛皮纸使耐火板具有良好的抗冲击性、柔韧性。

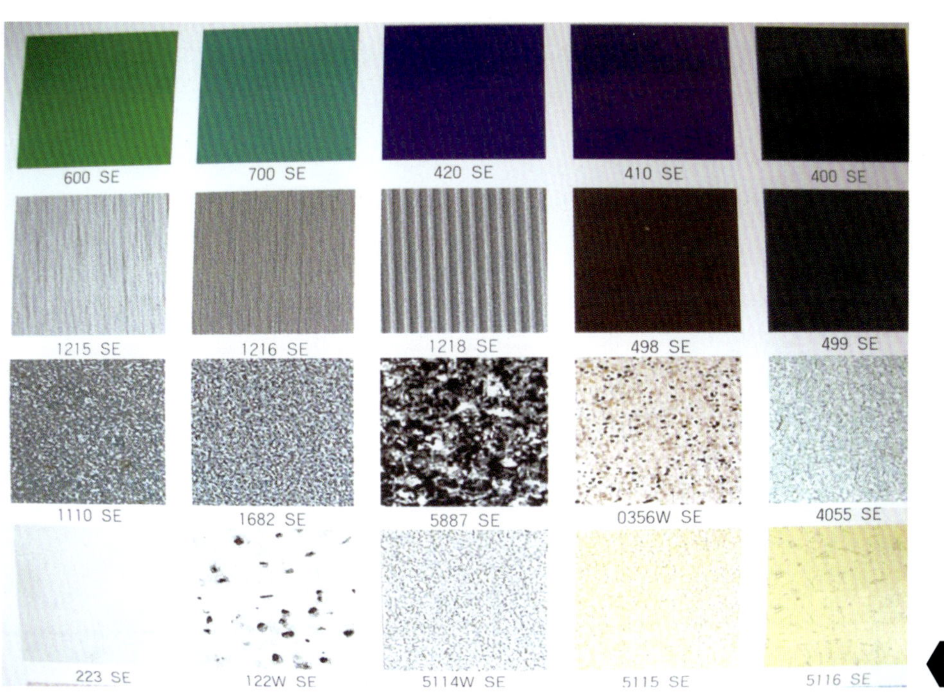

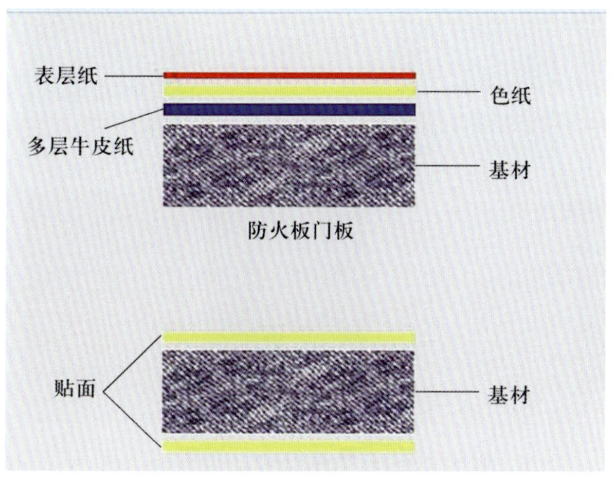

❶ 图 8-8 防火板

❷ 图 8-9 防火板的结构

（2）防火板的特点

1）色泽艳丽、图案清晰，花样选择多、效果逼真，立体感强。

2）保温隔热好，其保温隔热性是玻璃的 6 倍、黏土的 3 倍、普通混凝土的 10 倍。

3）自重轻、强度高、延性好、抗震能力强。

4）耐火、阻燃，高温下也不产生有害气体。

5）加工性能好。

6）吸声、隔声。

7）表面平整光滑，耐久性强，不易老化和风化。

8）属于绿色环保材料。

9）经济性能好，能增加使用面积，降低地基造价，缩短建设工期，减少暖气、空调成本，达到节能效果。

10）施工方便。板材在安装时多采用干式施工法，工艺简便、效率高，可有效地缩短建设工期。

7. 三聚氰胺板

三聚氰胺板简称三氰板，全称是三聚氰胺浸渍胶膜纸饰面人造板。它是将带有不同颜色或纹理的纸放入三聚氰胺树脂胶黏剂中浸泡，然后干燥到一定固化程度，将其铺装在刨花板、防潮板、中密度纤维板或硬质纤维板表面，经热压而成的装饰板（见图 8-10）。在生产过程中，一般是由数层纸张组合而成，数量多少根据用途而定。三聚氰胺板不是新产品，此种板材早已在国内生产，最初是用来做电脑桌等办公家具，多为单色板，随着家庭中板式家具的流行，它逐渐成为各家具厂首选的制造材料，表面色彩和花纹也逐渐增多。

三聚氰胺板的优点是表面平整，因为板材双面膨胀系数相同而不易变形，颜色鲜艳，表面耐磨，耐腐蚀，价格经济。缺点是档次低，封边易崩边，胶水痕迹较明显，颜色较少，只能直封边。

图 8-10 三聚氰胺板

第二节 SECTION 2 橱柜制作与施工工艺

橱柜是厨房中存放厨具以及做饭操作的平台，通常使用明度较高的色彩搭配，由柜体、门板、五金件、台面和电器五大件组成。

一、施工前准备

1. 工具准备

工具准备包括手提刨、电锯、机刨、手工锯、手电钻、电锤、长刨、短刨、旋具、錾子、直尺、水平尺、90° 角尺等。

2. 材料准备

（1）木方料。木方料是用于制作骨架的基本材料，应选用木质较好、无腐朽、不潮湿、无扭曲变形的合格材料，含水率不大于 12%。

（2）胶合板。胶合板应选择不潮湿并无脱胶开裂的板材；饰面胶合板应选择木纹流畅、色泽纹理一致、无疤痕、无脱胶空鼓的板材。

（3）配件。根据橱柜的连接方式选择五金配件，如拉手、铰链、镶边条等，并按橱柜的造型与色彩选择五金配件，以适应各种色彩的橱柜使用。

（4）圆钉、木螺钉、白乳胶、木胶粉、玻璃等。

二、施工操作流程

配料 → 画线 → 榫槽及拼板施工 → 组装 → 安装面板 → 线脚收口

1. 配料

配料应根据橱柜结构与木料的使用方法进行安排，主要分为木方料的选配和胶合板下料布置两个方面。应先配长料和宽料，后配小料；先配长板材，后配短板材，顺序搭配安排。对于木方料的选配，应先测量木方料的长度，然后再按家具的竖框、横档和腿料的长度尺寸要求放长 30 ~ 50 mm 截取。木方料的截面尺寸在开料时应按实际尺寸的宽、厚各放大 3 ~ 5 mm，以便刨削加工。

对于木方料进行刨削加工时，应首先识别木纹。不论是机械刨削还是手工刨削，均应按顺木纹方向。先刨大面，再刨小面，两个相邻的面刨成 90° 角。

2. 画线

画线前要备好量尺（卷尺和不锈钢直尺等）、木工铅笔、角尺等，应认真看懂图样，清楚理解工艺结构、规格尺寸和数量等技术要求。画线基本操作步骤如下：

（1）首先检查加工件的规格、数量，并根据各工件的表面颜色、纹理、节疤等因素确定其正反面，做好临时标记。

（2）在需要对接的端头留出加工余量，用 90° 角尺和木工铅笔画一条基准线。若端头平直，又属开榫一端，可不画此线。

（3）根据基准线，用量尺量画出所需的总长尺寸线或榫肩线。再以总长线和榫肩线为基准，完成其他所需的榫眼线。

（4）可将两根或两块相对应位置的木料拼合在一起进行画线，画好一面后，用 90° 角尺把线引向侧面。

（5）所画线条必须准确、清楚。画线之后，应将空格相等的两根或两块木料颠倒并列进行校对，检查划线和空格是否准确相符，如有差别，即说明其中有错，应及时查对校正。

3. 榫槽及拼板施工

（1）榫主要分为木方连接榫和木板连接榫两大类，但其具体形式较多，分别适用于木方和木质板材的不同构件连接，如木方中榫、木方边榫、燕尾榫、扣合榫、大小榫、双头榫等。

（2）在室内家具制作中，采用木质板材较多，如台面板、橱面板、搁板、抽屉板等，都需要拼缝结合。常采用的拼缝结合形式有高低缝、平缝、拉拼缝、马牙缝等。

（3）橱柜的连接方法较多，主要分为固定式结构连接与拆装式结构连接两种。

4. 组装

橱柜组装分为部件组装和整体组装。组装前，应将所有的结构件用细刨刨光，然后按顺序逐渐进行装配，装配时，注意构件的部位和正反面。衔接部位需涂胶时，应刷涂均匀并及时擦净挤出的胶液。锤击装拼时，应将锤击部位垫上木板，不可猛击；如有拼合不严处，应查找原因并采取修整或补救措施，不可硬敲、硬装就位。各种五金配件的安装位置应定位准确、安装严密、方正牢靠，结合处不得崩槎、歪扭、松动，不得缺件、漏钉和漏装。

5. 安装面板

如果橱柜的表面做油漆涂饰，其框架的外封板一般同为面板；如果橱柜的表面使用装饰细木夹板进行饰面，或是用塑料板做贴面，那么橱柜框架外封板就是其饰面的基层板。饰面板与基层板之间多是采用胶粘合。饰面板与基层板粘合后，需在其侧边使用封边木条、木线、塑料条等材料进行封边收口，其原则是凡直观的边部都应封堵严密和美观。

6. 线脚收口

采用木质、塑料或金属线脚（线条）对橱柜进行装饰的做法，是当前比较广泛的一种装饰方式，其线脚的排布与图案造型形式可以灵活多变，但也不宜过于烦琐。

边缘线脚装饰于橱柜、固定配置的台面边缘及橱柜与底脚交界处等部位，作为封边、收口和分界的装饰线条形式，使观面美观。同时，通过较好的封边收口，可使板件内部不易受到外界温度、湿度的较大影响而保持一定的稳定性。常用的边脚线装饰材料有实木条、塑料条、铝合金条、薄木单片和塑料带等。

（1）实木条封边收口。常用钉胶结合的方法，胶黏剂可用立时得、白乳胶、木胶粉。

（2）塑料条封边收口。一般采用嵌槽加胶的方法进行固定。

（3）铝合金条封边收口。铝合金封口条有L型和槽型两种，可用钉或木螺钉直接固定。

（4）薄木单片和塑料带封边收口。先用砂纸磨除封边处的木渣、胶迹等并清理干净，在封口边刷一道稀甲醛做填缝封闭层，然后在封边薄木单片或塑料带上涂万能胶，对齐边口贴放。用干净抹布擦净胶迹后再用电熨斗烫压，固化后切除毛边和多余处即可。对于微薄木封边条，也有的直接用白乳胶粘贴；对于硬质封边木片也可采用镶装或加胶、加钉安装的方法。

三、质量检验标准

本规定适用于位置固定的壁橱、吊柜等橱柜制作与安装工程的质量验收。检查数量应符合下列规定：每个检验批至少抽查 3 间（处），不足 3 间（处）时应全数检查。

1. 主控项目

（1）橱柜制作与安装所用材料的材质和规格、木材的阻燃性能和含水率、花岗石的放射性及人造木板的甲醛含量应符合设计要求及国家现行标准的有关规定。

（2）橱柜安装预埋件或后置埋件的数量、规格、位置应符合设计要求。

（3）橱柜的造型、尺寸、安装位置、制作和固定方法应符合设计要求。配件应齐全，安装应牢固。

（4）橱柜的抽屉和柜门应开关灵活、回位正确。

2. 一般项目

（1）橱柜表面应平整、洁净、色泽一致，不得有裂纹、翘曲及损坏。

（2）橱柜裁口应顺直，拼缝应严密。

（3）橱柜安装的允许偏差和检验方法应符合表 8-1 的规定。

表 8-1 橱柜安装的允许偏差和检验方法

项次	项目	允许偏差（mm）	检验方法
1	外形尺寸	3	用钢直尺检查
2	立面垂直度	2	用 1 m 垂直检测尺检查
3	门与框架的平行度	2	用钢直尺检查

四、注意事项

1. 细部工程安装部位应在结构施工阶段按设计及施工要求预埋木砖、铁件、锚固连接件或预留孔洞。预埋的木砖必须涂刷防腐剂，预埋铁件须经防锈处理。

2. 材料进场后，必须按设计图样的要求，检查验收材料的质量、几何尺寸、图案、预埋件、锚固连接件以及预留孔洞等，并分类存放，便于提取使用。

3. 材料的包装、运输与储存应保证材料不变形、不受潮、不污染、防碰撞等。

4. 细部工程基层应平整、清洁、干燥，与基体之间必须粘贴牢固，无脱层、空鼓、裂缝等缺陷。

5. 细部工程应对人造木板的甲醛含量进行复验。

五、成品保护

1. 有其他工种作业时，要适当加以保护，防止对饰面板碰撞。

2. 对已完成的装饰工程及水电设施等应采取有效措施加以保护，防止损坏及污染。

3. 细木制品安装完成后，应立即刷一遍底油，防止干裂及受潮变形。

4. 表面进行涂饰作业时，应对非涂饰部分采用塑料薄膜及粘贴美纹纸的方式加以保护，以防止污染。

六、安全措施

1. 移动式电动机械和手持电动工具的单相电源线必须使用三芯软橡胶电缆，三相电源线必须使用四芯软橡胶电缆；接线时，缆线护套应穿进设备的接线盒内并予以固定。

2. 机械操作人员应经专业技术培训，并经考试合格，取得操作证后方可上岗独立操作。

3. 机床开动前应进行检查，锯条、刀片等切削刀具不得有裂纹，紧固螺钉应拧紧，台面上或防护罩上不得放有木料或工具。

4. 作业场所应配备齐全可靠的消防器材，作业场所不得存放易燃物品，并严禁吸烟或动用明火。

5. 严禁使用不具备安全防护性能的锯、刨、钻联合木工机械。

6. 对各种木方、夹板饰面板分类堆放整齐，施工后的锯末、刨花、废料应及时清理，做到“工完料净、场地清”，坚持文明施工。

5. 成品保护

（1）安装时不得踩踏暖气片及窗台板，严禁在窗台板上敲击、碰撞，以防损坏。

（2）窗帘盒安装后及时刷一道底油漆，防止抹灰、喷浆等湿作业时受潮变形或污染。

（3）加工品应妥善保管，防止受潮变形。

6. 安全措施

（1）严禁用手攀登窗框、窗扇和窗撑。

（2）操作时应系好安全带，严禁把安全带挂在窗撑上。

二、窗台板制作与施工工艺

1. 施工前准备

（1）工具准备。包括电焊机、电动锯石机、手电钻、大刨子、小刨子、小锯、锤子、割角尺、橡皮锤、靠尺板、20 号铅丝和小线、铁水平尺、盒尺、旋具等。

（2）材料准备

1）根据制作材料的不同，窗台板一般有以下几种：木制窗台板、水泥窗台板、水磨石窗台板、天然石料窗台板和金属窗台板。

2）窗台板制作材料的品种、材质、颜色应按设计选用，木制品应经烘干，控制含水率在 12% 以内，并做好防腐处理，不允许有扭曲变形。

3）安装固定一般用角钢或扁钢做托架或挂架。窗台板的构造一般直接装在窗下墙顶面，用砂浆或细石混凝土稳固。

2. 施工操作流程

定位与画线 → 检查预埋件 → 支架安装 → 窗台板安装

（1）定位与画线。根据设计要求的窗下框标高、位置，画窗台板的标高、位置线，为使同房间或连通窗台板的标高和纵横位置一致，安装时应统一找平，使标高统一无差。

（2）检查预埋件。找位与画线后，检查窗台板安装位置的预埋件，是否符合设计与安装的连接构造要求，如有误差应进行修正。

（3）支架安装。构造上需要设窗台板支架的，安装前应核对固定支架的预埋件，确认标高、位置无误后，根据设计构造进行支架安装。

（4）窗台板安装

1）木窗台板安装。在窗下墙顶面木砖处，横向钉梯形断面木条（窗宽大于 1 m 时，中间应以间距 500 mm 左右加钉横向梯形木条），用以找平窗台板底线。窗台板宽度大于 150 mm 的，拼合板面底部横向应穿暗带。安装时应插入窗框下冒头的裁口，两端伸入窗口墙的尺寸应一致，保持水平，找正后用砸扁钉帽的钉子钉牢，钉帽冲入木窗台板面 2 mm。

2）预制水泥窗台板、预制水磨石窗台板、石料窗台板安装。按设计要求找好位置，进行预装，标高、位置、出墙尺寸符合要求，接缝平顺严密，固定件无误后，按其构造的固定方式正式固定安装。

3）金属窗台板安装。按设计构造要求，核对标高、位置、固定件后，先进行预装，经检查无误，再正式安装固定。

3. 质量检验标准

（1）主控项目

1）窗台板的材质、品种、规格尺寸、形状及木材含水率必须符合设计要求。

2）预制加工的各类窗台板的强度和刚度应符合有关标准和设计要求。

3）窗台板必须按设计的构造镶打牢固，无松动等缺陷。

（2）一般项目

1）加工制作尺寸正确，表面平直光滑，拐角方正无缺陷；颜色一致符合设计要求；木制窗台板表面不得露钉帽，应无戗槎、刨痕、毛刺、锤印等缺陷。

2）窗台板安装位置正确，割角整齐，接缝严密，平直通顺。窗台板出墙尺寸一致。

（3）窗台板安装的允许偏差和检验方法，见表 8-2。

表 8-2 窗台板安装的允许偏差和检验方法

项次	项目	允许偏差（mm）	检验方法
1	水平度	2	用 1 m 水平尺和塞尺检查
2	上口、下口直线度	3	拉 5 m 线，不足 5 m 拉通线，用钢直尺检查
3	两端距窗洞口长度差	2	用钢直尺检查
4	两端出墙厚度差	3	用钢直尺检查

4. 注意事项

（1）施工前应检查窗台板安装的条件，施工时应坚持预装，符合要求后进行固定。

（2）施工中应认真做每道工序，找平、垫实、捻严、固定牢靠；跨空窗台板支架应安装平正，使支架受力均匀。

5. 成品保护

（1）安装窗台板时，应注意对窗台板的保护，避免使窗台板碰伤、划伤等。

（2）其他同橱柜制作与安装的有关部分。

6. 安全措施

（1）严禁用手攀登窗框、窗扇和窗撑。

（2）操作时应系好安全带，严禁把安全带挂在窗撑上。

第四节 SECTION 4 门套、窗套制作与施工工艺

门套、窗套是建筑装饰术语，是指门窗里外两个框，也有直接称作门窗套的。门套原来的作用是为了固定门扇和保护墙角，但是现在这个问题已经不存在了，也就失去了实际功能需要，而变成了纯审美的要求。

一、施工前准备

1. 工具准备

工具准备包括电锯、电刨、电钻、电锤、镂槽机、气钉枪、修边刨、电动砂纸机、木刨、木锯、斧子、锤子、冲子、旋具、平铲、墨斗、粉线包、钢直尺、割角尺、角尺、靠尺、水平尺、线坠等。

2. 材料准备

（1）木材的种类、规格、等级应符合设计图样要求，并应符合下列规定：

1）木龙骨。一般采用红松、白松，含水率不大于 12%，不得有腐朽、节疤、劈裂、扭曲等缺陷。

2）底层板。一般采用细木工板或密度板，含水率不得超过 12%。板厚应符合设计要求，甲醛含量应符合室内环境污染物限值要求，人造板材使用面积超过 500 m^2 时应做甲醛含量测试。板面不得有凹凸、劈裂等缺陷。应有产品合格证、环保及燃烧性能检测报告。

3）面层板。一般采用三合板（胶合板），含水率不超过 12%，甲醛释放量不大于 0.12 mg/m^2，颜色均匀一致，花纹顺直一致，不得有黑斑、黑点、污痕、裂缝、爆皮等。应有产品合格证、环保及燃烧性能检测报告。

4）门窗套木线。一般采用半成品，规格、形状应符合设计图样要求，含水率不大于12%，花纹纹理顺直，颜色均匀，不得有节疤、黑斑、黑点、裂缝等。

（2）其他材料。一般包括气钉、胶黏剂、防火涂料、防腐涂料、木螺钉等，其中胶黏剂、防火涂料、防腐涂料必须有产品合格证及性能检测报告。

二、施工操作流程

弹线 → 制作、安装木龙骨 → 安装底板 → 安装面板 → 安装门窗套木线

1. 弹线

按图样的门窗尺寸及门窗套木线的宽度，在墙、地上弹出门窗套木线的外边缘控制线及标高控制线。按节点构造图弹出龙骨安装中心线和门窗及合页安装位置线，合页处应有龙骨，确保合页安装在龙骨上。

2. 制作、安装木龙骨

在龙骨中心线上用电锤钻孔，孔距500 mm左右，在孔内注胶浆，然后将经防腐的木楔钉入孔内，粘接牢固后安装木龙骨。根据门、窗洞口的深度，用木龙骨做骨架，间距一般为200 mm，骨架的表面必须平整，组装必须牢固，龙骨的靠墙面必须做防腐处理，其他几个侧面做防火处理。然后将木龙骨按弹好的控制线，用砸扁钉帽的圆钉钉到木楔上。安装骨架时，应边安装边用靠尺进行调平，骨架与墙面的间隙，用经防腐处理过的楔形方木块垫实，木块间隔应不大于200 mm，安装完的骨架表面应平整，其偏差在2 m范围内应小于1 mm。钉帽要冲入木龙骨表面3 mm以上。

3. 安装底板

门窗套筒子板的底板通常用细木工板预制成左、右、上三块。若筒子板上带门框，必须按设计断面，留出贴面板尺寸后做出裁口。安装前，应先在底板背面弹出骨架的位置线，并在底板背面骨架的空间处刷防火涂料，骨架与底板的结合处涂刷乳胶，然后用木螺钉或气钉将底板钉粘到木龙骨上。一般钉间距为150 mm，钉帽要钉入底板表面1 mm以上。也可以在底板与墙面之间不加木龙骨，直接将底板钉在木砖上，底板与墙体之间的空隙采用发泡胶塞实；若采用成品门窗

套，可不加龙骨、底板，直接与墙体固定。

4. 安装面板

安装面板前，必须对面板的颜色、花纹进行挑选，同一房间面板的颜色、花纹必须一致。检查底板的平整度、垂直度和各角的方正度符合要求后，在底板上和面板背面满刷乳胶，乳胶必须涂刷均匀。然后将面板粘贴在底板上。在面板上铺垫 50 mm 宽 5 mm 的板条，用气钉临时压紧固定，待结合面乳胶干透（约 48 h）后取下。面板也可采用蚊钉直接铺钉，钉间距一般为 100 mm。门套过高，面板需要拼接时，一般接缝放在门与亮子间的横梁中心，没有亮子时，拼缝离地面 1.2 m 以上。拼接应在同一龙骨上，花纹要对齐，不宜纵向接缝。

5. 安装门窗套木线

门窗套木线按设计要求的截面形状、尺寸进行加工制作。门窗套木线的背面应刨出卸力槽，槽深一般以 5 mm 为宜。门窗套木线的颜色、花纹要与面板相同或配套。门套木线的厚度应大于踢脚板的厚度。安装时，一般先钉横向的，后钉竖向的。先量出横向木线所需的长度，两端锯成 45° 斜角（即割角），紧贴在框的上坎上，其两端伸出的长度应一致。将钉帽砸扁，顺木纹冲入板面 1 ~ 3 mm，钉长宜为板厚的两倍，钉距不大于 500 mm，然后量出竖向木线长度，钉在边框上。横竖木线的线条要对正，割角应准确平整、对缝严密、安装牢固。木线的厚度不能小于踢脚板的厚度，以免踢脚板冒出而影响美观。门套木线的内侧与门套应留出 10 mm 的裁口，避免安装合页时损伤门套木线。

三、质量检验标准

1. 主控项目

（1）门窗套制作与安装所使用材料的材质、规格、花纹和颜色、木材的燃烧性能等级和含水率、人造木板和胶黏剂的甲醛含量应符合设计要求及国家现行标准的有关规定。

检验方法: 观察，检查产品合格证书、进场验收记录、性能检测报告和复验报告。

（2）门窗套的造型、尺寸和固定方法应符合设计要求，安装应牢固。

检验方法：观察，尺量检查，手扳检查。

2. 一般项目

（1）门窗套表面应平整、洁净、线条顺直、接缝严密、色泽一致，不得有裂缝、翘曲及损坏。

检验方法：观察。

（2）门窗套安装的允许偏差和检验方法见表 8-3。

表 8-3 门窗套安装的允许偏差和检验方法

项次	项目	允许偏差（mm）	检查方法
1	正、侧面垂直度	3	用 1 m 垂直度检测尺检查
2	门窗套上口水平度	1	用 1 m 水平度检测尺和塞尺检查
3	门窗套上口直线度	3	拉 5 m 线，不足 5 m 拉通线，用钢直尺检查

四、注意事项

1. 在安装前，应按弹线对门窗框安装位置偏差进行纠正和调整，避免由于门窗框安装偏差造成筒子板上下左右不对称和宽窄不一致。

2. 在骨架的制作和安装过程中一定要按照工艺的要求进行施工，表面应平整、固定牢固。在安装底板和面板前均应进行检查调整，避免安装后门、窗洞口的上下尺寸不一致，阴阳角不方正。

3. 在面板施工前要对面板进行精心挑选，先对花，后对色，并进行编号，然后再进行面层安装，防止门窗套面层板的花纹错乱、颜色不均。

4. 在安装门窗套木线之前，对墙面和底板应进行仔细检查和必要的修补、调整，防止由于墙面或门窗套底层板不垂直、不平整而造成门窗套木线安装不垂直、不平整。

5. 严格控制木材含水率，防止因木料含水率大，干燥后收缩造成门窗套及木线接头、拼缝不平或开裂。

五、成品保护

1. 木材及木制品进场后，应按其规格、种类存放在仓库内。板材应用木方垫水平存放。门窗套木线宜捆成 20 根一捆，用塑料薄膜包裹封闭，用木方垫水平存放。垫起距地高度应不小于 200 mm。并保持库房内的通风、干燥。

（4）金属栏杆。一般采用钢管（包括不锈钢管）或铁艺，钢管的品种、规格、型号、面层颜色、亮度及质感应符合设计要求。铁艺的规格、型号、颜色、花饰图案、造型应符合设计要求。

（5）其他材料。焊条、焊丝应有合格证。胶黏剂应有出厂合格证，并符合现行国家标准《室内装饰装修材料　胶黏剂中有害物质限量》（GB 18583—2008）的规定。螺钉、铆钉的规格、型号按扶手的规格、尺寸确定，颜色按扶手的颜色确定。其他材料还包括木砂纸、不锈钢拉丝面、酒精等。

二、施工操作流程

弹线、检查预埋件 → 焊连接件 → 安装栏杆和扶手 → 表面处理

1. 弹线、检查预埋件

按设计要求的安装位置、固定点间距和固定方式，弹出栏杆、扶手的安装位置中心线和标高控制线，在线上标出固定点位置。然后检查预埋件位置是否合适，固定方式是否满足设计或规范要求。预埋件不符合要求时，应按设计要求重新埋设。

2. 焊连接件

根据设计要求的安装方式，将不同材质栏杆、扶手的安装连接件与预埋件进行焊接，焊接必须牢固，焊渣应及时清除干净，不得有夹渣现象。焊接完成后进行防腐处理，做隐蔽工程验收。

3. 安装栏杆和扶手

（1）安装栏杆

1）安装不锈钢管栏杆。按照设计图样和施工规范的要求，在已弹好的栏杆中心线上，先焊接栏杆连接杆，连接杆的长度根据面层材料的厚度确定，一般应高于面层材料踏步面 100 mm。待面层踏步饰面材料铺贴完成后，将不锈钢管栏杆插入连接杆。栏杆顶端焊接扶手前，将踏步板法兰盖套入不锈钢管栏杆内。

2）安装铁艺栏杆。根据设计图样和施工规范的要求，结合铁艺图案确定连接杆（件）的长度和安装方式，待面层材料铺完后将花饰与连接杆（件）焊接，用磨光机将接槎磨平、磨光。

3）安装木栏杆。按照设计图样、施工规范要求和已弹好的栏杆中心线，在预埋件上焊接连接杆（件），连接杆（件）一般用直径 8 mm 的钢筋，高度应高于地面面层 60 mm。待地面面层施工完成后，把木栏杆底部中心

钻出直径 10 mm、深 70 mm 的孔洞，在孔洞内注入结构胶，然后插到焊好的连接杆上。

（2）安装扶手。扶手安装的高度、坡度应一致，沿墙安装时出墙尺寸应一致。

1）安装不锈钢扶手。根据扶梯、楼梯和栏杆的长度，将不锈钢管型材切断，按标高控制线调好标高，端部与墙、柱面连接件焊接固定，焊完之后用法兰盖盖好。不锈钢管中间的底部与栏杆立柱焊接，焊接前要对栏杆立柱进行调整，保证其垂直度、顶端的标高和直线度，并尽量使其间距相等，然后采用氩弧焊逐根进行焊接。焊接完成后，焊口部位进行磨平、磨光。

2）安装木扶手。木扶手一般安装在钢管或钢筋立柱栏杆上，安装前应先对钢管或钢筋立柱的顶端进行调直、调平，然后将一根 3 mm × 25 mm 或 4 mm × 25 mm 的扁钢平放焊在立柱顶上，做木扶手的固定件。木扶手安装时，水平的应从一端开始，倾斜的一般自下而上进行。倾斜扶手安装，一般先按扶手的倾斜度选配起步弯头，通常弯头在工厂进行加工制作。弯头断面应按扶手的断面尺寸选配，一般情况下，稍大于扶手的断面尺寸。弯头和扶手的底部开 5 mm 深的槽，槽的宽度按扁钢连接件确定。把开好槽的弯头、扶手套入扁钢，用木螺钉进行固定，固定间距控制在 400 mm 以内。注意木螺钉不得用锤子直接打入，应打入 1/3、拧入 2/3，木质过硬时，可钻孔后再拧入，但孔径不得大于木螺钉直径的 0.7 倍。木扶手接头下部宜采用暗燕尾榫连接，但榫内均需加胶黏剂，避免将接头拔开或出现裂缝。木扶手埋入面层时应做防腐处理。

3）安装塑料扶手。塑料扶手通常为定型产品。按设计要求进行选择，所用配件应配套。安装时一般先将栏杆立柱的顶端进行调直、调平，把专用固定件安装在栏杆立柱的顶端。安装楼梯扶手一般从上端开始，将扶手承插到专用固定件上，从上向下穿入，承插入槽。弯头、转向处，用同样的塑料扶手，按起弯、转向角度进行裁切，然后组装成弯头、转角。塑料扶手的接头一般采用热熔或粘接法进行连接，然后将接口修平、抛光。

4. 表面处理

安装完成后，不锈钢栏杆、扶手的所有焊接处均必须磨平、抛光。木扶手的转弯、接头处必须用刨子刨平，木锉锉平、磨光，把弯修平顺，使其弯曲自然、断面顺直，最后用砂纸整体磨光，并涂刷底漆。塑料扶手需承插到位、安装牢固，所有接口必须修平、抛光。

三、质量检验标准

1. 主控项目

（1）栏杆和扶手制作与安装所使用材料的材质、规格、数量和木材、塑料的燃烧性能等级应符合设计要求及国家标准的有关规定。

检验方法：观察，检查产品合格证书、进场验收记录和性能检测报告。

（2）栏杆和扶手的造型、尺寸及安装位置应符合设计要求。

检验方法：观察，尺量检查，检查进场验收记录。

（3）栏杆和扶手安装预埋件的数量、规格、位置以及栏杆与预埋件的连接节点应符合设计要求。

检验方法：检查隐蔽工程验收记录和施工记录。

（4）栏杆高度、栏杆间距、安装位置必须符合设计要求，栏杆安装必须牢固。

检验方法：观察，尺量检查，手扳检查。

2. 一般项目

（1）栏杆和扶手转角弧度应符合设计要求，接缝应严密，表面应光滑，色泽应一致，不得有裂缝、翘曲及损坏。

检验方法：观察，手摸检查。

（2）栏杆和扶手安装的允许偏差和检验方法见表 8-4。

表 8-4　栏杆和扶手安装的允许偏差和检验方法

项次	项目	允许偏差（mm）	检验方法
1	栏杆垂直度	3	用 1 m 垂直度检测尺检查
2	栏杆间距	3	用钢直尺检查
3	扶手直线度	4	拉通线，用钢直尺检查
4	扶手高度	3	用钢直尺检查

四、注意事项

1. 木扶手应控制好原材料的含水率，进场后应放在仓库内，保持通风干燥，避免淋雨、受潮。木扶手加工完成后，应先涂刷一道底油，防止木材干缩变形出现接槎不严密或裂缝等质量问题。

2. 扶手底部开槽深度要一致，栏杆顶端的固定扁铁要平整、顺直，防止扶手接槎不平整。

3. 清油饰面的木扶手选料时要仔细、认真，加强进场材料检验，防止木扶手的各段颜色不一致。

4. 不锈钢扶手施工时要掌握好焊接的温度、时间、方法。施工时应先做样板，以确定各参数的最佳值，防止不锈钢扶手面层亮度不一致、表面凸凹和不顺直。

5. 装扶手时要按工艺要求操作，螺钉安装的位置、角度及钻孔的尺寸精准、方向正确，与扁铁面垂直，防止钉帽不平、不正。

五、成品保护

1. 栏杆、扶手安装时，地面、墙面和楼梯踏步必须用材料进行覆盖保护，以防焊接火花烧伤面层。应对栏杆进行包裹、遮挡保护，以防碰坏。

2. 木扶手刷油漆时对栏杆应加以包裹，防止污染。

3. 塑料扶手安装后应及时包裹保护，以防碰坏。

六、安全措施

1. 施工用的各种材料应符合现行国家标准《民用建筑工程室内环境污染控制规范》（GB 50325—2020）的要求。

2. 施工现场应做到“工完料净，场地清”，保持施工现场清洁、整齐、有序。

3. 边角余料应集中回收，按固体废物进行回收或处理。木扶手或塑料扶手的下脚料严禁在现场焚烧。

4. 剩余的油漆、涂料和油漆桶不得乱倒、乱扔，必须按有害废弃物进行集中回收、处理。

5. 严格控制施工场地的噪声污染，合理安排有强噪声的施工时间。电锯、电刨等机械应搭设专用的加工棚，四周做封闭，并采取降低噪声措施。材料装卸应轻拿轻放，避免人为噪声，以防噪声扰民。

6. 施工中使用的电动工具及电气设备，均应符合国家现行标准《施工现场临时用电安全技术规范》（JGJ 46—2020）和现行地方标准的规定。

7. 在施工现场需动用明火处，应开具动火证，并有专人看守。确保各类消防设施有效，以预防各类火灾隐患。

8. 施工中使用的各种电动机具应有防护罩，防止意外伤人。

9. 电焊、气焊等特殊工种工人应持证上岗，操作人员应戴面罩和防护手套。

第六节 SECTION 6 装饰线施工工艺

装饰施工中常用的装饰线主要包括木装饰线、金属装饰线、塑料装饰线、石材装饰线、欧式装饰线、石膏装饰线、PVC 贴面装饰线等。

由于材料的性质和特点不同，每种装饰线的施工方法有所不同，下面以木装饰线的施工工艺为例进行介绍。

一、施工前准备

1. 工具准备

工具准备包括钉枪、空气压缩机、切割机、手工刨等。

2. 材料准备

（1）收口施工前，应准备好收口木装饰线条，并对线条进行挑选。

1）应剔除木装饰线条中扭曲、节疤、腐朽的部分。

2）应注意木装饰线条的色泽应当一致，线条厚薄均匀。

3）木装饰线条表面应光滑无坑，无破损现象。

（2）在准备材料时要注意与基体材料相同、饰面色彩相同的木线条，可先进行收口后，再与基体同时进行饰面；与基体材料不同或不同色彩的木线条，可在基体饰面完成后，再单独进行收口操作。

（3）进行基层处理，检查收口对缝处基面固定的是否牢固，对缝处是否有凸凹不平现象，并查其原因，进行加固和修正。

二、施工操作流程

木线固定 ⟶ 木线拼接 ⟶ 圆弧收口

1. 木线固定

（1）木装饰线在条件允许时，应尽量采取胶粘固定。

（2）如需要钉固定，最好采用气钉枪钉固。

（3）如用圆钉，应将钉头打扁再钉，钉的位置应在木装饰线的凹槽部位或背视线的一侧。

（4）半圆木装饰线，其位置高度小于 1.5 m 时，钉在木线中点偏下部，大于 1.7 m 时，钉在木线中点偏上部，以避开人的视线。

（5）采用气钉枪钉固时，因钉眼小，远视并不明显，对钉固位置的要求并不严格。

2. 木线拼接

所有木线 3 m 以内不允许拼接，3 m 以上的木线必须由加工厂加工成交叉舌榫后才可在现场拼接。

（1）直拼。木装饰线在对口处应开成 30° 或 45° 角，截面加胶后拼口，拼口处要求光滑顺直，不得有错位现象。

（2）角拼。对角拼接时，应把木线放在 45° 定角器上，用细锯锯断，接口处不得有毛边，两条角拼的木线截好后，在截面上涂胶后进行对拼，拼口处不得有错位和离缝现象。

（3）木装饰线的自身对口位置应远离人的视平线，或置于室内的不显眼处。

3. 圆弧收口

（1）截面为半圆的木线条用开槽法来使直木线弯曲成圆弧木线，即在木线条背面用细锯间隔一定距离开出一条条细槽口，开槽的间距和深度视圆弧的弧度大小来定。

（2）圆弧半径大的，开槽间距可大一些，槽口深度可浅一些，反之则开槽间距可小一些，槽口开深一些。深度最大为木线厚度的 2/5，间距最小为 5 mm。

（3）收口线的交圈。交圈是指装饰线条的连贯性、规整性、协调性。

1）连贯性：要求收口线在转角、转位处能连接贯通、圆顺自然，不能断头、错位，或线条宽窄不等、线形不一，要求一种线形从头至尾封闭交圈。

2）规整性：装饰线应线形分明，平整顺直，表面光滑、流畅，色调一致。

3）协调性：收口装饰线协调一致，间隔宽度、位置、粗细比例适度，相互平行或垂直的应平行、垂直，色彩也应搭配适当。

（4）收口做法

1）墙面、柱面与顶面相交用阴角线收口。

2）墙、柱阳角用阳角线收口。

三、质量检验标准

1. 木线应紧贴装饰施工面，不得留有缝隙，棱角顺直，3 m 内通常整根安装，不能中间拼接。角度拼接均应用 45° 角接缝。安装牢固，表面无钉眼。

2. 顶角线应与墙面、顶棚紧贴，不得留有缝隙，表面光洁，接缝紧密。安装后应平直，通常水平高差小于 3 mm，顶角线需拼缝时应用 45° 斜接或半圆槽前后相接。

四、注意事项

木装饰线条的自身对口位置应远离人的视平线，或置于室内的不显眼处。

五、成品保护

1. 刷油漆时应对木线加以保护，防止污染。

2. 木线安装后应及时包裹保护，以防碰伤。

六、安全措施

1. 施工用的各种材料应符合现行国家标准《民用建筑工程室内环境污染控制规范》（GB 50325—2020）的要求。

2. 施工现场应做到“工完料净，场地清”，保持施工现场清洁、整齐、有序。

3. 边角余料应集中回收，按固体废物进行回收或处理。木线下脚料严禁在现场焚烧。

4. 剩余的油漆、涂料和油漆桶不得乱倒、乱扔，必须按有害废弃物进行集中回收、处理。

5. 严格控制施工场地的噪声污染，合理安排有强噪声的施工时间。电锯、电刨等机械应搭设专用的加工棚，四周做封闭，并采取降低噪声措施。材料装卸应轻拿轻放，避免人为噪声，以防噪声扰民。

6. 施工中使用的电动工具及电气设备，均应符合国家现行标准《施工现场临时用电安全技术规范》（JGJ 46—2020）和现行地方标准的规定。

7. 施工中使用的各种电动机具应有防护罩，防止意外伤人。

第七节 SECTION 7 玻璃镜安装施工工艺

用玻璃镜进行装饰，可以使装饰面显得规整、清亮，同时玻璃镜的装点起到了扩大空间、反射景物、创造环境气氛的作用。

玻璃镜的安装方法与施工工艺可参考本书第四章相关内容。

思考与练习

1. 参观收集身边细部装饰材料的种类和样板。
2. 简述橱柜的制作与施工工艺过程。
3. 简述窗帘盒、窗台板的施工工艺过程。
4. 简述门套、窗套的施工操作步骤。
5. 简述栏杆、扶手的制作与施工工艺过程。
6. 到校内实习基地或工地动手操作各类细部装饰工程的施工，并记录施工过程。

卫浴装饰工程装饰材料与施工工艺

学习目标

◆掌握常用卫浴装饰工程的装饰材料，如各类洗面器、坐便器、浴缸、洗涤槽等材料。同时通过对各种不同类型卫浴装饰工程安装施工工序的重点学习，能够对其完整施工过程有一个全面的认识

◆通过对各种不同类型卫浴装饰工程施工工艺的深刻理解，学会正确选择材料和施工工艺，并能合理地组织施工，以达到保证工程质量的目的，培养解决现场施工常见工程质量问题的能力

◆在掌握各种不同类型卫浴装饰工程施工工艺的基础上，领会工程质量验收标准

第一节 SECTION 1 常见卫浴洁具材料

卫生间是供居住者便溺、洗浴、盥洗等日常卫生活动的空间。卫浴洁具一般是指供居住者便溺、洗浴、盥洗等日常卫生活动的用品，主要由人造大理石（玛瑙）、玻璃钢、搪瓷、陶瓷等材质制成。

一、人造大理石（玛瑙）洁具

人造大理石（玛瑙）洁具是以不饱和聚酯树脂作为胶黏剂，石粉、石渣作为填充料，当不饱和聚酯树脂在固化过程中把石渣、石粉均匀牢固地粘接在一起后，即形成坚硬的人造大理石（玛瑙）（见图9-1），其特点是比较容易形成形状复杂、多曲面的各式各样的洁具，如浴缸、洗脸盆、坐便器等。

人造大理石（玛瑙）洁具具有造型美观、富丽，表面光洁平滑，色泽鲜艳，花色多样，变形较小，耐酸耐碱，耐污迹等特点。

图 9-1　人造大理石（玛瑙）洁具

二、玻璃钢洁具

玻璃钢洁具是用热固性不饱和聚酯树脂或环氧树脂等为粘接材料，以玻璃纤维及织物为增强材料，采用手糊、喷射成模型和模压成型而制成的（见图 9-2）。

玻璃钢洁具具有造型雅致、体感舒适、色泽鲜艳、强度高、质量小、耐水、耐热、耐化学腐蚀、经久耐用、安装运输方便、维修简单等特点。

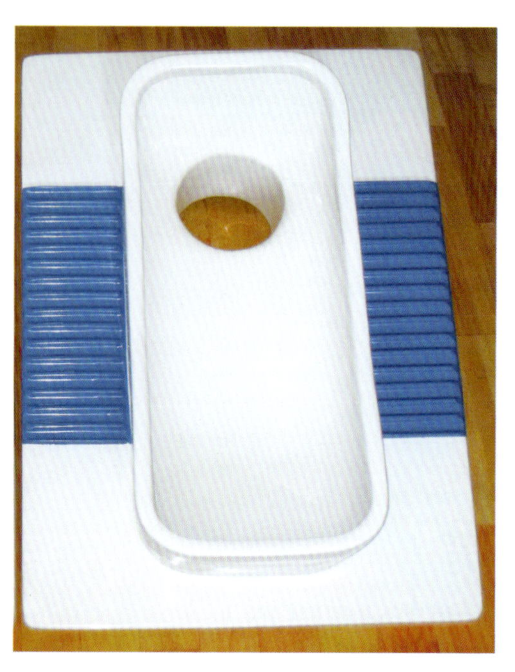

图 9-2 玻璃钢洁具

三、搪瓷洁具

搪瓷洁具主要是以浴缸为主，基材分铸铁和钢板两种（见图 9-3）。

图 9-3 搪瓷洁具

1. 铸铁搪瓷浴缸

铸铁搪瓷浴缸是以铸铁浴缸毛坯为底胎，表面用优质瓷进行涂搪制成，它具有光洁明亮、瓷质坚硬、耐磨、机械强度高、耐冲击、不易污染、容易洗涤等特点。

2. 钢板搪瓷浴缸

钢板搪瓷浴缸是以一整张优质钢板一次拉伸模压成坯体，然后在内表面涂优质瓷釉烧制而成，它具有瓷面光洁明亮、瓷质坚硬细腻、质量小、机械强度高、耐冲击、耐磨、耐碱、不易污染、容易洗涤、安装方便、运输费用低等特点。

四、陶瓷洁具

陶瓷洁具是指施釉陶瓷制品，它具有质地洁白、色泽柔和、釉面光亮、抗渗性强、造型美观、装饰性好和易清洁等特点。

除上述材质外，还有有机玻璃、玻璃钢复合材料、GRC（玻璃纤维增强混凝土）仿瓷材料、水磨石等材质的卫浴洁具。

第二节 SECTION 2 卫浴洁具安装工艺

卫浴洁具安装是硬装进行的收尾工作，洁具安装虽然是很小的工程，但很多细节问题要注意，如卫生间马桶安装要做好排水等一系列措施，如果安装不注意则容易出现质量问题，影响使用效果。

一、施工前准备

1. 工具准备

（1）机具。包括套丝机、砂轮机、砂轮锯、手电钻、电锤等。

（2）工具。包括管钳、手锯、铁剪子、布剪子、活扳手、自制呆扳手、叉扳手、锤子、手铲、钢丝钳、錾子、方锉、圆锉、旋具、烙铁等。

（3）其他。包括水平尺、划规、线坠、小线、盒尺等。

2. 材料准备

（1）卫浴洁具的规格、型号必须符合设计要求，并有出厂产品合格证。卫浴洁具外观应规矩、造型周正，表面光滑、美观、无裂纹，边缘平滑，色调一致。

（2）卫浴洁具零件规格应标准，质量可靠，外表光滑，电镀均匀，螺纹清晰，螺母松紧适度，无砂眼、裂纹等缺陷。

（3）卫浴洁具的水箱应采用节水型。

（4）其他材料。镀锌管件、截止阀、八字阀门、水嘴、螺纹返水弯、排水门、镀锌燕尾螺栓、螺母、胶皮板、铜丝、油灰、铅皮、螺钉、焊锡、熟盐酸、铅油、麻丝、石棉绳、白水泥、白灰膏等均应符合材料标准要求。

3. 作业条件

（1）所有与卫浴洁具连接的管道压力、闭水试验已完毕，并已办好预检手续。

（2）浴盆的稳装应待土建做完防水层及保护层后配合土建施工进行。

（3）其他卫浴洁具应在室内装修基本完成后再进行安装。

二、施工操作流程

1. 施工工艺流程

（1）洗脸盆的施工工艺流程

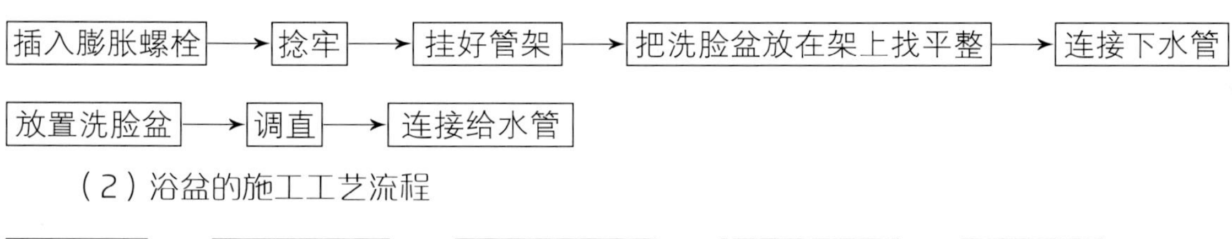

（2）浴盆的施工工艺流程

安装浴盆 → 安装下水管 → 油灰封闭严密 → 安装给水管 → 试平找正

（3）淋浴器的施工工艺流程

冷、热水管口用试管找平整 → 量出短节尺寸 → 装在管口上 → 安装淋浴器铜进水口 → 抹铅油 → 螺母拧紧 → 固定在墙上 → 上部铜管安装在三通口 → 木螺钉固定在墙上

（4）坐便器的施工工艺流程

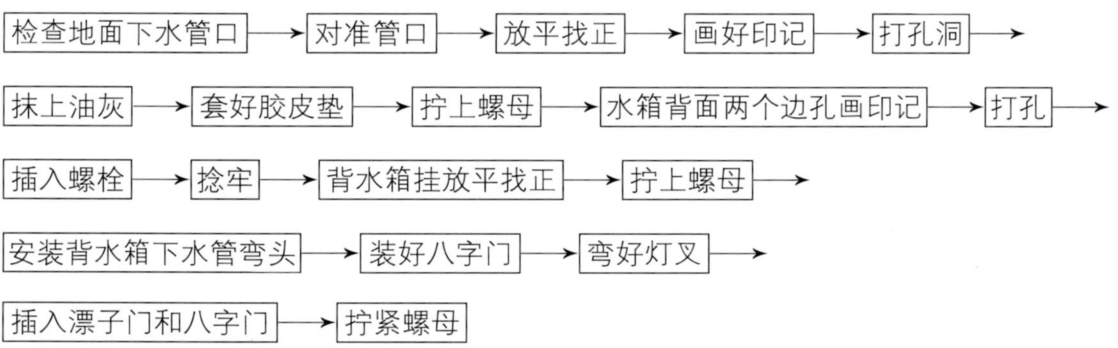

2. 施工要领

（1）洗脸盆安装施工要领

1）洗脸盆产品应平整无损裂。排水栓应有不小于 8 mm 直径的溢流孔。

2）排水栓与洗脸盆连接时，排水栓溢流孔应尽量对准洗脸盆溢流孔，以保证溢流部位畅通，镶接后排水栓上端面应低于洗脸盆底。

3）托架固定螺栓可采用不小于 6 mm 的镀锌开脚螺栓或镀锌金属膨胀螺栓（如墙体是多孔砖，则严禁使用膨胀螺栓）。

4）洗脸盆与排水管连接后应牢固密实，且便于拆卸，连接处不得敞口。洗脸盆与墙面接触部应用硅膏嵌缝。

5）如洗脸盆排水存水弯和水龙头是镀铬产品，在安装时不得损坏镀层。

（2）浴盆、淋浴器安装施工要领

1）在安装裙板浴盆时，其裙板底部应紧贴地面，楼板在排水处应预留 250 ~ 300 mm 洞孔，便于排水安装，在浴盆排水端部墙体设置检修孔。

2）其他各类浴盆可根据有关标准或用户需求确定浴盆上平面高度。然后砌两条基础砖后安装浴盆。如浴盆侧边砌裙墙，应在浴盆排水处设置检修孔或在排水端部墙上开设检修孔。

3）各种浴盆冷、热水龙头或混合龙头的高度应高出浴盆上平面 150 mm。安装时应不损坏镀铬层。镀铬罩与墙面应紧贴。

4）固定式淋浴器、软管淋浴器的高度可按有关标准或按用户需求安装。

5）浴盆安装上平面必须用水平尺校验平整，不得侧斜。浴盆上口侧边与墙面结合处应用密封膏填嵌密实。

6）浴盆排水与排水管连接应牢固密实，且便于拆卸，连接处不得敞口。

（3）坐便器安装施工要领

1）给水管安装角阀高度一般为地面距角阀中心 250 mm，如安装连体坐便器应根据坐便器进水口离地高度而定，但不应小于 100 mm。给水管角阀中心一般在污水管中心左侧 150 mm，或根据坐便器实际尺寸定位。

2）低水箱坐便器的水箱应用镀锌开脚螺栓或用镀锌金属膨胀螺栓固定，如墙体是多孔砖则严禁使用膨胀螺栓。水箱与螺母间应采用软性垫片，严禁使用金属硬垫片。

3）带水箱及连体坐便器的水箱后背部离墙应不大于 20 mm。

4）坐便器安装应用不小于 6 mm 镀锌膨胀螺栓固定，坐便器与螺母间应用软性垫片固定，污水管应露出地面 10 mm。

5）坐便器安装时应先在底部排水口周围涂满油灰，然后将坐便器排水口对准污水管口慢慢地往下压挤密实、填平整，再将垫片螺母拧紧，清除被挤出油灰，在底座周边用油灰填嵌密实后立即用回丝或抹布揩擦清洁。

6）冲水箱内溢水管高度应低于扳手孔 30 ~ 40 mm，以防进水阀门损坏时水从扳手孔溢出。

三、质量检验标准

1. 主控项目

（1）卫浴洁具的型号、规格、质量必须符合设计要求，卫浴洁具排水的出口与排水管承口的连接处必须严密不漏。

（2）卫浴洁具的排水管径和最小坡度，必须符合设计要求和施工规范。

2. 一般项目

支架托防腐良好，埋设平整牢固，洁具放置平稳、洁净，支架与洁具接触密实。

3. 检验方法

卫浴洁具安装的允许偏差和检验方法见表 9-1。

表 9-1 卫浴洁具安装的允许偏差和检验方法

项次	项目		允许偏差（mm）	检查方法
1	坐标	单独器具	10	拉线、吊线和尺量检查
2		成排器具	5	
3	标高	单独器具	±15	
4		成排器具	±10	
5	浴具水平度		2	用水平尺和尺量检查
6	浴具垂直度		3	用吊线和尺量检查

四、注意事项

1. 不得破坏防水层。已经破坏或没有防水层的，要先做好防水措施，并经 12 h 积水渗漏试验。

2. 卫浴洁具应固定牢固，管道接口严密。

3. 注意成品保护，防止磕碰卫浴洁具。

五、成品保护

1. 洁具在搬运和安装时要防止磕碰。装稳后排水口应用防护用品堵好，镀铬零件用纸包好，以免堵塞或损坏。

2. 在釉面砖、水磨石墙面剔空洞时，宜用电钻或先用小錾子轻剔掉釉面，待剔至砖底灰层处方可用力，但不得过猛，以免将层剔碎或震成空鼓现象。

3. 洁具装稳后，为防止配件丢失或损坏，如拉链、堵链等材料、配件应在竣工前统一安装。

4. 安装完的洁具应加以保护，防止洁具瓷面受损或整个洁具损坏。

5. 通水试验前应检查地漏是否畅通，分户阀门是否关好，然后按层段、分房间逐一进行通水试验，以免漏水使装修工程受损。

6. 在冬季室内不通暖时，各种洁具必须将水放净。存水弯应无积水，以免将洁具和存水弯冻裂。

六、安全措施

1. 施工区域人员必须佩戴出入证及安全帽，未佩戴者视为闲散人员清出施工区域。施工区域内场地平整、不积水，无散落的杂物和散物。

2. 施工现场工具、构件、材料的堆放必须按照总平面图规定的位置放置。

3. 各种材料、构件堆放必须按品种、分规格堆放，并设置明显标牌。

4. 施工中应采用低噪声的工艺和施工方法，严格控制深夜施工，以避免噪声扰民。

5. 对易燃物品、有毒物品等，现场搭设危险品仓库，安排专人管理和分别隔离存放，并遵守危险品仓库安全管理要求，避免意外事故发生。

思考与练习

1. 参观并简述身边常用卫浴洁具的品种和材质。

2. 简述常用洗脸盆、坐便器、浴盆、洗涤槽等的特点。

3. 简述坐便器的施工工艺流程。

4. 简述浴盆的安装施工要领。

5. 到校内实习基地或工地动手操作卫生间各类卫浴洁具的施工，并记录施工过程。

第十章

其他装饰材料

学习目标

◆掌握常用装饰五金、新型材料，如拉手、合页、吊轮、闭门器、玻璃夹、地漏、门碰/门吸、防盗扣/链、滑轨、环氧树脂胶黏剂等各类胶黏剂和天然无水粉刷石膏、液体壁纸等新型装饰材料

第一节 SECTION 1 装饰五金

市场上五金件的品种繁多，对其质量的要求是结构牢固可靠，能多次拆卸，能满足功能性要求。常见的五金件包括拉手、合页、吊轮、闭门器、地漏、滑轨等。

一、拉手

拉手就是拉或操纵（开、关、吊）的用具，如圆形拉手、绳、索、手柄、塑料窗篷拉手等（见图 10-1）。五金拉手是家具装饰五金的一部分，其主要用在浴室柜、橱柜、衣柜等家具中。五金拉手具有装饰作用，但最主要的作用还是拉合作用，款式有欧式仿古风格、田园风格、陶瓷系列、卡通风格等。

根据制作材料不同，拉手可分为金属拉手（锌合金拉手、铜拉手、铁拉手、铝拉手、不锈钢拉手）、大理石拉手、塑料拉手、实木拉手、陶瓷拉手等（见图 10-2、图 10-3）；根据安装位置不同，又有抽屉拉手、柜门拉手、玻璃门拉手之分。

图 10-1 各种拉手

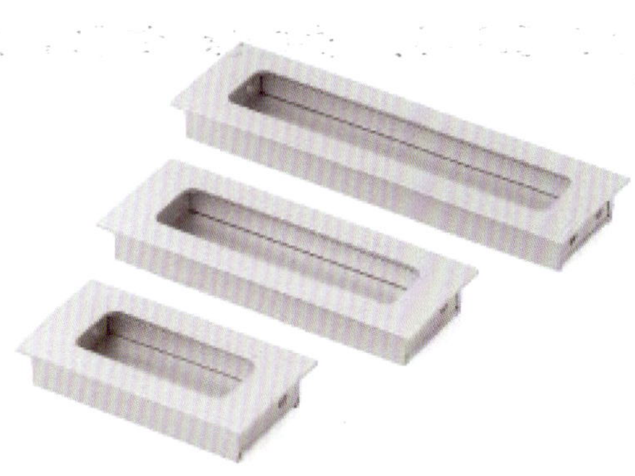

图 10-2 铝合金拉手

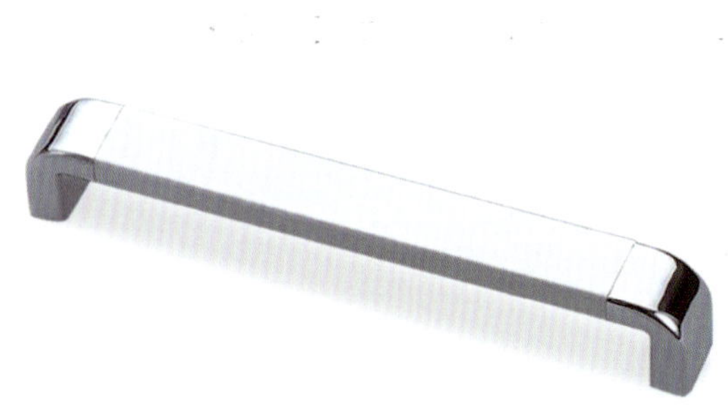

图 10-3 锌铝组合拉手

拉手常见的规格有:

（1）单孔拉手（见图 10-4、图 10-5）。

（2）双孔拉手，有 32 mm、64 mm、76 mm、96 mm、128 mm、160 mm、192 mm、224 mm、256 mm、288 mm、320 mm、480 mm 等常见规格。有的还可以根据柜门的大小来特殊定制。

拉手在家具橱柜中起着重要的点缀作用，其形式和品种繁多。

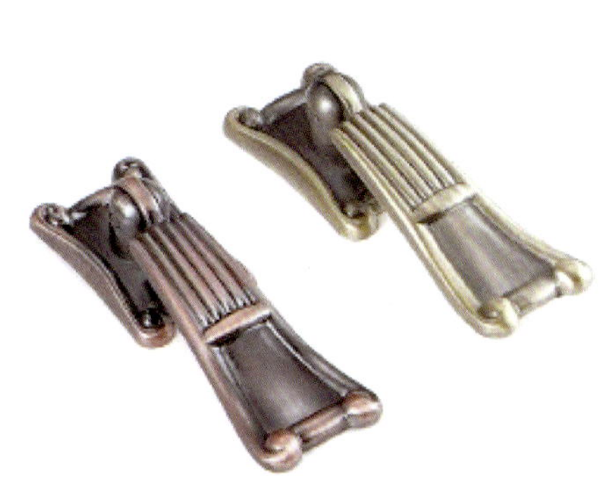

图 10-4 仿古单孔拉手

图 10-5 常见单孔卡通拉手

二、合页

合页是家具铜饰件，俗称铰链，常组成两折式，是连接家具两个部分并能使之活动的金属件，通常由销钉连接的一对金属叶片组成（见图 10-6）。

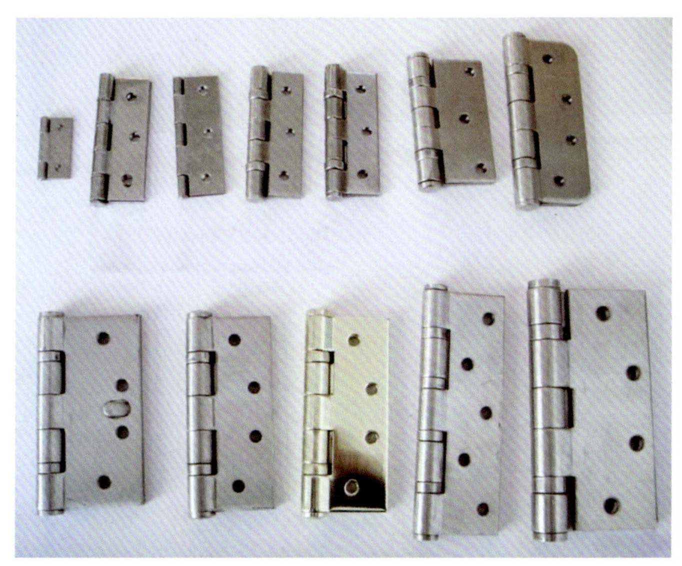

图 10-6 各种合页

1. 普通合页

普通合页用于橱柜门及房间门窗等，材质有铁质、铜质和不锈钢质。普通合页的缺点是不具有弹簧铰链的功能，安装合页后必须再装上各种碰珠，否则风会吹动门板（见图 10-7）。

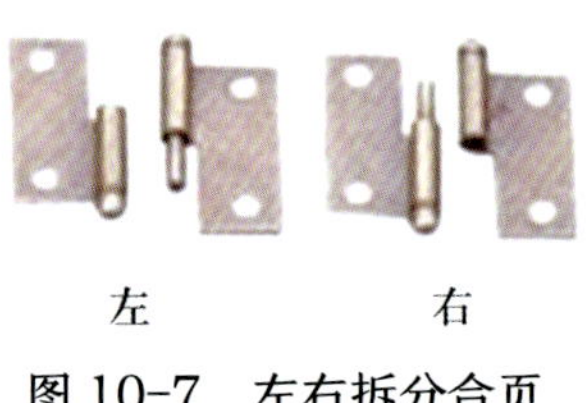

图 10-7　左右拆分合页

2. 烟斗合页

烟斗合页也称弹簧铰链，主要用于家具橱柜门板的连接，一般要求板厚度为 16 ~ 20 mm，材质有镀锌铁、锌合金。弹簧铰链附有调节螺钉，可以上下左右调节板的高度、厚度。它的一个特点是可根据空间配合柜门开启角度，除一般的 90° 外，127°、144°、165° 等角度均有相应的铰链相配，使各种柜门有相应的伸展度。

3. 大门合页

大门合页分普通型和轴承型，普通型前文已介绍。轴承型从材质上分为铜质、不锈钢质。从目前消费情况来看，选用铜质轴承合页的较多，因为其式样美观、亮丽，价格适中，并配备螺钉（见图 10-8）。

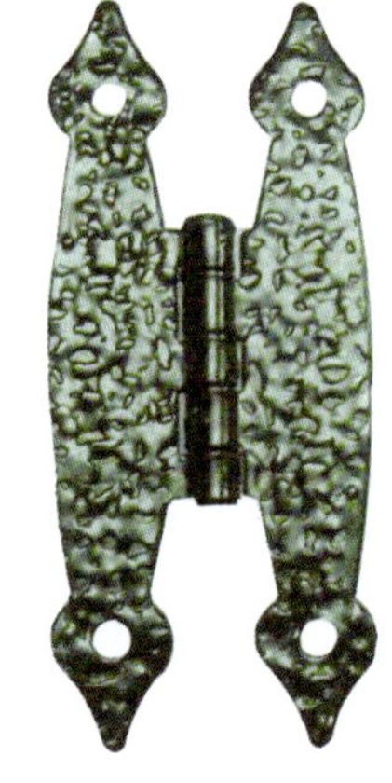

图 10-8　轴承型合页

4. 其他合页

其他合页还有玻璃合页、台面合页和翻门合页等，其中玻璃合页用于安装在无框玻璃橱门上，要求玻璃厚度不大于 6 mm。

合页的安装要注意六大要点：

（1）安装前，应核对合页与门窗框、扇是否匹配。

（2）检查合页槽与合页高、宽、厚是否匹配。

（3）应检查合页与其连接的螺钉、紧固件是否配套。

（4）铰链的连接方式应与框、扇的材质相匹配，如钢框木门所用的合页，与钢框连接的一侧为焊接，与木门扇连接的一侧则为木螺钉固定。

（5）在合页的两片页板不对称的情况下，应辨别哪一页板应与扇相连，哪一页板应与门窗框相连，与轴三段相连的一侧应与扇固定，与轴两段相连的一侧应与框固定。

（6）安装时，应保证同一扇门上合页的轴在同一铅垂线上，以免门窗扇弹翘。

三、吊轮

吊轮用于阳台、厨房、餐厅的推拉门，有进口吊轮和国产吊轮。大部分进口吊轮只有轴承是进口的，其他部件是国产的。

进口吊轮因为采用的是进口轴承，大部分是超静音的，使用寿命在 15 ~ 20 年，价格在 80 元左右。相比之下，国产吊轮的声音稍大，使用寿命在 5 ~ 10 年，带顶轮和侧轮的价格在 45 元左右，不带顶轮和侧轮的价格在 20 元左右。消费者选择吊轮时，可把吊轮放在玻璃柜台上，用手按住来回推拉，选择手感好、无噪声的（见图 10-9）。

图 10-9 吊轮

四、 闭门器

闭门器是门头上一个类似弹簧的液压器，当门开启后能通过压缩后释放，将门自动关上，有弹簧门的作用，可以保证门被开启后，准确、及时地关闭到初始位置（见图 10-10）。

图 10-10　闭门器

闭门器有金属弹簧、液压阻尼组合作用的装置。选用时应根据门扇宽度和质量、使用频率等要求进行选择。

闭门器安装在平开门扇上部，单向开门，通常用得最多的闭门器是外装式闭门器，它们的安装方式如下：

第一种是将闭门器安装到铰链侧、门开启的一面。当这样安装时，闭门器的臂朝外突出，与门框成大约 90°。

第二种是将闭门器安装在与铰链侧相反的、门关闭的一面，通常将随闭门器一起提供的额外的支架安装到平行于门框的臂上。这种安装方法可用在朝外开启的外门，尤其是只有很窄的上沿、而无足够宽的空间来容纳闭门器机身的那些门。

第三种是将立式闭门器（内置自动复位铰链）直立暗藏在门扇转轴一侧的里边，从外侧看不到螺钉及部件，可以与门做成一体，能单双向开闭，施工简单。

新安装的闭门器在使用 7~10 天左右，应检查所有的螺钉，并重新紧固一遍。闭门器在投入使用后应定期进行检查，检查的内容是：安装螺钉是否松动和丢失、连接臂是否与门体或门框擦碰、门体是否有变形与松动、关门的缓冲效果是否良好、支撑导向件是否漏油等。

五、地漏

地漏是连接排水管道系统与室内地面的重要接口，作为住宅中排水系统的重要部件，它的性能好坏直接影响室内空气的质量，对卫生间的异味控制非常重要（见图 10-11）。

图 10-11 地漏

1. 地漏的分类

地漏分为直落式和防臭式，它排出的是地面水，水质比其他任何器具都差，固体物、纤维物、毛发、易沉积物等多。

2. 地漏的执行标准

根据《建筑给水排水设计规范》（GB 50015—2021）执行。

3. 地漏的主要功能

防臭气、防堵塞、防蟑螂、防病毒、防返水、防干涸。

4. 地漏的安装

（1）修整排水预留孔，使其与地漏完全吻合。地漏箅子的开孔孔径应控制在 6 ~ 8 mm 之间，可防止头发、污泥、沙粒等污物的进入。

（2）注意多通道地漏的进水口不宜过多。多通道地漏是近年来开发的产品，一个本体通常有 3 ~ 4 个进水口（承接洗脸盆、浴盆、洗衣机和地面排水），这种结构不仅影响地漏的排水量，而且也不符合实际的设计情况。所以多通道地漏的进水口不应过多，有 2 个完全可以满足需要。

5. 地漏的使用材料

地漏使用的材料主要有铸铁、PVC、锌合金、陶瓷、铸铝、不锈钢、黄铜、铜合金等材质。

（1）铸铁：价格便宜，容易生锈，不美观，生锈后挂粘脏物，不易清理。

（2）PVC：价格便宜，易受温度影响发生变形，耐划伤和冲击性较差，不美观。

（3）锌合金：价格便宜，极易腐蚀。

（4）陶瓷：价格便宜，耐腐蚀，不耐冲击。

（5）铸铝：价格中档，质量轻，较粗糙。

（6）不锈钢：价格适中，美观，耐用。

（7）铜合金：价格适中，实用。

（8）黄铜：质重，高档，价格较高，表面可做电镀处理。

六、滑轨

滑轨是供门、抽屉或其他活动部件运动的、通常带槽或曲线形的导轨，常装有球式轴承。

滑轨可以分为滚轮滑轨、钢珠滑轨等。

滚轮滑轨出现时间较为久远，为第一代的静音式抽屉滑轨，滚轮滑轨结构较为简单，由一个滑轮、两根轨道构成，能够应对日常的推拉需要，但承重力较差，也不具备回弹功能（见图 10-12）。

钢珠滑轨基本上是二节、三节的金属滑轨，较常见的是安装在抽屉侧面的结构，安装较为简单，并且节省空间。质量好的钢珠滑轨能够保证推拉顺滑，承重力大。现代家具中，钢珠滑轨正逐渐地代替滚轮滑轨，成为现代家具滑轨的主力军（见图 10-13）。

在肉眼所无法看到的滑轨内部，是它的轴承结构，这部分直接关系到它的承重能力（见图 10-14）。

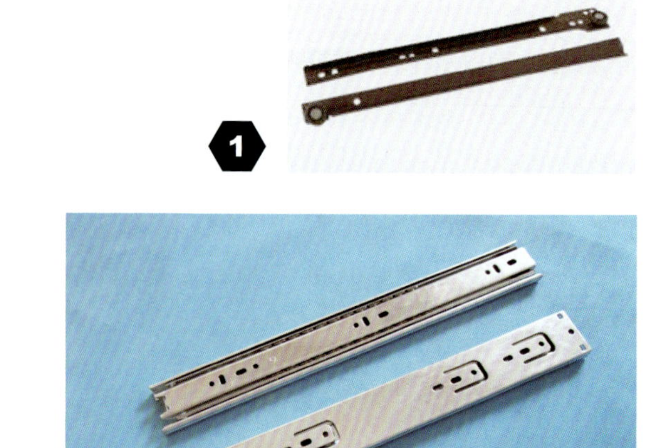

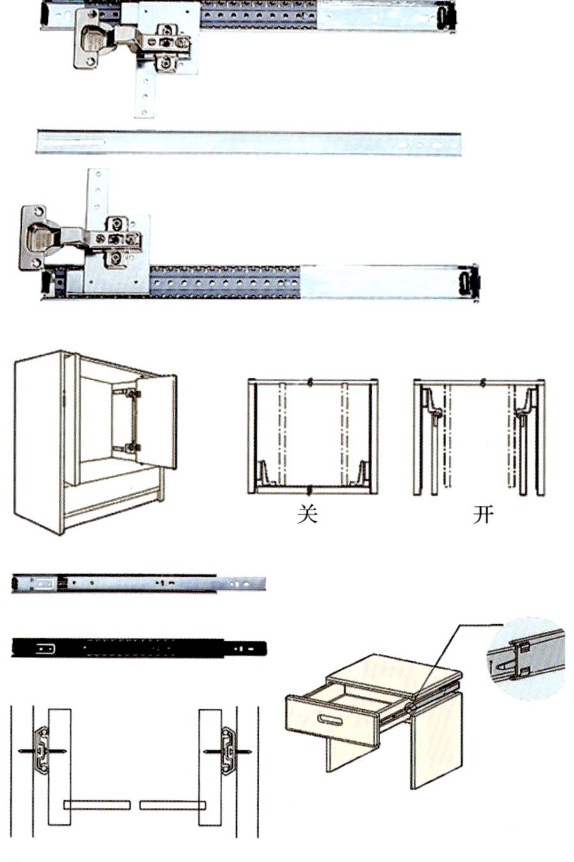

❶ 图 10-12　滚轮滑轨

❷ 图 10-13　钢珠滑轨

❸ 图 10-14　滑轨轴承结构示意图

第二节 SECTION 2 胶黏剂

能将同种、两种或两种以上同质或异质的制件（或材料）连接在一起，固化后具有足够强度的有机或无机的、天然或合成的一类物质，统称为胶黏剂或黏接剂、黏合剂，习惯上简称为胶。

一、胶黏剂的作用

1. 木材间的胶合

（1）实木家具中的胶拼。用短小木材通过长度方向的指接、宽度和高度方向的胶拼使小木条集成为大木方。

（2）细木工板中，用于胶合板与框架的胶合。

（3）薄木胶合弯曲。代替实木弯曲，用于家具制作材料。

（4）各种贴面封边，如薄木、装饰板、封边带。

（5）各种榫结合、钉结合，用胶做辅助能增加强度。

2. 金属间的胶合

由于新型合成胶黏剂不断涌现，促使金属制品以简单可靠的胶接合代替了复杂的螺栓接合及铆接、焊接。如酚醛—丁腈胶和酚醛—环氧胶的出现，使得碳钢、不锈钢、铝材、铜材等金属材料之间均能采用胶接合。而且金属与非金属之间也能很好地结合。

二、胶黏剂的分类

胶黏剂可按不同的分类方法进行分类，具体见表 10-1。

表 10-1 胶黏剂的分类

<table>
<tr><th>分类方法</th><th colspan="2">分类</th><th>说明</th></tr>
<tr><td rowspan="5">按主要物质的不同分类</td><td rowspan="2">蛋白质胶</td><td>动物蛋白质胶</td><td>皮胶、骨胶、鱼胶、干酪素胶、血液胶、血粉胶</td></tr>
<tr><td>植物蛋白质胶</td><td>豆粉胶、豆蛋白胶</td></tr>
<tr><td rowspan="3">合成树脂胶</td><td>缩聚树脂胶</td><td rowspan="3">现品种已有 200 多个，几乎能满足各种胶接工艺的需要</td></tr>
<tr><td>聚合树脂胶</td></tr>
<tr><td>合成橡胶结构型胶</td></tr>
<tr><td rowspan="3">按胶液受热后的物态分类</td><td>热固性胶</td><td></td><td></td></tr>
<tr><td>热塑性胶</td><td></td><td></td></tr>
<tr><td>热熔性胶</td><td></td><td></td></tr>
<tr><td rowspan="3">按耐水性分类</td><td>高级耐水性胶</td><td></td><td></td></tr>
<tr><td>耐水性胶</td><td></td><td></td></tr>
<tr><td>非耐水性胶</td><td></td><td></td></tr>
<tr><td rowspan="2">按固化条件分类</td><td>热压固化胶</td><td></td><td></td></tr>
<tr><td>冷压固化胶（指常温固化）</td><td></td><td></td></tr>
</table>

三、胶黏剂的种类

1. 环氧树脂胶黏剂

（1）性能与种类

1）性能。凡含有环氧基的胶黏剂均称为环氧树脂胶。它是一种胶合强度大、耐腐蚀性强、绝缘性能好、机械强度高、胶层收缩性小及性能稳定的胶黏剂。

2）种类。现应用最广泛的是由环氧氯丙烷与二酚基丙烷（简称双酚 A）缩聚而成的双酚 A 环氧树脂，简称环氧树脂。若无特别注明的环氧树脂，都属于双酚 A 环氧树脂，约占环氧树脂胶总量的 90%。由此种树脂制成的胶黏剂简称环氧树脂胶。

国产双酚 A 环氧树脂常用的有 616（E-55）、618（E-51）、6101（E-44）、634（E-42）、637（E-33）、601（E-20）等品种。其中，618 和 6101 环氧树脂胶为常用胶。634、637、601 可以制成环氧胶膜。

（2）应用

可用于金属与金属、金属与非金属、非金属与非金属等材料之间的胶合，可在低压、常温下胶接。

2. 酚醛树脂胶黏剂（UF）

酚醛树脂是第一个人工合成的高分子化合物。到目前为止，它是合成胶黏剂中用量最大的品种之一。酚醛树脂胶黏剂是酚类与醛类在催化剂作用下反应而得到的合成树脂的总称，主要用于人造板生产和家具的覆面胶合。

酚醛树脂胶黏剂的优点是耐水、耐高温，胶接强度高，但其含有游离甲醛，影响人体健康，且常温下胶接强度低，固化后脆性大。

（1）未改性酚醛树脂胶黏剂

1）常温固化酚醛树脂胶黏剂。它是由苯酚与甲醛在氢氧化钠作用下进行缩聚反应，经减压脱水，用乙醇稀释而制得的一种红棕色的胶黏剂，可在 20 ℃左右固化，有较高的胶接强度，主要用于木材胶接。

2）醇溶性酚醛树脂胶黏剂。它是由苯酚与甲醛在氢氧化铵作用下，经脱水浓缩，再用乙醇溶解而制得的一种棕色透明的胶黏剂。用于浸渍纸张和单板，以生产船舶用板、高级胶合板等。

3）水溶性酚醛树脂胶黏剂。它是由苯酚与甲醛以氢氧化钠为催化剂而制得的一种水溶性胶黏剂。其中的氢氧化钠与常温固化酚醛树脂胶黏剂的用量不同，所以性能也不同。这种胶性能好、毒性小、成本低，是目前应用最多的一种酚醛树脂胶黏剂。

（2）改性酚醛树脂胶黏剂。利用柔性高分子物如橡胶、聚乙烯醇缩醛、聚酰胺等对酚醛树脂胶黏剂进行改性处理，使制得具有一定柔韧性和耐热性的改性酚醛树脂胶黏剂。常用的改性酚醛树脂胶黏剂有：

1）酚醛 - 丁腈胶黏剂。是用丁腈橡胶对酚醛树脂进行改性处理而得。用于金属、陶瓷、玻璃、塑料等的胶合，是一种最主要的金属结构胶，也适用于金属与非金属材料间的胶接。

2）酚醛 - 羧基丁腈胶黏剂。为羧基橡胶改性酚醛胶，在橡胶中引入羧基以提高橡胶的断裂强度。由于羧基的存在使橡胶与酚醛的相溶性增加，故提高了胶黏剂的胶接强度与胶层硬度，特别是增加了胶黏剂跟金属材料的黏附力。

3）酚醛 - 氯丁胶黏剂。是用氯丁橡胶对油溶性酚醛树脂进行改性处理而制得的一种胶黏剂。常制成薄膜使用，施工时先用溶剂对被胶面进行必要的湿润，再放上胶膜。也可与溶剂配成溶液使用，是一种很重要的非结构用胶。

4）酚醛－氟橡胶胶黏剂。为氟橡胶改性酚醛脂胶黏剂，属结构胶，适用于金属、氟塑料、聚乙烯塑料及金属与氟塑料之间的胶接，可在80～100 ℃中长期工作。

5）酚醛－聚乙烯醇缩醛胶黏剂（简称酚醛－缩醛胶）。是用热塑性聚乙烯醇缩醛改性酚醛树脂而制得的一种胶黏剂，其特点是机械强度高、柔韧性好、耐寒性强、耐大气老化性能好，故很早就作为金属结构用胶，是目前通用飞机结构胶之一。

3. 脲醛树脂胶黏剂（UF）

脲醛树脂胶黏剂是以尿素和甲醛为基本原料而制得的一种树脂，使用时加固化剂和助剂调制成脲醛树脂胶，有液态和粉状两种形式。

（1）优点。价格低廉，胶接强度高，耐热，耐腐蚀，电绝缘性好，不污染板材，冷压、热压均能固化。

（2）缺点。耐水性不如酚醛树脂胶，有游离甲醛影响人体健康。

（3）用途。人造板生产、家具覆面胶合。在家具生产中，还有些零部件的胶合，加热、加压都不方便。在这种情况下，对适于冷压的脲醛树脂胶进行改性，有助于提高胶合质量，如与10%～20%的白乳胶和酸类固化剂混用，胶合效果较好。

4. 三聚氰胺树脂胶黏剂

（1）优点。可常温固化，但加热固化速度快，比脲醛胶有更大的硬度和耐磨性，且耐沸水性（达3 h以上）、耐化学药物、绝缘性好。

（2）缺点。储存期短，固化后的胶层性脆、易破裂，故一般需经改性后才能直接使用。

（3）应用。因其成本很高，一般不用于胶合。主要用在塑料装饰板的表层纸、装饰纸及覆盖纸的浸渍胶合。

5. 聚氨酯胶黏剂

聚氨酯胶黏剂是以多异氰酸酯和聚氨基甲酸酯为主体材料制得的胶黏剂，其特点是有极高的黏附性能，耐低温性能好，比其他任何胶黏剂的耐寒性都优异，成本低、操作简单。常见种类有：

（1）端异氰酸酯基聚氨酯预聚体胶黏剂。适用于多种材料的胶合，不仅是木材、织物、陶瓷、泡沫塑料等多孔性材料的良好胶黏剂，而且也是钢、铝、不锈钢、金属箔、玻璃等表面光洁材料的优良结构胶，并对多孔材料与表面光洁材料之间相互胶接的性能也很好。

（2）热熔性聚氨酯胶黏剂。近年来随着塑料应用的发展及家具复合板封边的需要，热熔性胶黏剂发展较快，在家具工业中使用广泛。

热熔胶种类较多，但有的性能欠佳，如烯类共聚物和聚酯类的胶接强度较差，不能承受太大的外力，聚酰胺类因其熔点较高，使用受限。唯热熔性聚氨酯胶性能较全面，弹性好、强度高、耐溶剂。无论对于木材、泡沫塑料等多孔性材料，还是对金属、塑料、玻璃等表面光洁材料，都是很理想的胶黏剂。

6. 烯类高分子胶黏剂

（1）氰基丙烯酸酯胶黏剂。此种胶黏剂的主要成分是氰基丙烯酸酯，其优点是对多种材料都有优良的胶接强度，胶合速度快，几分钟内可黏住，一天内可达到最高胶接强度，所以又称快速胶。缺点是有较大的刺激味，对眼睛、鼻黏膜有刺激性，在大量使用时应注意通风；胶层脆性大，胶接刚性材料时耐震动和抗冲击性较差；成本高。

（2）不饱和聚酯树脂胶黏剂。由不饱和聚酯树脂、烯类单体（苯乙烯等）等多种成分组成，其特点是黏度低、浸润速度快，透明性高，对各种金属与非金属材料黏接力强。主要应用于硬质塑料、玻璃、水泥制品、金属零件等的胶接，常代替加拿大胶用于光学仪器元件的胶接，也用于浇筑型体。常用品种有：

1）BS-1：主要用于胶接有机玻璃。

2）BS-3 或 301：主要用于胶接金属、有机玻璃、硬聚氯乙烯等。

（3）乙酯热熔胶。由乙烯与醋酸乙烯酯的共聚物制成的胶黏剂，简称为乙酯热熔胶或 EVA 热熔胶，其特点是无污染、无毒、无味，并有耐水、耐霉、耐酸、耐碱等性能，价格低廉，主要用于复合板的封边、拼接单板用的热熔胶线等。

（4）聚醋酸乙烯乳液胶黏剂

1）优点

① 无毒、无臭、无腐蚀性。

② 操作简单，不需固化剂，也不需加热。

③ 胶层无色透明，不会污染被胶产品。

④ 胶层韧性好，对被胶件切削加工的刀具损伤小。

⑤ 储存期可长达一年。

2）缺点：耐水性、耐热性差。

在实际使用时可利用脲醛树脂对其进行改性。不但能改善聚醋酸乙烯乳液胶黏剂的耐水、耐热等性能，同时也能改善脲醛树脂的脆性和老化性能。

改性聚醋酸乙烯乳液胶黏剂，在家具生产中的使用有两种方法：

方法一：分别调胶、施胶（两液胶）。

方法二：调成混合胶。

聚醋酸乙烯乳液胶黏剂用于榫接合、复合板胶合、细木工板胶拼、单板（或薄木）胶贴，也适用于纸张、布料、皮革、泡沫塑料、陶瓷等多孔材料的胶合。

7. 有机硅胶黏剂

有机硅胶黏剂包括硅树脂胶黏剂和改性硅树脂胶黏剂。

（1）硅树脂胶黏剂。是以硅树脂为基料，加入适量的某些无机填料（石棉粉、云母粉）和有机溶剂等制成的胶黏剂。

（2）改性硅树脂胶黏剂

1）特点：

① 耐高温，其胶接件能长期在 400 ℃环境中工作而不被破坏。

② 耐低温、耐腐蚀、耐辐射、耐气候变化，绝缘性好，防水性强。

③ 固化温度为 270 ℃。

2）常用品种：KH-505、BK-2、K-105、K-111。

3）用途：可作为金属、塑料、橡胶、玻璃、陶瓷等材料的非结构性胶黏剂。

8. 橡胶类胶黏剂

橡胶类胶黏剂是以丁腈橡胶为基料，加入适量硫化剂等多种物质制成。

（1）优点。优异的耐油和耐溶剂性能，储存稳定性好。

（2）缺点。黏性低，成膜缓慢，胶接后需加压 24 h 才能胶接牢固，胶膜弹性、耐低温性等欠佳。

（3）用途。对于极性较高的材料有较高的胶接强度。

（4）可被胶接的材料

1）木材、纤维板、胶合板、纸张、布料、皮革等多孔性材料。

2）氯丁橡胶、软质聚氯乙烯塑料、赛璐珞、尼龙等聚合材料。

3）钢铁、铜、铝、锡、镍、铬等金属材料。

4）玻璃、陶瓷、水泥等硅酸盐材料。

橡胶类胶黏剂在家具工业中主要用于把塑料、金属及其他材料贴到木材或人造板基材上，以提高制品的美观性与使用价值。

第三节 SECTION 3 新型装饰材料

新型装饰材料是一种绿色、环保、节能、保温、防火性能优越的新型大板墙体，可与框架结构、钢结构、异形柱结构体系配合，从而大大降低生产工人的劳动强度，彻底改变以往立模、平模浇筑成型的诸多弊端。

一、仿古琉璃轻质屋面瓦

该瓦适用于混凝土结构、钢结构、木结构、砖木混合结构等各种结构新建坡屋面和老建筑平改坡屋面以及别墅、高档住宅小区等。适用坡度为 15° ~ 90° ，适用温度为 −40 ~ 70 ℃。仿古琉璃轻质屋面瓦的特性如下：

（1）耐候性卓越，使用寿命不低于 50 年。

（2）防水性能突出，可免设防水层。

（3）抗风、抗震，90° 建筑立面装饰安全可靠。

（4）色彩丰富，个性新颖，持久稳定。

（5）防火性能良好。

（6）隔热、保温，是保温性能最好的屋面瓦。

（7）隔声性能好。

（8）出色的韧性与强度。

（9）施工简便，铺装速度快，施工费用低。

（10）经济节约，每平方米可节省约 20 元以上。

二、轻质干挂式外墙保温装饰挂板

轻质干挂式外墙保温装饰挂板采用干挂式安装工艺，利用锚固件将保温装饰复合板与建筑外墙有机连接为一体，一次性完成外墙保温、装饰与防水功能。该装饰挂板自重 4 ~ 5 kg/m^2，适用于各类新建、改建的外墙保温装饰工程，不会出现薄抹灰系统中涂料开裂、瓷砖脱落等现象。轻质干挂式外墙保温装饰挂板的特点有：

（1）适用于各种基层墙体。

（2）不开裂，不脱落，高效节能，系统使用寿命长。

（3）易于安装，施工不受气候影响。

（4）装饰外观多样，满足不同建筑风格。

（5）具有保温、装饰、防水三合一独特功能。

（6）永久解决门窗框与墙面连接处漏水问题。

（7）系统性价比最优。

三、液体壁纸

液体壁纸也称墙艺漆，属于水性涂料。液体壁纸同传统涂料一样抗污性很强，同时具有良好的防潮、抗菌性能，不易生虫，不易老化，用于家居墙面装饰，是现在比较潮流的新型产品，无污染、无气味、不起皮、可水洗、耐擦洗、无接缝、不起泡、不泛黄、不翘边、不脱粉、耐酸碱、无毒害、抗老化、使用寿命长、透气性好、好翻新，可使家居环境更加健康环保，同时该产品图案丰富、品种繁多，能满足不同人群个性化、多元化的需求。

四、天然无水粉刷石膏

天然无水粉刷石膏是一种高效节能、绿色环保型建筑装饰装修内墙抹灰材料，具有良好的物理性和可操作性，使用时无须界面处理，落地灰少、抹灰效率高、节省工时、抹灰综合造价低，可有效防止灰层空鼓、开裂、脱落，具有优良的性价比，可以大大加快工程进度，已普遍受到社会各界的欢迎。天然无水粉刷石膏的特点如下：

1. 产品原材料为硬石膏天然材料，无须煅烧，能量消耗低，无毒无味、环保安全，是一种优良的绿色环保建材产品。

2. 黏结力强，抹灰表面平整、致密、细腻，用在加气混凝土基材上效果更为显著，抹灰层不会出现空鼓、开裂现象。

3. 具有呼吸功能，能巧妙地将室内、外湿度控制在适宜范围之内，创造舒适的工作、生活环境。

4. 试验表明，该产品是理想的防火材料，能有效地阻止火焰的蔓延，防火能力可达 4 h 以上，具有出色防火性能。

5. 施工后的墙面可以隔声 20 ~ 52 dB，同时也是一种良好的吸声材料。

6. 产品作为室内建筑装饰装修材料，具有良好的保温性能。

7. 使用该产品可以有效提高工作效率，凝结硬化快，易于机械化施工。

8. 使用该产品可以有效降低抹灰工程综合成本，具有优良性价比。

五、彩钢板的替代产品

彩钢板的替代产品适用于工厂、养殖场、市场、仓库等大型工业建筑屋面、墙体新建及厂房改造工程，其性能特点如下：

1. 耐候、防腐性能卓越。经实践验证，产品在多种气候条件下应用，均表现出良好的耐候性能，在酸、碱、盐化学腐蚀性环境中表现出良好的防腐性能。

2. 防水性能突出，在 15° ~ 90° 坡屋面建筑中使用免设防水层。

3. 抗风、抗震，90° 建筑立面装饰安全可靠，能抵御 12 级强风。

4. 防火性能良好，材料耐燃烧等级为 B_1 级，属难燃材料。

5. 消声、隔热性能良好，多孔发泡芯层具有良好的消声与隔热性能。

6. 面积大、质量轻，轻体材料，减轻建筑荷载。

7. 色彩丰富，持久稳定，氟碳漆涂层色彩丰富、表面光洁、耐酸碱、不霉变，雨过如新。

8. 韧性大、强度高，比同类产品具有更出色的韧性与强度。

9. 施工方便，产品可直接钉、钻、锯、刨，能轻松处理立面及圆弧窗等特殊屋面造型。

六、软石地板

软石地板是以天然大理石粉及多种高分子材料合成的新一代高档建筑装饰材料。它既有天然大理石的纹理，又有特殊的图案，还具有柔、轻、坚、防滑、防火阻燃、安装简单的性能，是一种物美价廉的符合潮流的环保装饰材料。由于软石地板具有节能无污染、可回收再利用的优点，逐渐被越来越多的消费者青睐。

七、瓷质抛光砖

瓷质抛光砖是国内、外非常流行的新型装饰材料，具有坚硬耐磨、抗冻防污、耐酸碱、光亮华丽、经久如新的特点，装饰效果可与花岗石比美，其种类有无釉抛光砖、花岗石抛光砖、幻彩抛光砖和渗花抛光砖四大系列，共上百个品种。

八、防滑、耐磨地板砖

这种地板砖是在塑胶材料中掺入适量的金刚砂或其他硬质耐磨材料，经配料、混合、搅拌、挤塑、压延制成地板块或地板砖，具有耐磨、防滑的良好性能，并兼有防水、防油、防酸碱的性能，卫生和装饰效果良好。

九、高科技、无毒、无污染、高强度木质材料

高科技、无毒、无污染、高强度装饰板目前在市场中逐渐走俏。这种装饰板表面呈枫木、榉木、柚木、樱桃木等丰富纹理饰面，可制成能拆卸护墙板、强化地板、吊顶板、踢脚板等木制品。这种木质材料不需要大面积施工，可节省木材和提高利用率，工艺简单，加工制作快捷方便且安全卫生。

十、玻晶砖

玻晶砖是一种能实现建材工业清洁生产的新型装饰材料，其特点是：

1. 以碎玻璃为原料，加入极少量其他配合料（黏土）低温烧成，二氧化碳的排放比其他同类建材产品减少 25%，其清洁生产成本低于其他同类建材产品。

2. 性能优异，与烧结法生产的微晶玻璃饰面板材性能相当，硬度高、强度大，使用范围广，并可长期反复使用于不同的场合。

3. 产品可回收循环利用，为碎玻璃的利用开辟了一条新途径。

十一、高密度组合式地板

高密度组合式地板采用高科技纤维物质，由多层不同功能的物质经高温加工而成，再加上保护层、装饰层和聚酯喷涂层后，其表层坚固耐用，不易磨损，既富有原木的质感，又可配合图案拼装组成。

十二、水晶玻璃内墙砖

该砖集水晶、玻璃、瓷砖的主要特征于一身，既有水晶的明快亮丽，又像玻璃晶莹剔透，更似瓷砖坚固耐久，其内在质量经强化处理而得。经有关部门测试证明，它的吸水率、耐冷热变化、耐磨损、耐腐蚀、抗折强度、规格尺寸等性能指标完全符合国家标准，而且达到了国际水平。该砖属美感产品，有白、粉、红、水蓝、浅驼色五大色系，又有深、中、浅不同色彩的变化。当辅以单花、腰带、单双圆弧等配件装饰时，能使室内呈现立体感和层次感，极富有艺术感染力。

十三、新型大颗粒玻化砖

该玻化砖具有吸水率低、抗折强度高、表面硬度大、耐酸碱、耐磨、抗风化等特点 。这种砖所采用的材料、烧成温度和制造过程同玻化砖相差无几，各种性能技术指标也完全一致，其主要特点是把生产玻化砖的普通粉料经过专门的设备、用不同的技术工艺将各种颜色的粉料加工成大小不规则、颜色不同的大颗粒。这些大颗粒的尺寸为 2 ~ 8 mm 不等，其成型时可根据人们的需要调节加入量。该砖出窑后大颗粒色泽圆润，斑点清晰可见，其装饰效果更近天然的花岗石材料，如若再对其进行抛光加工，则装饰效果更佳。

十四、柔性高分子软膜吊顶

柔性高分子软膜吊顶装饰材料系一种新颖材料，其在空间装饰造型设计上采用清晰的线条，具有较强的几何感，凸显出时代的潮流和现代艺术气息；省去了安装传统吊顶需要繁缛复杂的尺寸丈量和耗时的定做工作的“弊端”，以其丰富灵动的颜色和充裕齐备的材料极好地满足了装饰设计市场革新发展的需要。

十五、微晶玻璃

微晶玻璃是我国近年来开发的一种新型高档装饰材料，是受国内关注的高新技术、高附加值产品。它兼有玻璃和陶瓷的优点，具有常规材料难以达到的物理性能。它是以矿渣为主要原料，经烧结或压延等工艺制成的装饰板材，具有耐磨、耐腐蚀、强度高、耐高温、装饰性好、无污染等特性，适用于对建筑物的内墙贴面及地面、柱面进行装饰。该产品外观豪华、光洁如镜，替代贵重石材、不锈钢、有色金属等材料，可获得品位出众、气派高贵的效果。

近年来，微晶玻璃家族增加了几个新品种，如仿石材微晶玻璃和矿渣微晶玻璃。

仿石材微晶玻璃是一种内部结构像花岗石那样的颗粒状组织的微晶玻璃，即便强力冲击引起破裂，其破裂规律也和花岗石一样，只形成三岔裂纹，裂口钝而不伤手。而一般的玻璃则会出现蛛网粉碎状，成为不安全因素。

矿渣微晶玻璃是以各种工业尾矿、灰渣、炉渣等为原料生产的，在我国有取之不尽、用之不竭的丰富原料，因此自问世以来备受关注。它同样具有机械强度高、表面硬度大及优良的化学稳定性，适于用作高档次的地铁、大楼、机场、车站、酒店等建筑物的装饰材料。

十六、抑菌材料

抑菌材料是新型环保健康建材，抑菌材料通过制品表面的抗菌成分，实现杀菌或抑制微生物生长和繁殖进而达到长期卫生、安全的目的。用抗菌成分制成的产品，具有卫生自洁功能，其抗菌性可与制品寿命同步。抑菌材料已越来越广泛地应用在家电产品、医院、公共场所和家庭住宅中，如应用在玻璃、陶瓷及釉面砖、塑料、油漆、涂料中，可以对金黄色葡萄球菌、大肠杆菌、黄曲霉、土曲霉等八种霉菌有抑制作用。

十七、光触媒自清洁材料

光触媒研究始于 20 世纪 70 年代，90 年代后日本掀起了光触媒开发和应用的热潮。光触媒催化反应是通过一种半导体光电陶瓷作为触媒，达到氧化或还原吸附物质的作用。具有光催化作用的半导体有氧化锌、二氧化钛及硫化镉等，但实际上研究和应用最多的是锐钛矿型二氧化钛光触媒。二氧化钛除了有相当强的氧化还原能力外，还具有化学稳定性高、对环境无害、价格低廉等优点。纳米级的二氧化钛光触媒由于表面积很大，吸附物质和吸收光子的能力比普通二氧化钛有显著提高，所以近年来普遍受到重视。与此类似，采用稀土元素为原料的稀土激活抗菌材料，综合利用了光催化作用以及复合盐的抗菌作用，能达到抗菌防霉的目的。

光触媒可用于瓷砖、浴室、手术室的抗菌，玻璃的防雾，户外建筑物的防污，灯罩和汽车反光镜的保洁，也可用于制造光触媒滤网。目前，光触媒的问题是需要紫外光激发，可见光可激发的光触媒正在努力开发中。

十八、天然大理石陶瓷复合板

天然大理石陶瓷复合板是将厚度 3 ~ 5 mm 的天然大理石薄板，通过高强抗渗胶黏剂与厚 8 mm 高强陶瓷基材板复合而成，其抗折强度高于大理石，具有质量轻、易安装等特点，且保持天然大理石典雅、高贵的装饰效果，能有效利用天然石材，减少石材开采，保护资源，保护环境。

十九、透光石

透光石是一种用色彩缤纷的石头制作的发光体，光线柔和、温馨，比工艺玻璃更适合在家居中使用。人造透光石板材是一种新型的复合材料，可在家居中制作透光吊顶、透光背景墙、异型灯饰、透光艺术品、橱柜台面、窗台面、洗面台、厨卫墙面、餐桌面、茶几、门等。透光石不仅可以用来做屋内的隔断，还可以用来做墙体装饰和天花吊顶等，而比较常见的是用作电视背景墙。

人造透光石具有无毒性、无放射性、阻燃性、不粘油、不渗污、抗菌防霉、耐磨、耐冲击、易保养、拼接无缝、任意造型等优点，兼备大理石、玉石的天然质感和坚固的质地，质量仅为天然石材的 1/4 左右，且无毛细孔，色彩丰富、易打理、加工快捷，属于绿色环保建材，并可根据实际需求随意弯曲。

二十、复合型丽晶石

复合型丽晶石产品是由高强度透明玻璃做面层，高分子材料做底层，经复合而成。目前有钻石、珍珠、金龙、银龙、富贵竹、水波纹、甲骨文、树皮、浮雕面等 10 余个系列、100 多个花色品种。丽晶石具有立体感强、装饰效果独特、不吸水、抗污、抑菌、易于清洁等特点。适用于室内墙面、地面装饰，同时也可用于建筑门窗及屏风。

二十一、压缩木

压缩木是木材经过一定的温度和压力加工处理后，产生的一种质地坚硬、密度大和强度高的强化处理材料。木材经压缩密实后，其组织构造、物理力学性质都发生了重大变化，如力学强度增强，变形很小，耐磨性、耐久性好，从而有效地改善了木材的性能，提高了木材的利用价值。压缩木不同于金属材料，因为年轮、细胞结构材质不均匀，温度、水分都将使其变形产生明显的变化，而且它不易顺纤维方向压长，所以，对木材的显著变形有待进行深入研究。未来高效率、高质量生产压缩木的生产工艺和设备的开发，以及绿色环保产品的生产，将是压缩木发展的方向。

二十二、硅藻泥

硅藻泥不是一种纯粹的装饰材料或者说它的主要作用不是墙面装饰。与乳胶漆、墙纸等材料不同，它赋予了装修材料新的功能性内容，是对行业材料的一次创新。硅藻泥具有优异的呼吸调湿、抗菌除臭、净化空气的功能，其物理吸附作用可有效去除空气中的有害物质及生活垃圾所产生的异味。硅藻泥目前拥有 12 种基本颜色，并可根据需要任意调配出各种颜色，其丰富的色彩和肌理形式，可以体现出不同的装饰风格，具有很强的艺术感染力。

思考与练习

1. 参观并收集身边的装饰五金、胶黏剂、新型装饰材料。
2. 简述常用装饰五金的品种。
3. 简述常用胶黏剂的种类和特点。
4. 常用的墙面新型装饰材料有哪些?
5. 常用的地面新型装饰材料有哪些?